作物はなぜ
有機物・難溶解成分
を吸収できるのか
根の作用と腐植蓄積の仕組み

阿江教治・松本真悟 著

農文協

はじめに

　石油をはじめ，リン鉱石などの資源の枯渇が迫ってきた。2008年にアメリカから起こったトウモロコシによるバイオエネルギーの増産は，これまで以上に肥料の消費をもたらした。その影響で，ここ50年から100年で枯渇するといわれるリン鉱石を原料とするリン酸肥料の価格は著しく高騰した。工業と異なり，自然を相手にしている農業でも，資源の持続的な利用を考えざるを得ない状況である。日本では肥料の原料となるリン鉱石やカリ鉱石は，ほぼ100%輸入している。また，米以外の穀類や豆類，飼料なども海外依存度が高く，われわれの食生活は脆弱な基盤の上におかれている。

　こうした背景もあり，持続可能な農業への志向は高まっており，化学肥料の代替として，過剰に廃棄される有機物を堆肥として利用しようとする動きが活発である。"化学肥料のかわりに堆肥を"という，安易な置換だけでこれからの持続的な農業は実現できるのだろうか？

　近代農学の基礎的原理である，「リービッヒ（Liebig）の無機栄養説」の果たした役割は大きい。この原理の元に化学肥料が製造され，飛躍的な食糧生産が可能となり，増大する人口を支えることができた。その「リービッヒの無機栄養説」の最も重要な意味は，根から吸収される養分の主要な形態は"水溶性の無機態"であるということである。言い換えれば，水耕栽培の基礎概念である。

　実際に，植物は水溶性の無機養分を容易に吸収する。しかし，注意深く観察すると，植物は水溶性の無機養分だけを利用しているのではないことに気がつく。植物は，土壌に蓄積しているが，土壌溶液中に溶解していない難溶解性の物質（鉱物や土壌有機物など）を分解し，より溶けやすい形態（水溶性の無機態）へと変換させ，吸収する能力をもっているのである。

　伝統農業は，その関係をたくみに利用していた。たとえば，インドの半乾燥熱帯に分布している低リン酸肥沃度のアルフィゾル（Alfisol, 赤

色土）地帯では，インド原産のキマメ（*Cajanus cajan*〈L.〉Millsp.）が，難溶性の鉄型リン酸を溶解し，人々にタンパク源を供給してきた。インドの農民は，リン酸肥沃度が低いアルフィゾルでも，肥料や堆肥を施用しないでキマメを栽培し，食糧生産を維持してきたのである。難溶性のリン酸については，キマメがその代表例であるが，作物は窒素やカリウムについても難溶性の物質から養分を溶解・吸収していると考えざるを得ない事例がある（このことは，重金属についても同様である）。

このような，作物の持つ養分吸収特性を解明することによって，持続型農業の実現に向けて，新たな科学的な取り組みが可能になると，われわれは考えている。土壌が持つ可給性養分だけを考慮して肥料や堆肥を投入するという，近代農学の考え方だけでは，持続型農業は実現できるとは思えない。

土壌学の教科書には，岩石すなわち一次鉱物（母材）の風化には，地衣類や蘚苔類が大きく関与すると記述されている。これは地衣類や蘚苔類が鉱物を風化させる能力が高いだけでなく，限られた水や養分で，さらに過酷な気象条件下で生存できる能力があるということでもある。今，農業が行なわれている圃場でも，作物は地衣類や蘚苔類と同様に，あるいはその旺盛な生育から考えて，それ以上に激しい条件で一次鉱物の風化作用を行なっている。しかし，肥料はそうした作物の土壌への作用を容易に代替してしまうため，われわれは作物が本来持っている能力を自覚できない（第4章）。日本各地で行なわれている三要素の長期連用試験では，カリ肥料の施用がなくても，水稲は三要素施用区と同等の収量が維持できているという報告が多い。これは，水稲の持つ鉱物風化能力を考慮する必要があることを意味している。

また今日，地球温暖化への警告が叫ばれており，炭素の蓄積源として土壌も注目されている。土壌への腐植の蓄積は，大気への炭酸ガスの発生を抑制することになる。このため，「土壌圏生態学」の立場から土壌炭素の蓄積機構の解明が盛んである。これまでの土壌学で，「ススキ」や「ササ」は，火山灰土壌地帯での土壌炭素の蓄積に寄与するとの結論が出されてきたが，その「機構」は明確ではない。この要因につい

ても，われわれは上記に示した「水稲の三要素試験」の結果から，答えることができると考えている．つまり鉱物の溶解・風化と植物の持つ難溶性物質の溶解反応とは同じであり，さらにその植物の持つ固有の養分吸収特性が，腐植の蓄積と関係している結果であると考えている（第5章）．

こうした作物の持つ潜在的な養分獲得能力（これは植物の根に由来する能力であるが），すなわち，根圏での反応＝鉱物や難溶解性の物質も含めた土壌の肥沃度の利用と向上のシステムを科学的に解明して，新しい施肥技術を構築しなければならない．

この可能性について，これまでの研究を集大成したのが本書である．植物（作物）の根と土壌（鉱物や腐植）とのダイナミックな関係に目を向け，持続型農業の実現と新しい農業の構築に活用していただければ幸いである．

各章では，これまでの研究と事実を積み重ねながら解説しているが，「終章」の要約とまとめから読んでいただいてもよいと思います．

　2012年1月

　　　　　　　　　　　　　　　　　　　　　　　阿江教治・松本真悟

目　次

はじめに ………………………………………………………………………… 1

第1章　持続的な農業の母体「土壌の肥沃度」とは——作物生産の増進と安定を決める主要因

（1）乾燥土壌で生産の決め手になる要因は？——水は絶対に必要か … 18
　①全世界の6人に1人が生活している「半乾燥熱帯」を例に考えてみよう ……………………………………………………………………… 18
　②めぐみの雨を活かすのは「肥料」——肥培管理の重要性 ………… 21
（2）低肥沃度・肥料不足地帯でたよるものは？……………………… 23
　①イネ科トウジンビエとマメ科樹木アルビダの組み合わせ ………… 24
　②深い根系による養分のポンプアップ ………………………………… 26
　③植物による肥沃度の立体的確保と養分の循環 ……………………… 27
（3）土壌の肥沃度とは……養分供給量とその持続性 ………………… 28

第2章　リン酸の吸収——根による難溶性リン酸の溶解と吸収

1．土壌中のリン酸の形態と作物根への移動 ……………………… 29

（1）リン資源枯渇への対策技術 ………………………………………… 29
　①試みられているリン回収システム ………………………………… 29
　②過剰施用とリン酸固定理論の再検討を …………………………… 30
（2）リン酸吸収係数の問題点 …………………………………………… 30
　①リン酸に特異的な土壌吸着，吸収しにくい形態 …………………… 30
　②リン酸吸収係数の高すぎる評価と過剰施肥 ………………………… 32
　③リン酸の吸着・固定は急速に進む …………………………………… 32
　④リン酸の測定法も評価値も各国でまちまち ………………………… 34

（3）土壌に固定されたリン酸の蓄積形態……………………… 35
　　①まずアルミニウム型リン酸に固定，次いで鉄型リン酸……… 35
　　②有機態リン酸も無機態と同じ挙動をとって固定 …………… 35
　　③溶解しやすさはカルシウム型が優れ，低pHで加速 ………… 38
　　④トルオーグ法とブレイ2法で評価値が変わるのは ………… 39
　（4）土壌表面から植物根へのリン酸の移動 ……………………… 39
　　①鉄型，アルミ型は移動速度が大変おそい …………………… 39
　　②土壌中のリン酸の移動速度はカリウムよりはるかにおそい … 40
　（5）リン酸の吸収における根系の発達の重要性………………… 41
　　①根の早い成長と表面積拡大がリン酸吸収に有効 …………… 41
　　②圃場ではソルガムが根長とリン吸収量でトップ …………… 41
　　③ポットでは根のリン酸溶解力の強いラッカセイ …………… 43

2. リン酸肥沃度の評価について，新しい対応
　　　——インド亜大陸の低リン酸アルカリ土壌での検証 ……… 46

　（1）半乾燥熱帯土壌の特徴とリン酸肥沃度の評価 ……………… 46
　　①低リン酸土壌のバーティゾルとアルフィゾル……………… 46
　　②オルセン法で可給態リン酸を評価すると …………………… 47
　　③可給態リン酸量と作物の生育が連動しない？……………… 48
　　④リン酸肥沃度の順位は評価法によって逆転 ………………… 49
　（2）根圏土壌pHからみたオルセン法の問題点 ………………… 50
　　①カルシウム型リン酸の多いバーティゾル，少ないアルフィゾル … 50
　　②カルシウム型リン酸は根圏の酸性化で溶解 ………………… 51
　　③根圏pHをふまえた可給態リン酸の評価法…………………… 52
　（3）リン酸肥沃度が高いバーティゾル …………………………… 53

3. キマメのリン酸吸収機構とインドでの間作体系
　　　……………………………………………………………… 54

　（1）低リン酸土壌で旺盛な生育をするキマメ …………………… 54
　　①深根性植物で土壌物理性の改善にも有効 …………………… 54

〈囲み〉キマメの土壌物理性改良効果　55
　　②キマメはカルシウム型リン酸のないアルフィゾルでよく生育 ……… 55
　（2）低リン酸土壌でのキマメのリン酸吸収能力＝要因解析その1 ……… 57
　　①予想される三つの要因の検討 ……………………………………… 57
　　　◻キマメの深根性　57
　　　◻キマメの最低リン酸吸収濃度は必ずしも低くない　57
　　　◻アーバスキュラー菌根菌（AM菌根菌）の働き　58
　　②AM菌根菌よりキマメの根によるリン酸溶解能力 ……………… 59
　（3）キマメは難溶解性の鉄型リン酸を最もよく吸収 ………………… 61
　（4）キマメによる難溶性の鉄型リン酸の溶解機構＝要因解析その2 … 63
　　①予想される二つの要因の検討 ……………………………………… 63
　　　◻キマメ根の鉄還元能力　63
　　　◻根分泌物　65
　　②根分泌物の酸性画分からピシヂン酸を発見 ……………………… 66
　　③ピシヂン酸が鉄とキレートをつくってリン酸が遊離 …………… 68
　　④ピシヂン酸はキマメの鉄型リン酸溶解能力に関与 ……………… 68
　（5）インドでのキマメ・ソルガムの間混作の意義 …………………… 69
　　①鉄型リン酸に強いキマメと，カルシウム型リン酸に強いソルガム … 69
　　②キマメによるリン酸肥沃度の増大 ………………………………… 70

4. 火山灰土でのラッカセイのリン酸吸収機構 …………………… 72

　（1）火山灰黒ボク土でのラッカセイの生育 …………………………… 72
　　①ラッカセイは低リン酸耐性作物のチャンピオン ………………… 72
　　②難溶性の鉄型・アルミ型リン酸を吸収・利用 …………………… 73
　（2）ラッカセイはなぜ難溶性リン酸を利用できるのか
　　　──予想される要因では説明できない ……………………………… 74
　（3）根の細胞壁のキレート作用による鉄型リン酸溶解能力 ………… 75
　　①根と土壌粒子の接触部位で溶解反応が ……………………………… 75
　　②否定された「接触置換説」の今日的意義 ………………………… 76
　　③根のCECと土壌CECの間で起こるイオン交換反応 ……………… 77

④根細胞壁面の特殊な構造とキレート形成力 …………………… 78
　　⑤ラッカセイの根細胞壁による多種な鉄型リン酸の溶解実験 ……… 79
　　⑥根細胞壁には，CECと異なる溶解活性部位がある ………………… 82
　（4）根細胞壁のリン酸溶解活性部位の安定性 ……………………………… 84
　（5）根細胞壁上にある三価陽イオン結合部位の働き ……………………… 85
　（6）鉄，アルミなど三価陽イオンと特異的に結合するキレート樹脂 … 86

5．根細胞壁に存在する溶解反応
　　　──「接触溶解反応説」の妥当性 ……………………………………… 88
　（1）ラッカセイ根の表面組織の脱落 ……………………………………… 88
　（2）接触溶解反応説を支持する圃場試験 ………………………………… 89

6．ラッカセイ（*Arachis*）属植物の農業上の意義 ……… 91
　（1）アメリカ作物学の教科書に記述されているラッカセイと輪作 …… 91
　（2）放牧地のイネ科・ラッカセイ属混播で，牛の増体向上 …………… 92

7．持続型農業のヒントはローカルで古くからの農法に
　　　………………………………………………………………………………… 94

第3章　有機態窒素の吸収
　　　──有機態窒素の本体と直接吸収の仕組み

1．窒素供給力の決め手「可給態窒素」とは ……………… 95
　（1）窒素をめぐる今日的問題 ……………………………………………… 95
　　①窒素による環境問題の深刻化 ………………………………………… 95
　　②あふれる有機性廃棄物の活用と「有機農業」 ……………………… 96
　　③今，「有機物施用」の意味を問い直すとき ………………………… 96
　（2）土壌および施用有機物からの無機態窒素の放出パターン ………… 97
　　①有機物⇒菌体⇒無機態窒素の流れ …………………………………… 97
　　②微生物の菌体組成を受けつぐ可給態窒素 …………………………… 98

目次　7

（3）土壌の可給態窒素＝PEON（ペオン）への注目 ………………… 100
　　①土壌の可給態窒素＝地力窒素の実態 ……………………………… 100
　　②可給態窒素の本体はタンパク質？ ………………………………… 102
（4）要約＝有機物―微生物菌体―可給態窒素＝有機態窒素（PEON）
　　　―無機態窒素の関係 …………………………………………… 103

2. 無機栄養説では説明できない窒素吸収の事例 ………… 106

（1）ローザムステッドでの堆肥施用試験 ………………………………… 106
　　①テンサイ，ジャガイモは堆肥区で優位 …………………………… 106
　　②化学肥料窒素と有機物窒素では吸収反応が異なる ……………… 108
　　③作物で異なる有機物への反応 ……………………………………… 108
（2）有機物の分解がおそいツンドラに育つスゲの窒素源 …………… 109
　　①AM菌根菌による窒素の供給はない ……………………………… 109
　　②アミノ酸態での窒素吸収を好むスゲ ……………………………… 110
（3）有機態窒素吸収を予測させる日本での試験例 …………………… 112
　　①ナタネ油粕のホウレンソウへの施用効果 ………………………… 112
　　②無機態窒素が少ない土壌で窒素吸収量が多い？ ………………… 113
　　③アミノ酸の有機態窒素量では少なすぎる ………………………… 114
　　④タンパク質からの有機態窒素吸収の可能性 ……………………… 115
　　⑤キャベツ，コマツナの豚糞やボカシ肥への反応 ………………… 115
（4）有機物施用に反応する作物と反応しない作物 …………………… 117
　　①有機物施用への反応が作物で異なる ……………………………… 117
　　②ニンジン，チンゲンサイ，ホウレンソウなどが有機物に反応 … 117
（5）植物への窒素の供給源となるPEON ………………………………… 119
　　①アミノ酸吸収だけでは説明がつかない …………………………… 119
　　②タンパク様窒素＝PEONの存在 …………………………………… 120

3. PEON（ペオン）＝有機態窒素＝可給態窒素の特性 … 121

（1）PEONの分子量特性――クロマトグラフィーによる分析結果 …… 121
（2）PEONの生成――どんな有機物も土中でPEONに変換 …………… 124

（3）PEON生成を支配する微生物 …………………………………… 126
　　①土壌細菌がなければPEONは生成しない …………………………… 126
　　②細菌の細胞壁とPEONの構成物質の共通性 ………………………… 127
　（4）PEONの土壌における存在形態 …………………………… 127
　　①土壌粒子への吸着と遊離方法 ………………………………………… 127
　　②PEONはリン酸と同じ鉄，アルミニウムに吸着している ………… 130
　　　◆鉄，アルミニウムのリン酸と同じ部位に吸着　130
　　　◆リン酸吸収係数の過大評価の原因にも　131
　　　◆希硫酸，ピロリン酸ナトリウム溶液でも「PEON様物質」を抽出　133
　　④土壌粒子へのPEONの蓄積構造のモデル（黒ボク土） …………… 133

4. PEONの直接吸収の可能性 …………………………………… 137

　（1）作物が吸収できるための条件 ……………………………………… 137
　（2）根が分泌する有機酸によるPEONの溶解 ……………………… 137
　　①PEONの溶解は難溶性リン酸の溶解の逆反応 ……………………… 137
　　②有機酸の分泌は低窒素条件で増加 …………………………………… 138
　　③作物の有機物への反応と有機酸分泌量 ……………………………… 140
　　④ニンジン根細胞壁のPEON溶解能力──鉄，アルミとキレートを
　　　形成 ………………………………………………………………………… 141
　（3）有機物施用に反応する野菜にPEON以外の窒素源はあるか？ …… 142
　　①PEON以外の有機態窒素抽出の試み ………………………………… 142
　　②土壌窒素源として抽出されたのはPEONだけ ……………………… 144
　　③分子量からもPEON以外に考えられない …………………………… 145
　（4）高分子の窒素化合物の吸収についての知見 ……………………… 146
　　①巨大分子ヘモグロビンの吸収と「エンドサイトシス」の機構 …… 146
　　②否定された根から分泌されるタンパク質分解酵素説 ……………… 147
　　③AM菌根菌によるPEON分解は否定できない ……………………… 149
　（5）PEON直接吸収の証明──有機物施用ホウレンソウの分析 …… 149
　　①クロマトグラフィーで導管液にPEONを検出 ……………………… 149
　　②抗PEON抗体に導管液が明瞭に反応 ………………………………… 151

目次　**9**

③チンゲンサイの根がPEONを取り込む ……………………… 151

5. 作物のPEON吸収力を活用する農業の展望 ……………… 154
　（1）寒冷地作物で活きる有機態窒素吸収 ……………………… 154
　　　①有機物施用に旺盛な生育反応する作物に共通する低温適性 ……… 154
　　　②低温下の吸収には無機より有機が好都合 ………………… 154
　　　③イネの有機態窒素吸収と耐冷性 …………………………… 155
　（2）生産物の品質・成分と有機物施用の関係は？ …………… 156
　（3）PEON吸収による総合的な「品質」向上
　　　　――生産物の充実や保存性など「生命力」を高める ……… 157
　（4）PEON吸収から見えてくる「有機農業」の科学 ………… 158
　　　①土を混ぜたボカシ肥と混ぜないボカシ肥とPEON ……… 158
　　　②完熟堆肥にはPEONは期待できない ……………………… 160
　（5）有機物施用の基準，その上限について ………………… 160
　　　①大量の有機物が土壌に投入されると …………………… 160
　　　　◐無機化して硝酸態窒素で流亡するといわれているが？　160
　　　　◐有機物の大量施用による窒素の溶脱過程　160
　　　②硝酸態窒素だけでなくPEONも溶脱する ………………… 162
　　　③PEONによる地下水汚染の考慮も必要 …………………… 164

第4章　作物のカリウム吸収能力
　　　　――作物による鉱物からの溶解と吸収

1. 大きな問題のないカリウムだが…… ……………………… 167
　（1）まだ，理解されていないカリウムの働き ……………… 167
　　　①窒素やリンと違うところは？ …………………………… 167
　　　②資源量は安心？　研究も少ないが…… ………………… 168
　（2）カリを施さなくても米が穫れるのはなぜ？ …………… 169
　　　①80年に及ぶカリウム欠如試験の結果から ……………… 169

②灌漑水からの供給量では足りない——一次鉱物からの供給も……… 170
　　③無カリ区のイネが最も多くカリウムを吸収 …………………………… 171
　　④無カリ区のケイ素吸収量が多いことへの着目 ……………………… 172

2. 土壌中のカリウムの形態と可給態カリウムの評価法
　　………………………………………………………………………………… 173
　(1) カリウムの供給源とは ……………………………………………… 173
　　①交換態カリウムと非交換態カリウム ………………………………… 173
　　②無カリ区イネのカリウム供給源は鉱物 ……………………………… 174
　(2) さまざまな可給態カリの評価法 …………………………………… 176
　　①酢酸アンモニウム抽出と熱硝酸抽出 ………………………………… 176
　　②イネが吸収しているのは非交換態（熱硝酸抽出）カリウム ……… 177

3. 作物による鉱物からのカリウムの溶解・吸収 ……………… 177
　(1) 作物のカリウム吸収能力の違いはどこから ……………………… 177
　　①カリウムを土壌から吸える作物と吸えない作物 …………………… 177
　　②作物の種類でカリウム溶解能力が違う——溶解能力と吸収能力は
　　　異なる ………………………………………………………………… 179
　(2) 鉱物の風化・崩壊にともなうカリウムの溶解 …………………… 180
　　①カリウムの放出にはケイ素の放出もともなう ……………………… 180
　　②加水分解でカリウムとケイ酸が生成 ………………………………… 181
　　③挙動をともにするカリウムとケイ酸 ………………………………… 183
　(3) 作物のカリウム溶解能力がケイ酸吸収量に連動 ………………… 184
　　①三要素区よりカリ欠除区のケイ酸吸収量が多い …………………… 184
　　②水稲でも無カリ区のケイ酸吸収量が多い …………………………… 185

4. 鉱物中のカリウム，ケイ酸の利用と輪作 …………………… 186
　(1) イネ——マメ科の輪作の意義 ……………………………………… 186
　　①溶解力と吸収力——作物の個性に注目 ……………………………… 186
　　②ケイ酸を多量に吸うイネと，土に貯めるダイズの組み合わせ …… 187

（2）鉱物からのカリウム溶解機構の解明に向けて ………………… 187
　①接触溶解反応の研究に期待 ………………………………… 187
　②ともに溶解されるアルミニウムについての疑問 ……………… 188

第5章　アルミニウムと腐植の蓄積
――イネ科植物の働き

1．腐植の今日的意義，火山灰土壌における蓄積 ……… 191
（1）今なぜ炭素＝土壌有機物（腐植）が問題か？ …………… 191
　①土壌はCO_2発散を防ぐ炭素の貯蔵庫 ……………………… 191
　②土壌に蓄積する有機物＝腐植とは ………………………… 192
　　◪腐植の定義　192
　　◪腐植の機能　192
　③有機物が土壌に蓄積する要因 ……………………………… 193
　④腐植の蓄積機構の解明は「地球温暖化」抑制にも貢献 ……… 193
（2）黒ボク土での土壌有機物（腐植）蓄積の仕組み
　　――これまでの議論の検証 ………………………………… 193
　①火山灰由来のアルミニウムと鉄の作用説 …………………… 194
　②ススキ草原での野焼きによる燃焼炭説 ……………………… 196
　③イネ科植生のもとで有機物とアルミニウムが結合 …………… 199
　〈囲み〉C3植物とC4植物の識別法　200
（3）腐植蓄積になぜイネ科（ケイ酸集積植物）が重要か？ …… 200
　①鉱物からのカリウム吸収と同時に起こるケイ酸吸収 ………… 201
　　◪ダイズの場合　201
　　◪イネの場合　202
　②イネのケイ酸吸収のあとに活性アルミニウム生成 …………… 202
　③有機物が活性アルミニウムと結合して難分解性に …………… 204
　④森林土壌ではどうか？ ……………………………………… 205

2. イネ科のケイ酸吸収によるアルミニウム出現
　　──仮説の証明·· 207

（1）マメ科とイネ科によるカリウム欠土壌への対応の違い ············· 207
　①根圏の劇的反応を見る「ライゾボックス」試験 ···················· 207
　②ケイ酸吸収ではイネとススキが優位，鉱物も溶解して吸収 ············ 208
　③ケイ酸吸収が多いイネ科植物ほど活性アルミニウムを蓄積 ············ 210

（2）ケイ酸を吸わない変異種ではアルミニウムの出現が少ない──イネ
　　品種'オオチカラ'とその突然変異種'LSi1'による証明 ········· 211

3. 活性アルミニウムが結合する有機物とは？ ··················· 213

（1）可給態窒素PEONとの結合による安定腐植化も ···················· 213
（2）PEONと土壌菌類で，アミノ酸や糖が共通 ························ 213
（3）クラスター分析からみえる土壌有機物の起源
　　──作物や樹木よりも土壌生物 ································· 216

4. イネ科作物の輪作体系での土壌有機物（炭素）の蓄積
·· 218

（1）50年におよぶ米麦2毛作の試験田から ·························· 218
（2）堆肥の大きな効果──無リン酸区の成績から ····················· 219
（3）カリウム欠でも収量がとれるイネ，とれないムギ ················ 220
（4）イネのケイ酸吸収力がアルミニウムを増やし炭素を増やす ········· 221
（5）イネ栽培で炭素とともにCECが高まる──沖積土水田で実証 ······· 222
　〈囲み〉イネが一次鉱物を崩壊する機構　224

第6章　カドミウムの吸収
　　──重金属汚染土壌の作物栽培による修復

1. カドミウムによる健康被害と安全基準 ··················· 225

目次　13

（1）日本でのカドミウム汚染 ··· 225
　　（2）玄米の基準値と吸収抑制対策 ·· 226
　　（3）新たなカドミウムの基準値と対応策の必要 ······················ 226

　2. 植物を用いた汚染土壌の修復＝
　　　「ファイトレメディエーション」 ·· 228
　　（1）浄化植物による重金属吸収と蓄積 ···································· 228
　　（2）低カドミウム米を生産できる系統・品種の探索 ··············· 229
　　（3）カドミウムを大量吸収するイネ品種を浄化植物に ············ 231

　3. イネを用いたファイトレメディエーションの研究 ··· 232
　　（1）超集積植物カラシナの有効性と限界 ································· 232
　　（2）実際土壌ではカラシナよりイネ'密陽23号'が強い ············ 233
　　（3）イネは難溶性カドミウムを溶解・吸収できる ··················· 234
　　（4）さらに高い吸収・浄化能力を持つイネ'長香穀' ················ 235

終章　要約とまとめ

　◆「土壌の肥沃度」の本質は「根による養分抽出能」 ················ 237
　◆根の細胞壁が「接触溶解反応」で難溶性リン酸を溶解・吸収
　　　――第2章 ··· 239
　　　リン酸測定法の再考で施用量の適正化を　239
　　　ラッカセイは根の表面細胞壁の働きで難溶性リン酸を吸収する　240
　　　伝統農法は持続的農業へのヒントの宝庫　241
　◆有機態窒素＝PEON（ペオン）はアルミニウムや鉄と結合して
　　生成され，根から直接吸収される――第3章 ······························ 241
　　　有機態窒素＝PEONの本体は微生物の分解物質　241
　　　PEONは二つの方法で吸収される　242
　　　アミノ酸やタンパク質は有機窒素源として考えられない　242
　　　PEON吸収で総合的品質の向上――過剰の害も　242

◆**カリウムは鉱物を溶解して吸収され，同時にケイ素とアルミニウムも溶出——第4章** ………………………………………………… 243
　イネは一次鉱物を溶解してカリウムを吸収する　243
〈囲み〉カリウムと放射性セシウムの吸収　244
　ケイ素とアルミニウムも同時に溶解される　244
◆**土壌に蓄積されたアルミニウムが腐植をつくる——第5章**…244
　火山灰土壌での腐植蓄積の秘密はイネ科植物とアルミニウム　244
　なぜイネ科植物なのか——マメ科植物では蓄積しない　245
　森林には腐植は蓄積しない——腐植の主体はリグニンでなく微生物細胞壁　245
　水田でも土壌炭素が蓄積　246
◆**カドミウム汚染土壌も根の溶解・吸収能力で浄化可能——第6章** ……………………………………………………… 246
◆**持続可能な農業への展望——土壌の特性と作物の養分獲得能力に依拠した農業の可能性** …………………………… 246
　火山灰の畑地土壌の場合　247
　水田土壌の場合　248

参考および引用文献 ……………………………………………… 249
あとがき …………………………………………………………… 255

第1章

持続的な農業の母体「土壌の肥沃度」とは
――作物生産の増進と安定を決める主要因

　農業生産を左右する要因には，光，水，温度，肥料（肥沃度），空気（炭酸ガス）などがあり，さらに除草や病虫害の予防技術も加えられる。このうち人為的に制御できる要因は，①灌漑などによる水の補給，②施肥，③除草や病害虫の防除，の三つである。

　モンスーンアジアに位置する日本では古くから灌漑設備が発達し，「水利権」によって運営され，現在まで継続・活用されていることからも水の重要性がわかる。しかし，灌漑施設の設置による水の利用は，雨量の多い地域や河川水の利用ができる地域に限られた，きわめて地域色の強いものであって，どの地域にも通用する技術ではない。

　穀物収量はその国の肥料投入量と高い相関があることが知られている。土壌肥沃度の代替が肥料であり，これが近代農学の達成した技術である。③除草や病害虫の防除は別にして，①水よりも②施肥の重要性を紹介しよう。

(1) 乾燥土壌で生産の決め手になる要因は？
　　——水は絶対に必要か

①全世界の6人に1人が生活している「半乾燥熱帯」を例に考えてみよう

　半乾燥熱帯とは，気候学的には「熱帯にあって，1年のうち雨の降る時期（雨季）が2～4.5カ月，乾季が7.5～10カ月ある地域」である。経済的には所得が低く，国連の世界食料機構（FAO）の飢餓地図（Hunger Map）によっても，1日当たりのカロリー摂取量が2,400cal未満の人が多く生活をしている。

　インド亜大陸は，その大部分が半乾燥熱帯に属しており，少ない水（雨）に依存した農業が行なわれている。そこで，降水量と肥培管理と作物生産量の関係を検討したフーダとビルマ＝（Huda and Virmani, 1987）の研究を紹介しよう。年降水量が400～1,000mmの5地点を選定し，年間の気象変動（降水量，日射量，気温）および土壌の有効態水分と，ソルガムの成長解析を組み合わせて潜在生産力のシミュレーションモデルが作成された。肥培管理技術としては，以下の3処理である。

(1) 少量の有機物を施用し，在来型ソルガム品種で栽培する慣行法。
(2) 在来型ソルガム品種を50,000本/haの密度で播種し，それに応じた肥培管理(Low management)を行なった。ここでは「肥培管理：弱」とする。
(3) ハイブリッドソルガム品種を180,000本/haの播種密度で栽培し，それに応じた肥培管理（High management）を行なった。ここでは「肥培管理：強」とする。

5地点の場所（図1-1）と年間降水量は以下の通りである。
①ジョドプール　382mm
②アナンタプール　527mm
③ハイデラバード　792mm
④ダルワード　889mm
⑤インドール　1,001mm

年間降水量は1941年から1987年にかけての平均であり，当然年変動があ

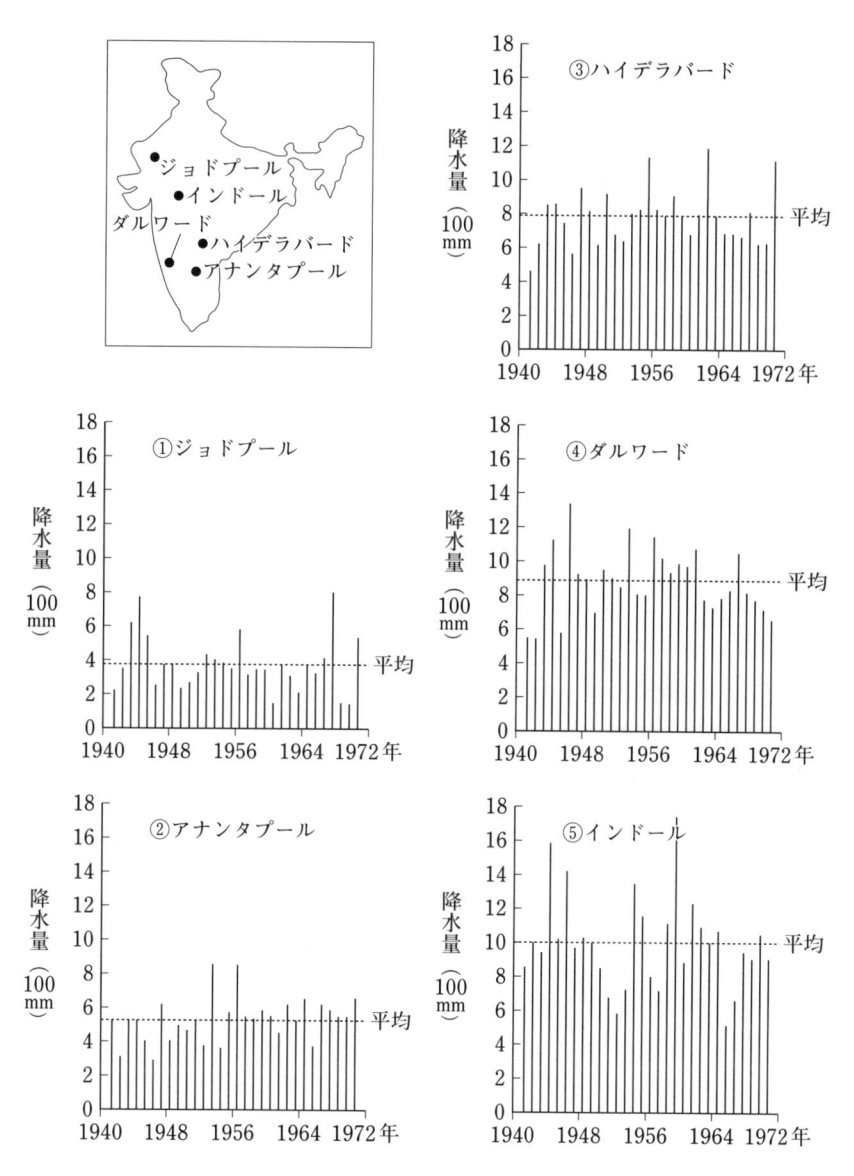

図1-1 ソルガムの収量予測のために選定されたインドの5地点の年降水量の年次変動
(Huda and Virmani, 1987から作成)

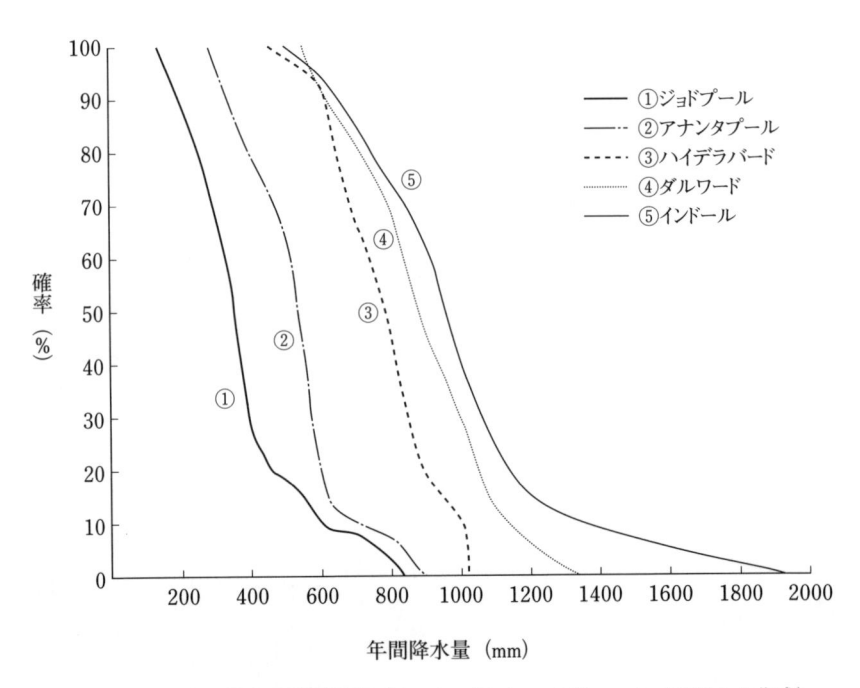

図1-2 インドの5地点の降雨確率パターン（Huda and Virmani, 1987から作成）
1941～1970年の30年間のデータ点数を100とした場合の年降水量の分布（%）

る。たとえば，ジョドプールの平均降水量は382mmであるが，年次変動（変動係数：CV）は5地点のうち，42%と最も大きい値を示した。最高830mmの降水を記録した年があるいっぽう，200mmを切る年もあった。このような降水量の変動を考慮した降水確率パターンを示すと図1-2になる。

　この降水パターンを利用して，上記の3肥培管理，および土壌水分，葉面積指数，蒸発散量などの過去のデータから，ソルガムの収量予測モデルが作成された。その結果を図1-3に示した。図1-3の(1)は慣行法で栽培されているソルガムの収量である。ジョドプールを例にすると，平均収量は0.1t/haで，その変動係数は128%にも達している（表1-1）。すなわち，収量は降水量による影響が著しく大きく（表1-1），降水量が200mmと少ない年には，収量は皆無となる。また，ジョドプールでは年間800mmに達する降雨が20～30年に一度起こる（図1-2）が，その年のソルガム収量は0.4t/haになった。

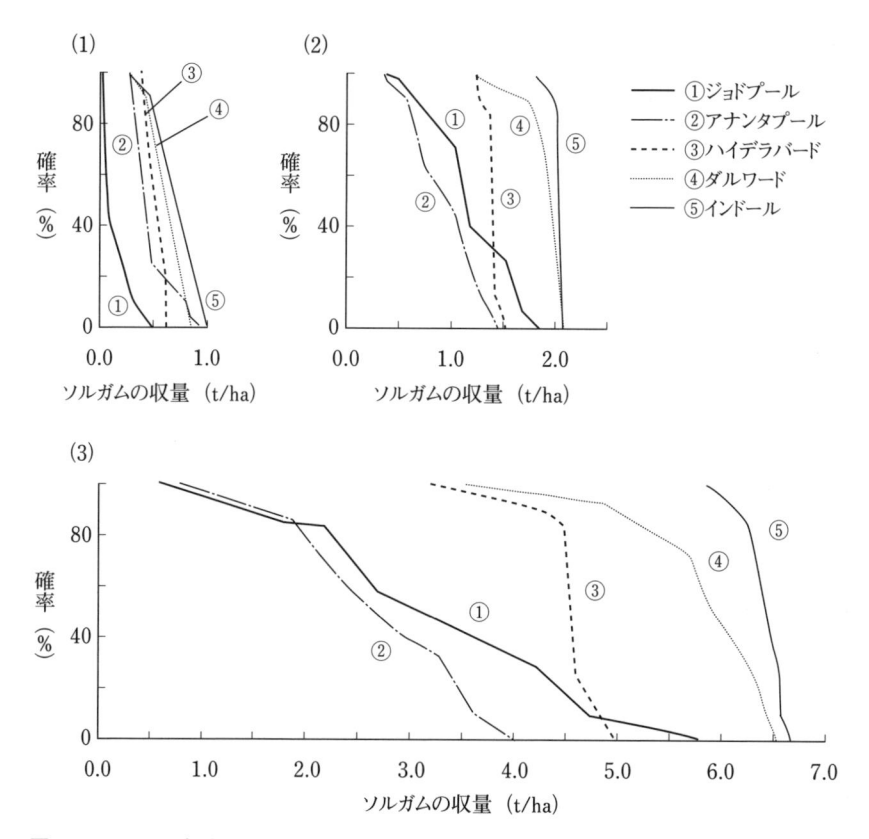

図1-3　インド各地におけるソルガムの収量の予測値

(Huda and Virmani, 1987から作成)

（1）慣行法による農家レベルでの収量
（2）「肥培管理：弱」の場合（在来種のソルガムを50,000本/haの密度で栽培）
（3）「肥培管理：強」の場合（近代のハイブリッド品種を180,000本/haの密度で栽培）

②めぐみの雨を活かすのは「肥料」——肥培管理の重要性

　いっぽう，(2)「肥培管理：弱」の場合をシミュレーションしてみよう。ジョドプールにおけるソルガムの収量は降水量が少ない（200mm）年でも0.4t/haの収量が，降雨量が800mmでは1.8t/haの収量が得られ（図1-3），平均1.1t/haの収量（表1-1）が得られると予測された。
　さらに，(3)「肥培管理：強」の場合，ジョドプールでも降水量の少ない年の収量が0.6t/ha，多い年が5.8t/haとなり，平均3.1t/haの収量が得られ

る.変動係数は39％（表1-1）となり，収量に対する降水量の影響は，慣行（128％）と比べて少なくなった.すなわち，収量の安定性が肥培管理によって増大したことが明らかである.ジョドプールよりも降雨量の多い4地点のソルガムについても，肥培管理によって収量が増大し，安定化することが図1-3および表1-1からもうかがえる.

　上記のシミュレーションから得られる結論の正しさを証明する例を，サハラ南部に位置するニジェール（西アフリカ，首都ニアメ付近の試験）における圃場試験の結果から示そう.ニジェールの首都付近の年降水量は350～500mmであり，ジョドプールと同じ年降水量を持つ半乾燥熱帯に属し，極端に肥沃度が低く，養分保持量（CEC：陽イオン交換量）も0.95cmol(+)/kg，（表1-2）と著しく少ない砂質土壌である.

　ここで少量の肥料の投入試験が行なわれた.三要素は，窒素30kg-N/ha，

表1-1　インドの5地点における降水量とソルガムの収量

(Huda and Virmani，1987年から作成)

農家での実測値と肥培管理：弱・強とした時のソルガムの収量予測

	選定地点					
	①ジョドプール	②アナンタプール	③ハイデラバード	④ダルワード	⑤インドール
年間降水量（1941～1970） 　　　平均（mm） 　　　（CV%）	382 (42)	527 (25)	792 (20)	889 (22)	1,001 (27)
(1) 実際の農家の慣行法における収量（1954～1970） 　　　平均（t/ha） 　　　（CV%）	0.1 (128)	0.4 26	0.5 28	0.6 28	0.7 29
シミュレーションによる予測収量（1941～1970） (2) 肥培管理：弱の場合 　　　平均（t/ha） 　　　（CV%）	1.1 (34)	0.9 (32)	1.4 (5)	1.9 (9)	2 (3)
(3) 肥培管理：強の場合 　　　平均（t/ha） 　　　（CV%）	3.1 (39)	2.6 (34)	4.6 (6)	5.7 (14)	6.4 (3)

注）1．肥培管理：弱（Low management）在来品種を用い50,000本/haで計算，肥培管理：強（High management）在来品種を用い180,000本/haで計算
　　2．CV：変動係数

リン酸30kg-P$_2$O$_5$/ha、カリ30kg-K$_2$O/haの割合である。注目すべきは、トウジンビエの収量は無肥料が0.27t/haであったのに対して、リン酸肥料のみの施用では0.65t/haとなり、2.4倍の収量が得られたことである。ササゲの場合も同様に、無肥料で0.39t/haだったのが、リン酸肥料の施用で0.72t/haへ増収した。(表1－2)。降水量が少なく肥沃度、保肥力ともに低い砂質土壌であっても、施肥が食糧の増産と安定をもたらしたのだ。

表1－2　ニジェールのサドレでのトウジンビエとササゲの肥料試験（Bationoら、1991年から作成）
（サドレの年降水量は約400mm）

施肥方法	子実収量 (t/ha)	
	トウジンビエ	ササゲ
無肥料	0.27	0.39
N	0.35	0.52
P	0.65	0.72
NP	0.68	0.72
NPK	0.73	0.98
堆肥（牛ふん由来）	0.68	0.90

注）1. N（窒素）は30kg-N/ha、P（リン酸）は過リン酸石灰で30kg-P$_2$O$_5$/ha、K（カリ）は30kg-K$_2$O/ha、牛ふん由来の堆肥は10t/haで施用した
2. ニジェールのサドレの土壌の化学物理化学性：pH（KCl）4.1、有機物0.22％、全窒素（T-N）74mg-N/kg、ECEC（有効陽イオン交換容量）0.54cmol/kg、塩基飽和度57％、可給態リン酸（Bray1）6.9mg-P/kg

　このことを、「土壌の肥沃度」の第一の側面として確認したうえで、次は肥料がない条件でも肥沃度を向上させるという第二の側面に注目しよう。「はじめに」で述べた、低投入・持続型農業を目ざすさいのヒントとなる、土壌と作物の根の反応（作物の特異な能力）を活かして肥沃度を確保する仕組みである。

（2）低肥沃度・肥料不足地帯でたよるものは？

　アフリカ大陸は地質学的に非常に古く、過去数億年にわたって隆起、沈降などの変動を受け、その間、風化と溶脱が何度も繰り返されている。そのため、地形的には、平坦な台地状の陸地となっている。長年にわたる風化と溶脱の結果、残留する土壌鉱物は風化に最も強い石英を主体とするものであり、それがアフリカに分布する砂質土壌を形成している。

　通常の鉱物の構成元素はアルミニウム、鉄およびケイ素を主とし、植物の生

育に必要な必須元素を鉄とともに保有する傾向にある。しかし，アフリカでは，アルミニウムや鉄さえも溶脱し，残った石英を主体とする土壌が卓越しており，必然的に必須元素の含有量は少なくなる。

このような低肥沃度の土壌での作物生産の増進・安定には，肥料投入が必要不可欠であるが，すでに述べたように，その量はきわめて少ない。アフリカでの化学肥料の投入量は東南アジアの10分の1，わずか19kg/haにすぎない。

化学肥料の投入が農業生産を飛躍的に増大させる好例を「Herald Tribune」（ヘラルド・トリビューン紙）2007年12月3日付の記事から引用しよう。「マラウィはアフリカ諸国と同様に飢餓の縁にある国であった。先進国や世界銀行から市場のオープン化と肥料への補助金を廃止することを求められていたにもかかわらず，現大統領はこれを拒否し，肥料への補助金政策を行なった結果，食糧が増産し，隣国のジンバブエへのトウモロコシの輸出も可能になった」。肥料は痩せた土壌の肥沃度を高めてくれる最も効果的な手段である。

①イネ科トウジンビエとマメ科樹木アルビダの組み合わせ

アフリカでは，このような条件下でも農業が営まれているが，半乾燥熱帯地域では，草木灰などの有機物由来の肥料成分も期待できない。このような状況で，作物はどのように養分を得ているのか，再度，ニジェールの首都であるニアメ近郊の農村での営農活動を示そう。

サヘルでは主な穀物としてイネ科のトウジンビエが栽培されている。このトウジンビエは畑に点在する10～20mの高さに達するアルビダ樹（*Faidherbia albida*，マメ科）の疎林に栽培されている。アルビダ樹と隣のアルビダ樹との間は40～50m隔たっている。そして，トウジンビエは，そのアルビダ樹の根元にまで植え付けられており，アルビダ樹に近ければ近いほどトウジンビエの生育は旺盛である。逆にアルビダ樹より離れるとトウジンビエの草丈は劣り，生育もまばらになる（写真1-1）。収量も，アルビダ樹幹から2m地点が最も高く，離れるにしたがって低くなっている（図1-4）。

一般にトウジンビエが栽培される雨季には，一般の樹木は葉がしげり，樹幹のまわりに作付けされた作物は樹陰によって生育が劣るのが普通である。しかし，アルビダ樹はトウジンビエが栽培される雨季には落葉する特徴を持ち，樹

①アルビダ樹の直下にある
　トウジンビエの生育

②アルビダ樹より10〜15m
　以上離れた位置にあるト
　ウジンビエの生育

写真1-1　アルビダ樹の周囲に栽培されたトウジンビエの様子
人物は有原丈二氏でスケールとして写っている

陰による遮光で生育が妨げられることはない。そして，乾季には葉が繁茂し，鳥や動物がアルビダ樹に立ち寄り，排泄物を落とすといわれている。

　ニジェールの砂質土壌で最も欠乏している養分はリン酸である（表1-2参照）。そこで，アルビダ樹周辺のリン酸肥沃度を測定した結果をみると，アルビダ樹の近く（2m）の可給態リン酸の濃度（ブレイ（Bray）2法で測定，34ページ参照）は13.4mg-P/kgであり，20m以上離れた地点のリン酸肥沃度11.1mg-P/kgより高かった。さらに，アルビダ樹周辺（2m）の下層土壌のリン酸肥沃度は19.1mg-P/kgで，20m離れた下層土壌の8.7mg-P/kgより高かった（図1-5）。

　このリン酸肥沃度の違いはなぜだろうか。鳥や動物の排泄物によって土壌の肥沃度が増すことも理解できるが，それだけであろうか？

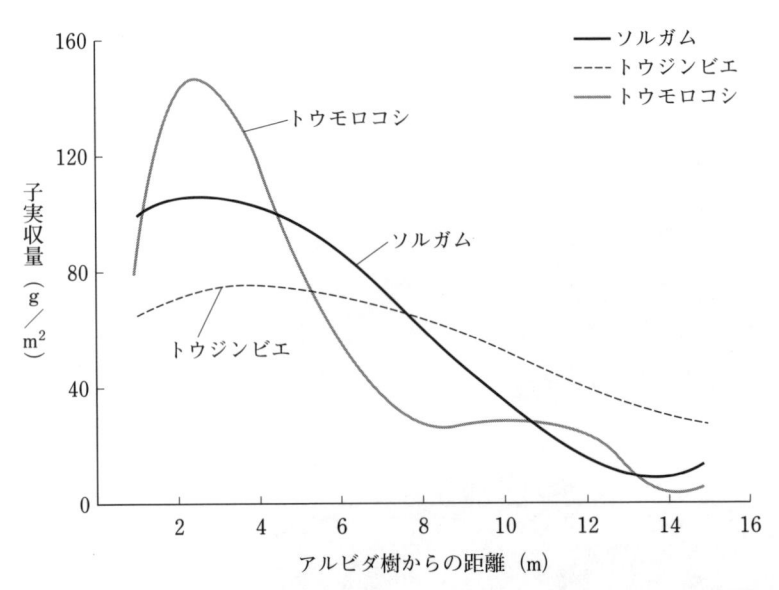

図1-4　アルビダ樹からの距離とトウジンビエ，ソルガム，トウモロコシの収量
(ICRISAT, 1991より作成)

②深い根系による養分のポンプアップ

　土壌養分はトウジンビエに吸収・利用されるだけでなく，アルビダ樹自体によっても略奪される。そのため，たえず養分の補給が落葉によって行なわれなければならない。アルビダ樹は，ニジェールでは神聖な樹として敬われており，燃料用に伐採されることはない。また，乾季にも生育できることは，土層深くにまで根系が発達している証拠である。いっぽうのトウジンビエは乾季には枯死し，雨季の生育期でもその根系はアルビダ樹よりも浅い。すなわち，アルビダ樹は深い地層から養分を地上へポンプアップ（吸収）して生育し，やがて落葉して，地表に養分を供給しているのである。
　砂質土壌では，単位土壌容量当たりの養分量は非常に少ないが，深い根系を生かして土壌容量（根域）を拡大させ，トウジンビエよりも深い地層から養分をポンプアップすることにより，表層土壌を肥沃にしていると考えられる。
　ニジェールの土壌の特徴は砂質であり，CECは$1.0\,\mathrm{cmol(+)/kg}$前後の値を示すことはすでに述べた。ニアメ付近の圃場に検土杖を突き刺せば，1～2m

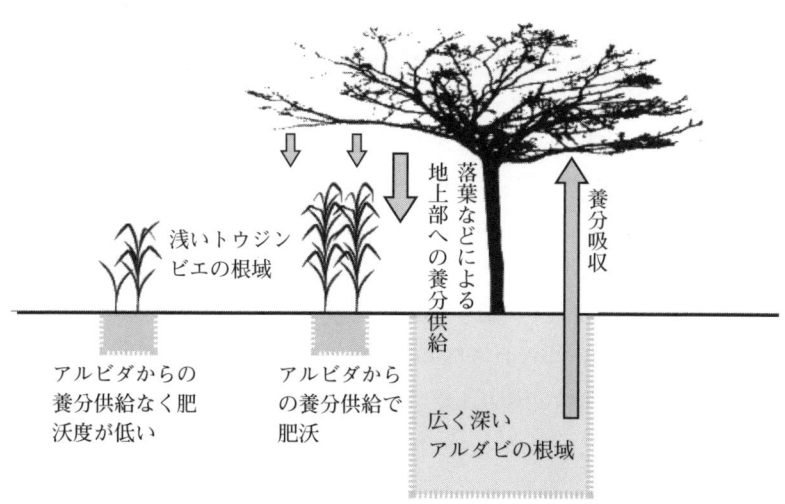

アルビダ樹幹からの距離（m）	深さ（cm）	pH（H₂O）	リン酸肥沃度ブレイ２法（mg-P/kg）	全窒素（%）
2	0～30	7.3	13.4	0.021
	30～60	6.3	19.1	0.026
20	0～30	6.7	11.1	0.016
	30～60	6.3	8.7	0.015

図1－5　アルビダ樹による養分の循環を利用したトウジンビエの栽培模式図

は容易に貫入し，地下水面は10m以上と深い。アルビダ樹は砂質土壌に生育し，人々に大事にされ，成木になるのに少なくとも20年以上も要することから，根は地下10m以上深く伸長していることは想像に難くない。そのため，CECが1.0cmol(+)/kg程度という低い養分保持力だとしても，10mまでの根長があった場合，根域が土層15cm程度の通常の作物に比較して，60～70倍の土層に相当する。つまり，CECが66～132cmol(+)/kg以上の根系土壌から養分を得ているといえる。

③植物による肥沃度の立体的確保と養分の循環

　これは，土壌肥沃度が立体的に確保されているということである。すなわち，浅い根系（トウジンビエ）と深い根系（アルビダ樹）との「生育環境の季

節的住みわけ」による養分の循環が行なわれているのである（図1-5）。

　果樹のような永年作物の根系は深く発達して，同様な肥沃度の確保・利用の営みをしていることに留意する必要がある。

　たとえば，広島県の世羅にある新たに造成された果樹園で，中国農業試験場によってナシの施肥試験が行なわれた。堆肥や化学肥料の施肥量とナシの生育との間にはまったく相関が認められなかった。しかし，造成されたナシ農園では，盛り土部の生育がよく，切り土部の生育が劣り，ナシ樹の生育は施肥量よりむしろ根系の深さ，すなわち根系を支配する土壌の総量と深い相関があった。これは，養分供給が可能な土壌（すなわち根域）がいかに重要であるかを示す好例である。

（3）土壌の肥沃度とは……養分供給量とその持続性

　以上から，持続的な農業の母体となる「土壌の肥沃度」について，次のようにとらえておこう。

肥沃度＝生育期間中の養分供給量×肥料効果の持続時間

さらに，

生育期間中の養分供給量＝根域が占める土壌量×作物根による養分抽出能

と考えてもよい。

　「根域が占める土壌量」については，すでに，アルビダ樹のところで触れたが，永年作物の肥培管理を考察するうえで，考慮されてもよい要素であると思われる。

　そして「作物根による養分抽出能」とは，土壌に含まれている難溶性養分を作物根の作用によって溶解し作物に吸収されやすい形態（可給態）に変換させる能力である。本書の目的は，この作物あるいは植物の持つ積極的な養分吸収能力を評価し直すことである。それによって，長年にわたり議論が続いている土壌の有機物（腐植）問題に関しての基本的な考え方が提示できると考えている。

　以下の章で，主要な肥料要素ごとに，養分吸収の仕組み，すなわち養分供給量とその持続性にかかわる根圏での反応を考察していこう。

第2章

リン酸の吸収
──根による難溶性リン酸の溶解と吸収

1. 土壌中のリン酸の形態と作物根への移動

(1) リン資源枯渇への対策技術

①試みられているリン回収システム

　リン酸肥料の消費傾向がこれまでのように続けば，資源であるリン鉱石は50〜150年後には枯渇すると予想されている。加えて，資源を持つ国は，その資源を囲い込む傾向にある。

　そうした事態への備えとして，枯渇寸前のリン鉱石にかわって，下水汚泥からリン酸を回収しようとする研究も行なわれている。下水汚泥の浄化槽では酸化と還元が繰り返し行なわれていて，この過程で，窒素については脱窒によっ

て浄化される。リン酸については，汚泥中の微生物が体内にポリリン酸として蓄積するが，この微生物菌体を加熱することによってポリリン酸を溶出させ，そこへ石灰を添加してリンを回収する技術がある（Heatphos法）。この方法で生産された粗リン酸カルシウム（人工リン鉱石と呼ばれている）は，そのままでもリン酸肥料として有効であることも確かめられている（辻本ら，2007）。

また，し尿処理場での固液分離で生じる分離液に対して，アルカリ条件下でマグネシウムを添加してリン酸マグネシウムアンモニウム（Magnecium Ammnonium Phosphate）として沈殿させ，これからリン酸を回収するシステムもある（MAP法）。

さらには，周囲が海にかこまれている日本では，漁業資源からのリンの回収も可能であり，その方法は，もっと積極的に検討されてしかるべきであろう。

②過剰施用とリン酸固定理論の再検討を

日本で重要な問題は，リン資源の枯渇だけでなく，リン酸肥料が過剰なまでに施用されてきたことである。樹園地や野菜の施設栽培では，トルオーグ法（Truog法，可給態リン酸の抽出法，34ページ参照）で1,000 ppm-P_2O_5，10 a当たりにして100 kgという多量のリン酸の蓄積した圃場が，ごく普通に出現している。

リン酸肥料は過剰に施用しても作物に障害が出ないので，また火山灰土壌はリン酸の固定量（31ページ参照）が大きいこともあって，リン酸の多量施用が行なわれる傾向にある。ここでもう一度，リン酸肥料の施肥のあり方について，土壌のリン酸吸着・固定量の評価も含めて考えなおさなければならない。これが本章の中心テーマのひとつである。

（2）リン酸吸収係数の問題点

①リン酸に特異的な土壌吸着，吸収しにくい形態

窒素，リン酸，カリの三大肥料成分のうち最も特異的な反応をするのがリン酸である。肥料が土壌へ施用され，作物に吸収されずに残ったリン酸は土壌に

吸着され、利用されにくい形態へと変化するからである。土壌に吸着されるリン酸の容量が「リン酸吸収係数」である。

火山灰土壌はリン酸吸収係数が高いため、第二次世界大戦期までは日本の火山灰土壌地帯の農業生産は著しく劣っていた。しかし戦後、リン酸吸収係数の5～10％にも相当する大量リン酸質肥料（注1）を投入することによって、火山灰土壌の改良ができるようになり、開墾が進み畑の面積は大きく拡大した。

（注1）リン酸吸収係数の5～10％に相当するリン酸質肥料：リン酸吸収係数2,000 mg-P$_2$O$_5$/100 gの値を持つ火山灰土壌に、その5～10％のリン酸を投入しようとすると、過リン酸石灰と溶りんを1：1に混合した場合、10a当たり550～1,100 kg施用することになる。火山灰土壌の開墾のさいの土壌改良ではこのような大量施用が行なわれた。その量は、通常の施肥量の5～10年分に相当する。

リン酸吸収係数は次のようにして求められる。供試土壌に、2.5％のリン酸アンモニウム溶液を添加すると、リン酸が土壌に吸着されて溶液中のリン酸濃度が低下する。その濃度差から土壌100 g当たりに吸着したリン酸を求めた数値がリン酸吸収係数で、mg-P$_2$O$_5$/100 gで示される。

表2－1に代表的な土壌のリン酸吸収係数を示した。

土壌が吸着するリン酸がどの程度か、この表の土壌を例に計算してみよう。例えば、リン酸吸収係数が2,000（mg-P$_2$O$_5$/100 g）の腐植質火山灰土壌では、1年間に10a当たり10 kg-P$_2$O$_5$のリン酸肥料を200年間施用し続けるとようやくリン酸吸収係数がゼロになる計算である（作土厚を10 cmとし、作物による吸収量は無視した）。リン酸吸収係数が700の沖積土壌でも、70年間施用してようやくゼロになる。

このように、土壌がリン酸を吸着する容量は絶大である。しかし、その容量がリン酸で完全に満たされなくても植物の生育は可能で、実際、施肥来歴のない火山灰土壌でもススキやハギ、その他の植物は生育している。作物は

表2－1　代表的な土壌のリン酸吸収係数

代表的な土壌	リン酸吸収係数 (mg-P$_2$O$_5$/100g)
腐植質火山灰土壌	2,000以上
火山灰土壌	2,000～1,500
洪積土壌	1,500～700
沖積土壌	700以下

土壌が吸着・固定したリン酸を溶解して吸収できる能力を、多少にかかわらず持っていると考える必要がある。

　土壌が吸着したリン酸が、作物根と土壌の反応によって溶解・吸収される。それを活かした農業技術こそ持続的な農業につながるものである。本章で明らかにしたい中心テーマの第二であり、「3. キマメのリン酸吸収機構とインドでの間作体系」以下で詳述する。

②リン酸吸収係数の高すぎる評価と過剰施肥

　ところで、リン酸吸収係数測定の試薬に使う、2.5％リン酸アンモニウム溶液のリン酸濃度は約6,000 mg-P/kgに相当し、通常の水耕培養液に用いられている濃度（40 mg-P/kg）より、かなり高い濃度である。相対的に濃い濃度のリン酸溶液を用いることによって、土壌に吸着されるリン酸も多くなる＝リン酸吸収係数が高く出るのは平衡の原理からも当然である。

　リン酸を吸着する相手は鉱物や粘土で、その表面にあるアルミニウムや鉄が吸着部位である。この吸着部位には、リン酸以外に有機物（第3章で紹介する有機態の可給態窒素、PEON）などがすでに吸着している。それを2.5％という濃いリン酸アンモニウム溶液で排除した後に、リン酸が吸着すると考えられる。過剰に濃度の高いリン酸溶液を用いて、土壌とリン酸溶液との平衡によって得られたリン酸濃度の変化を測定することは、土壌のリン吸着量を過大に評価していると考えるべきであろう。

　ここにも、リン酸過剰施肥をもたらしたカラクリの一端があると思われる。

③リン酸の吸着・固定は急速に進む

　つぎに、肥料として施したリン酸の土壌への吸着がいかに急速に行なわれるか、具体例を図2−1に示そう。肥料には、水溶性の過リン酸石灰（過石）と、難溶性のトーゴ共和国産リン鉱石を用い、リン酸吸収係数が約2,000 mg-P_2O_5/100 gと高い黒ボク土（火山灰土壌）へ添加した。その土壌を畑条件で培養し、約1週間ごとに取り出して、トルオーグ法（Truog法）とブレイ2法（Bray2法、39ページ参照）で可給態リン酸を測定した。

　可給態リン酸とは、植物が吸収・利用できるリン酸であり、有効態リン酸と

もいう。土壌リン酸の肥沃度を示している。

トルオーグ法（図2-1の上段）によると水溶性の過石を施用した場合，スタート時に高かった可給態リン酸は急速に減少し，1週間で約80％が非可給態（不溶性，植物が利用できない）と評価される形態となり，その後，除々に不溶性となって，30日目には可給態リン酸すなわちリン酸肥沃度は，スタート時のわずか10％と判定された。難溶性のトーゴ産リン鉱石はそのまま経過し，最終的には過石と同じリン酸肥沃度を示した。

同じ実験をブレイ2法（図2-1の下段）で評価した場合は，基本的なパターンはトルオーグ法と変わらないが，過石は土壌へのリン酸の吸着はスタート時の約40％であり，見かけ上，固定量はトルオーグ法で評価した場合よりも少なかった。そして，30日後の土壌のリン酸肥沃度は37mg-P/kgで，トルオーグ法による値（16mg-P/kg）よりは高くなった。ブレイ2法はリン酸施肥の効果が持続していることを示している。

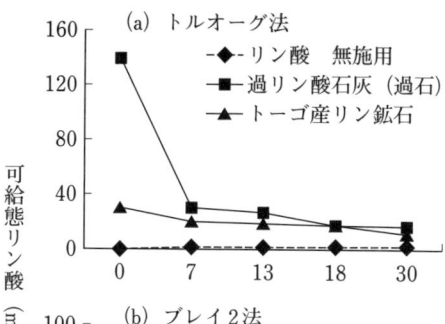

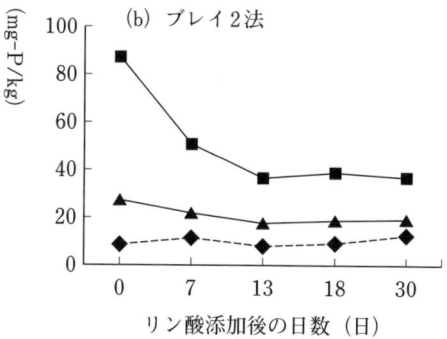

図2-1　リン酸肥料のタイプと，リン酸の吸着（固定）の進行（可給態リン酸の推移）

注）1. リン酸肥料（過石）およびトーゴ産リン鉱石を黒ボク土壌に添加・培養し，可給態リン酸をトルオーグ法とブレイ2法によって測定した
2. 供試した黒ボク土はpH：5.9，リン酸吸収係数：1,900mg-P_2O_5/100g

黒ボク土よりもリン酸吸収係数が約400mg-P_2O_5/100gと少ない赤黄色土の国頭マージでも，同様の結果が得られた。過石は，添加後1週間でスタート時の70％が固定され，トルオーグ法では抽出できなくなった。また，ブレイ2法では40％が固定された。土壌のリン酸吸収係数の高低にかかわらず，施用さ

れたリン酸は急速に固定されることを示している。

④リン酸の測定法も評価値も各国でまちまち

　ここでは土壌の可給態リン酸すなわちリン酸肥沃度の評価法として，トルオーグ法とブレイ2法を利用したが，両者による可給態リン酸の量は，リン酸の固定量から判断しても，2倍以上もの違いが認められる。どちらがより正しいかは，植物の生育（リン酸吸収量）によって評価するしかない。

　日本では，トルオーグ法やブレイ2法が用いられているが，世界的には，メーリッヒ法（Mehlich法　1，2，3の3種類がある）や，オルセン（Olsen）法が利用されており，それぞれ各国の事情による。したがって，客観的なリン酸の測定・評価はできない場合があるといっておこう。表2-2には，これまで提案された12種類の可給態リン酸の評価法を示したが，世界で共通に利用できる土壌リンの肥沃度の評価法がないということである。われわれはこれをうまく使いこなす必要がある（この点については後述する）。

表2-2　可給態リン酸の評価に用いられる代表的な抽出液の組成
（Soil Testing and Plant Analysis, 1990から作成）

リン酸の例

名称	抽出など
重炭酸アンモニウムDTPA抽出（AB-DTPA）	1M重炭酸アンモニウム＋0.005M DTPA（pH7.5）
ブレイ1（Bray1）	0.03Mフッ化アンモニウム＋0.025M塩酸
ブレイ2（Bray2）	0.03Mフッ化アンモニウム＋0.1M塩酸
クエン酸（Citric acid）	1%クエン酸
エグナー（Egner）	0.01M乳酸カルシウム＋0.02M塩酸
ISFEIP（Hunter）	0.25M重炭酸ナトリウム＋0.01Mフッ化アンモニウム＋0.01M EDTA（pH8.5）
メーリッヒ1（Mehlich1）	0.05M塩酸＋0.0125M硫酸
メーリッヒ2（Mehlich2）	0.015Mフッ化アンモニウム＋0.2M酢酸＋0.2M塩化アンモニウム＋0.012M塩酸
メーリッヒ3（Mehlich3）	0.015Mフッ化アンモニウム＋0.2M酢酸＋0.25M硝酸アンモニウム＋0.013M硝酸
モーガン（Morgan）	0.54M酢酸＋0.7M NaC$_2$H$_3$O$_2$（pH4.8）
オルセン（Olsen）	0.5M重炭酸ナトリウム（pH8.5）
トルオーグ（Truog）	0.001M硫酸＋硫酸アンモニウム（pH3）

（3）土壌に固定されたリン酸の蓄積形態

①まずアルミニウム型リン酸に固定，次いで鉄型リン酸

　土壌に固定されたリン酸は，どうなるのか？　蓄積したリン酸のようすを表2－3に示した。

　つくば・黒ボク土の未耕地土壌の無機態リン酸は，アルミニウム型リン酸（Al-P）として263mg-P/kgであり，鉄型リン酸（Fe-P）は181mg-P/kgであった。30年以上にわたって耕作・施肥が行なわれた結果，アルミニウム型リン酸は860mg-P/kg，鉄型リン酸は379mg-P/kgとなり，主としてアルミニウム型リン酸の蓄積が観察された。有機態リン酸についても，リン酸の施肥によって，鉄型リン酸（236～276mg-P/kg）よりは，むしろアルミニウム型リン酸（144～256mg-P/kg）の蓄積が観察された。カルシウム型リン酸（Ca-P）については，施肥による蓄積は認められなかった。黒ボク土の場合，活性アルミニウムが多いため，リン酸の蓄積はアルミニウム型リン酸から始まり，鉄型リン酸へと進んでいくようである。

　沖縄県石垣島にある赤黄色土の国頭マージでも黒ボク土と同様で，リン酸肥料の施用でリン酸吸収係数は減少した。しかし，蓄積したリン酸の内容は，有機態，無機態にかかわらずまず量的には鉄型リン酸（無機態では27～137mg-P/kg）の蓄積が著しく，次いで，アルミニウム型リン酸（2～64mg-P/kg）となった。

②有機態リン酸も無機態と同じ挙動をとって固定

　ここで興味深いことは，全リン酸含量の30％を有機態リン酸が占めていることである。有機態リン酸の約半分は，フィチン酸（ミオ-イノシトール6リン酸エステル）の形態である（図2－2参照）。フィチン酸は植物の種子へのリンの貯蔵形態であるが，単独で存在することはなく，イノシトールの外周のリン酸基は，土壌中の鉄やアルミニウムと結合して不溶態（非可給態）として蓄積している（表2－3で可給態リン酸がきわめて少ないことがそれを物語る）。フィチン酸を含む雑草などの種子が土壌に落ち，分解する過程でフィチン酸が

表2−3 黒ボク土と赤黄色土（国頭マージ）での施肥リン酸の蓄積
化学肥料のみ，牛ふん堆肥＋化学肥料施肥の例

土壌	場所	利用・施肥	pH (H₂O)	全炭素 (g-C/kg)	全リン (mg-P/kg)
黒ボク土*	つくば	未耕地	6.1	39.3	1,097
		化学肥料	6.9	45.8	2,125
赤黄色土	石垣	未耕地	4.9	2.4	246
（国頭マージ）		化学肥料	7.1	4.2	516
黒ボク土**	つくば	牛ふんなし/化学肥料あり	5.0	36.9	2,988
		牛ふん (20t/ha) /同上	5.3	48.3	3,434
		牛ふん (40t/ha) /同上	5.7	56.4	3,691
		牛ふん (80t/ha) /同上	5.7	79.4	4,941

注) 1. ＊：(独) 農業環境技術研究所の圃場
　　2. ＊＊：(独) 農研機構中央農業研究センターの圃場。おもにトウモロコシが栽培は年間それぞれ，20t，40t，80t/haの割合で28年間施用されていた
　　3. Ca-P（カルシウム型リン酸），Al-P（アルミニウム方リン酸），Fe-P（鉄型リン

土壌中の鉄やアルミニウムと結合して，難溶性の安定な形態（不溶態）として蓄積していると思われる。

　かつて，火山灰土壌に蓄積した有機態リン酸を積極的に利用しようとする試みがあった。土壌微生物のうち，とくにケカビ（*Mucor*）などの糸状菌は，フィターゼ（フィチン酸分解酵素）を分泌する能力があり，この酵素は有機態リン酸を植物が利用できる無機態リン酸へと変換させることができる。しかし，フィターゼなどの酵素は水溶性のフィチン酸あるいは糖リン酸（図2−2の「糖＝リン酸」）を分解することは可能であるが，リン酸基が鉄やアルミニウムと結合してきわめて溶けにくい形態（難溶性）になったリン酸化合物（図2−2「糖＝リン酸＝Al・Fe」）は分解できない。すなわち，土壌中の有機態リン酸も無機態リン酸と同じ挙動をとるのである。

　赤黄色土の国頭マージでは，その土壌の色からわかるように鉄が豊富に存在するので，リン酸施用によって鉄型リン酸の蓄積が顕著に進み，次いでアルミニウム型リン酸の蓄積となる。カルシウム型リン酸の蓄積は，つくばの土壌（火山灰）と同様に少ない。

リン酸吸収係数 (mg-P₂O₅/100g)	可給態リン (mg-P/kg) トルオーグ	ブレイ2	無機態リン (mg-P/kg) Ca-P	Al-P	Fe-P	有機態リン (mg-P/kg) Ca-P	Al-P	Fe-P
2,578	1	10	1	263	181	2	144	236
2,266	14	33	5	860	379	0	256	276
426	0	1	0	2	27	0	4	7
208	30	70	17	64	137	0	26	64
1,739	201	489	163	1,722	559	0	220	294
1,631	244	589	216	1,895	621	0	117	265
1,490	321	684	313	2,060	687	3	202	378
1,330	757	1342	893	2,416	792	3	200	451

され,化学肥料 (200 kg-N/ha, 180 kg-P₂O₅/ha, 200 kg-K₂O/ha) は均一に施用。牛ふん

酸)は,それぞれカルシウム,アルミニウム,鉄に吸着られたリン酸を示す

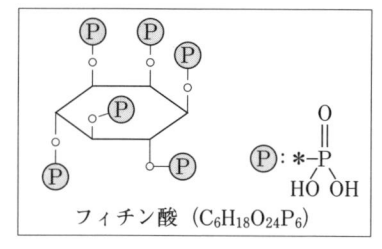

フィチン酸 ($C_6H_{18}O_{24}P_6$)
「ミオ・イノシトールの6リン酸エステル」

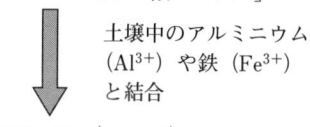

土壌中のアルミニウム (Al^{3+}) や鉄 (Fe^{3+}) と結合

$C_6H_6O_{24}P_6Fe_nAl_m$ (n+m=4)
(難溶性フィチン酸として土壌に存在)

フィチン酸 ($C_6H_{18}O_{24}P_6$)

- フィチン酸をリン酸と糖とに分解する酵素は,「フィターゼ」と呼ばれるフォスファターゼの一種である。フォスファターゼは鉄やアルミニウムに結合し,難溶性になったフィチン酸には,働かない
- フィチン酸 (糖=リン酸) + (フィターゼ) ⟶ 糖 + リン酸
- 難溶性フィチン酸 (糖=リン酸=Al・Fe) + (フィターゼ) ⟶̸ (分解できない)
- フィチン酸あるいは糖=リン酸エステルは,土壌中では,有機態リン酸として単独に存在していることはなく,リン酸基にはアルミニウムや鉄,あるいはその他の金属が結合している
- フィチン酸は (糖=リン酸=Al・Fe) の形態で存在する

図2−2 有機態リン酸であるフィチン酸の化学構造と土壌での存在状態

第2章 リン酸の吸収

③溶解しやすさはカルシウム型が優れ，低pHで加速

3種類の代表的なリン酸試薬（リン酸水素カルシウム：CaHPO$_4$，リン酸アルミニウム：AlPO$_4$，リン酸鉄：FePO$_4$）を用いて，pH条件をさまざまに変えて，リン酸の溶解程度を調べた（図2－3）。これによると，カルシウム型リン酸が最も溶けやすく，次いでアルミニウム型，さらに鉄型となった。カルシウム型は溶液のpHが低くなるほど溶解した。図2－3は特定の試薬による結果ではあるが，この傾向は一般的であると考えてよい（ただし，試薬の結晶性によっても異なる）。有機態リン酸も無機態と同じであり，例えば，フィチン酸カルシウムはフィチン酸アルミニウムやフィチン酸鉄よりも溶けやすい。

表2－3の3段目は，同じつくば土壌で，30年間にわたり，堆肥を0～80t/ha施用し続けた圃場でのリン酸の蓄積状況を示している。堆肥なし区，および堆肥施用のすべての区で，一定量の化学肥料（リン酸）が施用されている。

堆肥の施用量の増大につれて，土壌炭素の蓄積が観察された。堆肥の施用量が多くなるに伴い，可給態リン酸であるブレイ2法の値が489から1,342 mg-P/kgへと増加した。無機態リン酸についてみると，とくにアルミニウム型リン酸の蓄積が顕著であり，1,800から2,400 mg-P/kgへと蓄積しており，火山灰土壌の特性がうかがえる。

堆肥の施用による有機態リン酸の蓄積が予想されるのであるが，若干の有機態の鉄型リン酸の蓄積（294～

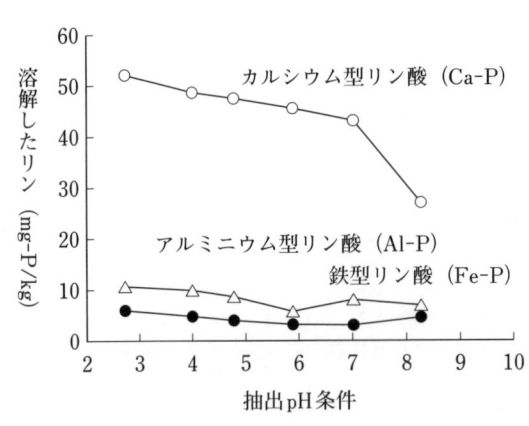

図2－3 3種類の形態のリン酸のさまざまなpH条件における溶解

注）1. リン酸試薬にはリン酸水素カルシウム：CaHPO$_4$（Ca-P），リン酸アルミニウム：AlPO$_4$（Al-P），リン酸鉄：FePO$_4$（Fe-P）を用いた
2. リン酸試薬を砂，バーミキュライト培地に施用し，広域緩衝液で抽出した

451mg-P/kg）が認められただけで，無機態のアルミニウム型リン酸（1,722～2,416mg-P/kg）および鉄型リン酸（164～893mg-P/kg）の蓄積が観察された。堆肥の施用は化学肥料と同じで，有機態リン酸の蓄積を促さない。

④トルオーグ法とブレイ2法で評価値が変わるのは

なお，表2－3には可給態リン酸について，トルオーグ法とブレイ2法の両方の値を記載している。トルオーグ法は，pH3.0に調製した低濃度の希硫酸（$0.001M-H_2SO_4$）を土壌に添加してリン酸を抽出する方法であり（表2－2参照），この抽出では主としてカルシウムが溶解し，カルシウム型リン酸（Ca-P）を評価している。そのため，トルオーグリン酸とカルシウム型リン酸は非常に高い相関を示す（r=0.99＊＊＊，n=8）。

ブレイ2法での抽出液には，トルオーグ法で用いられる硫酸の濃度よりも高い塩酸（0.1M-HCl）が用いられており，カルシウム型リン酸を強く溶かすだけでなく，抽出液に含まれているフッ素（NH_4F）がアルミニウムや鉄と安定な錯体を形成し，その結果アルミニウム型リン酸や鉄型リン酸のリン酸も一部溶解する。

またブレイ2法によるリン酸の値はカルシウム型リン酸よりも大きいことからも，原理的にはブレイ2法のほうがトルオーグ法よりも多くのリン酸を抽出することになる。

（4）土壌表面から植物根へのリン酸の移動

①鉄型，アルミ型は移動速度が大変おそい

陽イオンであるアンモニアイオン（NH_4^+）やカリウムイオン（K^+）は，粘土表面の陽イオン交換基（CEC：陽イオン交換容量，マイナス荷電）とイオン的な力によって結合しているが，カルシウムなどの陽イオン種が置き換わる交換反応によって，粘土から離れて植物根へ移動することが可能である。この移動現象を「拡散」とよぶ。

リン酸は土壌でどのような動きをするのか？　砂質土壌のような著しく低いリン酸吸収係数を持つ土壌でないかぎり，土壌鉱物表面には鉄やアルミニウム

があり，また粘土構造末端の破壊原子価にも活性（反応性に富む）アルミニウムがあって，水溶性のリン酸を施用しても鉄型リン酸，あるいはアルミニウム型リン酸として，粒子表面に強く吸着される。これがリン酸固定（すなわち，リン酸吸収係数を形成している）の原因である。

施肥されたリン酸は，急激にこのような活性アルミニウムや鉄と結合してしまい，植物の根表面にまで移動するには土壌の吸着力に逆らって進まなければならない。そのため移動速度はカリウムやアンモニア態窒素よりも著しくおそい。

いっぽう，アンモニアは微生物の作用（硝酸化成作用）で硝酸へと変化するが，陰イオンの硝酸イオンは粘土表面の陰イオン（陽イオン交換基）と反発し，（基本的には）土壌粒子に吸着されることなく，土壌表面の水の動きにともなって移動する（マスフロー）。

②土壌中のリン酸の移動速度はカリウムよりはるかにおそい

表2−4に，代表的な植物養分のリン酸（$H_2PO_4^-$），硝酸（NO_3^-），カリウム（K^+）イオンの移動速度を示した（ユンク〈Jungk〉，1991より）。これによると，リン酸もカリウムと同様に土壌中で「拡散」によって移動はするものの，先に示したようにアルミニウムと鉄が移動をさまたげるため，リン酸の移動速度はカリウムの移動速度（0.9mm/1日）よりもはるかにおそく，1日当たり0.13mmと算出されている。

このように，リン酸の拡散速度はきわめておそいだけでなく，土壌溶液に溶け出さないため，作物の養分吸収にとって最も制限の多い養分である。リン吸収には作物の根の伸張が大きく影響するといわれるのは，そのことと関連している。すなわち根と土壌が接触する面積が広ければ広いほど，拡散・移動がおそく

表2−4　土壌中でのイオンの移動速度

（ユンク〈Jungk〉，1991より）

イオンの種類	土壌中での平均拡散速度 De （m^2/s）	1日当たりのイオンの移動（mm/日）
硝酸（NO_3^-）	5×10^{-11}	3.00
カリウム（K^+）	5×10^{-12}	0.90
リン酸（$H_2PO_4^-$）	1×10^{-13}	0.13

注）De：拡散係数

溶解が困難なリン酸であっても，よりスムーズに吸収できるからである。

（5）リン酸の吸収における根系の発達の重要性

①根の早い成長と表面積拡大がリン酸吸収に有効

　リン酸は土壌中での拡散速度が小さいことから，植物がリンを吸収するには，可能な限り根の成長を早くして，土壌粒子と接触できる機会を多くすることが有利である。根表面と土壌粒子との接触の機会を増やす方法として，根の成長の早さとともに，根の表面積を増やすことが有効である。この点で，根系の伸張だけでなく，根毛の発達もリン酸吸収に十分に寄与することをイトウとバーバー（Itho & Baber, 1983）が明らかにした。いずれにしても，根の表面積の拡大が重要である。

　農林水産省の研究機関が茨城県筑波地域（現つくば市）に移転し，1979年から試験圃場が開墾された。その開墾圃場（火山灰土壌，黒ボク土）で，リン酸が施用されたことのない圃場（低リン酸圃場）と年間約90 kg-P/haのリン酸が施用された圃場（高リン酸圃場）での，作物のリン吸収と根長との関連を考察しよう。

　表2－5に低リン酸圃場と高リン酸圃場でのリン酸の形態と可給態リン酸を示した。土壌の可給態リン酸は，ブレイ2法で低リン酸圃場：4.5 mg-P/kg，高リン酸圃場：25.6 mg-P/kgであり，明らかに低リン酸圃場のリン酸肥沃度は高リン酸圃場よりも低い。

　この2圃場で，低リン酸土壌に耐性を持つ植物種の探索のために，ソバ，トウゴマ，ダイズ，ラッカセイ，キマメ，ソルガムなど6種類の作物の栽培を行なった。栽培期間は，作物によって成熟期間が異なるので，ほぼ開花後登熟期までの約2.5カ月間とした。栽培後，リン吸収量と根長を測定した結果が表2－6である。

②圃場ではソルガムが根長とリン吸収量でトップ

　低リン酸圃場では，ソルガムのリン吸収量は最も多く（1.27 g-P/m^2），その根長は6作物中で最も発達していた（1,258 m/m^2）。リン吸収量（乾物重：こ

表2-5　根長とリン酸吸収の解析のために用いられたつくば黒ボク土壌のリン酸の特性

圃場	pH (H₂O)	全リン	土壌リン酸の形態 (mg-P) 可給態リン酸				
			トルオーグ	ブレイ1	ブレイ2	オルセン	クエン酸
低リン酸圃場	6.1	988	0.5	1.3	4.5	7.4	3.2
高リン酸圃場	6.1	1472	7.3	6.4	25.6	28.2	14.6

注）低リン酸圃場は，これまで施肥来歴を持たない。高リン酸圃場は開墾の後1979年90 kg-P/haのリン酸が施用された

表2-6　低リン酸圃場と高リン酸圃場で栽培した作物のリン酸吸収量と根長との関係

作物	低リン酸圃場			高リン酸圃場		
	リン吸収量 (g-P/m²)	根長 (m/m²)	根長当たりのリン吸収 (mg-P/m)	リン吸収量 (g-P/m²)	根長 (m/m²)	根長当たりのリン吸収 (mg-P/m)
ソバ	0.02	484	0.04	0.57	588	1.00
トウゴマ（ヒマ）	0.49	262	1.94	1.32	360	3.83
ラッカセイ	1.01	300	3.71	1.43	424	3.44
キマメ	0.97	350	2.81	1.20	248	4.88
ソルガム	1.27	1258	1.09	2.86	1747	1.65
ダイズ	0.12	814	0.15	1.81	1077	1.88
リン吸収と根長との相関	r=0.23			r=0.84*		

注）1. 登熟期まで栽培して測定
　　2. リン吸収量は，種子中に含まれるリン酸量を差し引いてある。根のリン含量は考慮していない。ただしラッカセイの莢のリンは地上中のリンに含めている（図2-4，表2-7も同じ）

の場合リン吸収量は乾物量に対応したので乾物重に省略した）は，次いでラッカセイ＞キマメ＞トウゴマ＞ダイズ＞ソバの順となった。

　ダイズはソルガムに次いで根長は長いが，そのリン吸収は，ダイズより根長が短いキマメ，ラッカセイ，トウゴマよりも劣った。生育期間の長さはリン吸収量の増加と関連するが，この低リン酸圃場では，根長とリン吸収との間には相関は認められなかった（r=0.23, n=6）（表2-6, 図2-4a）。

　高リン酸圃場でも，ソルガムの根長は最も発達がよく，リンの吸収も6作物中最も多かった（2.86 g-P/m²）。リン吸収量は，次いでダイズ＞ラッカセイ＞

(1996年)

/kg

無機態リン酸		
Ca-P	Al-P	Fe-P
0.0	255	134
2.5	563	261

から1996年までに，毎年

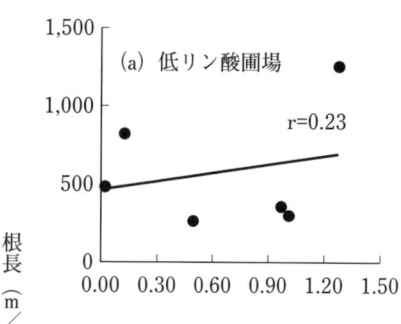

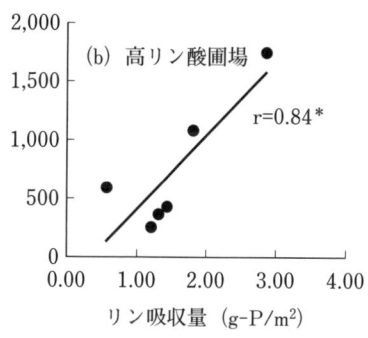

図2-4 低リン酸圃場と高リン酸圃場で栽培した6作物種のリン吸収量と根長との関係（表2-6を参照）
リン酸の肥沃度が高い土壌で，根長とリン吸収に相関が認められた
注）低リン酸圃場と高リン酸圃場については表2-5および本文参照

トウゴマ＞キマメ＞ソバの順となった。ソバは生育期間が最も短いことからも，リンの吸収量が少なかった。

また，このリン酸が施用された高リン酸圃場で注目すべきは，6作物ともリン吸収量と根長との間に強い相関（$r=0.84^*$, $n=6$）が認められたことである（図2-4b）。移動しないリン酸を吸収するのに，根長の重要性は理解できる。ではなぜ，リン酸施用歴のない低リン酸圃場土壌（高リン酸圃場土壌よりも可給態リン酸が少ない土壌）では，根長とリン吸収との間に相関がなかったのか？ 根長あるいは根面積の拡大がリン酸の吸収に有利であるという見方は間違っているのか？ 根長とリン吸収との関係をもう少し詳細に検討してみよう。

③ポットでは根のリン酸溶解力の強いラッカセイ

リン酸肥沃度の低い低リン酸圃場土壌と，比較的リン酸肥沃度の高い高リン酸圃場土壌をそれぞれ，大・中・小の3種類の大きさのポット（土壌量で7.5kg，2.0kg，0.8kg）に充填して，圃場で最もリン酸吸収能力の高かったソルガムとラッカセイ，ソバを栽培した。すなわち，植物への可給態リン酸の総量（あるいは根域）を制限した条件で栽培し

表2－7 低リン酸土壌と高リン酸圃場土壌を用いて大・中・小のポットで栽培したソバと根長

作物	ポット	土壌量 (kg)	低リン酸土壌		
			リン吸収 (mg-P/ポット)	根長 (m/ポット)	根長当たりのリン吸収 (mg-P/m)
ソバ	小	0.8	0.36	29	12.8
	中	2.0	0.77	41	18.2
	大	7.5	3.98	62	67.4
ラッカセイ	小	0.8	2.77	94	30.4
	中	2.0	15.61	194	80.9
	大	7.5	43.53	335	130.7
ソルガム	小	0.8	0.02	11	1.4
	中	2.0	2.47	148	17.0
	大	7.5	11.73	484	25.7

注）表2－6の注2参照

た。

　その結果を表2－7に示した。表2－6の圃場での試験で，リン吸収および生育が最も旺盛だったソルガムは，ポット試験ではラッカセイに劣った（ただし，高リン酸圃場土壌の小ポットでは，ソルガムのリン吸収はラッカセイに優った）。また，高リン酸圃場土壌の大・中・小ポットでのソルガムのリン吸収や根長はソバより優れていたが，低リン酸圃場土壌の小ポットでは，ソルガムのリン吸収はソバよりも劣った。

　いっぽう，ラッカセイのリン吸収，根長とも，低リン酸圃場土壌では大・中・小ポットのいずれも，3作物のうちで最も優れていた。とくに低リン酸圃場の土壌を充填した小ポットでは，ラッカセイのリン吸収は2.77 mg-P/ポットで，ソバの0.36 mg-P/ポット，ソルガムの0.02 mg-P/ポットと比較して，圧倒的に優れていた。

　このポット試験の結果から，ラッカセイは低リン酸土壌のリン酸を吸収できる能力に優れていることが明らかである（図2－5参照）。低リン酸圃場土壌に存在するリン酸は，高リン酸圃場土壌に存在するリン酸よりもより強固に土壌に吸着されており，この強固なリン酸をラッカセイは根によって溶解・吸収し

ルガム，ラッカセイ，ソバのリン吸収量

高リン酸土壌		
リン吸収 (mg-P/ポット)	根長 (m/ポット)	根長当たりの リン吸収 (mg-P/m)
4.31	66	67.5
9.47	151	62.7
25.14	254	100.6
13.35	108	127.7
61.29	208	318.9
125.91	386	326.1
17.15	481	36.3
39.12	976	41.0
87.18	1422	61.6

ていることを示している。

　他方，ソルガムについては，土壌リン酸の溶解・吸収能力はラッカセイよりも劣るものの，根の伸張が早く，根域を拡大させて比較的溶けやすいリン酸を吸収していると解釈できる。圃場，とくに低リン酸圃場ではソルガムが優れたリン酸の吸収を示したが，圃場では根系の発達にしたがって，ソルガムが吸収しやすい可給態リン酸を含む根域の土壌が拡大し，リン酸の吸収が多くなっているものと考えられる。したがって，ポットのような利用できるリン酸量が制限された条件でこそ，それぞれの作物の吸収能力が判断できるのである。

　根長は，土壌のリン酸を溶解し利用できる可給態リン酸の総量を反映したものであり，吸収できたリン酸の結果を示している。表2－7のポット実験では，根長が増えるとともに，リンの吸収も増加しているが，リン酸吸収と根長の関係については，根長が原因ではなく，結果と考えるべきであろう。根面と接触したリン酸で，植物が利用できるリン酸があれば，それを吸収・利用して光合成を行ない，そのエネルギーを用いて根を伸張させることができたのである。根長は，それぞれの作物の根が吸収・利用できるリン酸の量を反映した結果であり，原因ではないのである。

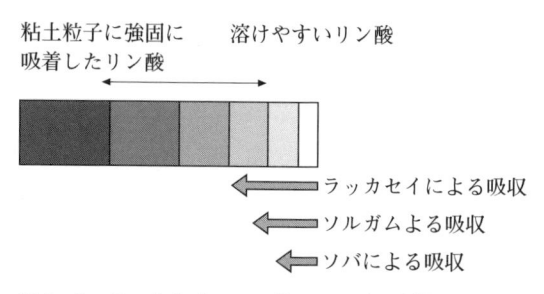

図2－5　ラッカセイ，ソルガム，ソバの土壌からリン吸収能力（模式図，表2－7を参照）

2. リン酸肥沃度の評価について，新しい対応
——インド亜大陸の低リン酸アルカリ土壌での検証

（1）半乾燥熱帯土壌の特徴とリン酸肥沃度の評価

①低リン酸土壌のバーティゾルとアルフィゾル

インドはマメ類の宝庫といわれ，多くのマメ科作物が栽培されている。

インドで常食とされているヒヨコマメ（*Cicer arietinum*）は，世界全体で860万tの生産量があり，マメ類で第1位であるが，その3分の2をインドが占めている。また，キマメ（樹豆：*Cajanus cajan*）はインド原産で，インドで最も生産量があるだけでなく，アフリカでも多く栽培されている。

キマメは，ガンジス平野周辺のマハラシュトラ州を中心とする石灰質アルカリ土壌のバーティゾル（Vertisol）（注1）地帯や，インド東部および南部に広がる赤黄色土のアルフィゾル（Alfisol）地帯など，ほとんどの州で栽培されている。

(注1) バーティゾル（Vertisol）とアルフィゾル（Alfisol）：バーティゾルは黒棉土，Black soil, Black cotton soilとも呼ばれている石灰質アルカリ土壌で，粘土は2：1型のスメクタイト（モンモリロナイト）を多く含む重粘質土壌で，土壌中には炭酸カルシウムの結核を含んでいる。アルフィゾルはRed soilと呼ばれる赤色土で，粘土は，バーティゾルと異なり1：1型のカオリナイト系の粘土を多く含み，降雨後のクラスト（土膜）が形成されやすく，出芽障害が起こりやすい。

キマメの子実生産量を上げるため，国際半乾燥熱帯作物研究所（ICRISAT）では，品種改良や肥培管理技術の検討がなされていた。特に，バーティゾルやアルフィゾルの土壌はインド北部のガンジス沖積土とくらべてリン酸肥沃度が低く，とりわけバーティゾルは低く，リン酸施肥の試験が熱心に行なわれてい

た。しかし，ある作物種については，リン酸の施肥反応がないなど，リン酸肥料の戦略に混乱が生じていたほどである。

②オルセン法で可給態リン酸を評価すると

　世界中の半乾燥熱帯に分布する主な土壌がバーティゾルとアルフィゾルであり，その名の通り，乾季と雨季がはっきりと区別された気候（年降水量は500〜1,000mm）のため，土壌養分の溶脱は起こりにくく，土壌pHはアルカリ性を示す。

　そうしたアルカリ・石灰質土壌のリン酸肥沃度（可給態リン）の評価法として，pH 8.5の重炭酸溶液で可給態リンを測定するオルセン（Olsen）法が世界的に利用されている。表2－8は，ICRISATの場内の圃場で，土壌の層位別の可給態リンの評価をオルセン法で行なった結果である。

　表2－8によると，土壌pHはバーティゾルで8.3，アルフィゾルでは7.3を示し，どちらも中性〜アルカリ性である。可給態リンはアルフィゾルでは9.8 mg-P/kg，いっぽうバーティゾルは3.5 mg-P/kgであり，アルフィゾルのリン酸肥沃度はバーティゾルよりも高いと判断された。

　われわれはこれを確かめるため，ICRISAT内の圃場から，バーティゾルとアルフィゾルそれぞれ，可給態リン酸の高い圃場と低い圃場を選定し，三要素試験を行なった（表2－9）。バーティゾルではBR 4J（1.5 mg-P/kg）とBP 1（2.5 mg-P/kg），アルフィゾルではRCW 8（3.5 mg-P/kg）とRCE 14

表2－8　ICRISATにあるアルフィゾルおよびバーティゾル圃場のリン酸肥沃度とpH

土壌	深さ(cm)	pH (H₂O)	可給態リン(オルセン法)(mg-P/kg)
アルフィゾル(n=241)	0－15	7.3	9.8
	15－30	7.3	4.6
	30－60	7.3	3.5
バーティゾル(n=301)	0－15	8.3	3.5
	15－30	8.4	1.5
	30－60	8.4	1.0

表2−9 三要素試験に用いたアルフィゾルとバーティゾル土壌の可給態リン酸, リン

土壌	圃場名	pH (H₂O)	可給態リン酸 (mg-P/kg)		
			オルセン	ブレイ2	トルオーグ
アルフィゾル	RCW8	7.2	3.5	1.5	6.5
	RCE14	6.9	8.5	14.5	18.8
バーティゾル	BR4J	8.3	1.5	18.1	49.2
	BP1	8.3	2.5	12.3	36.2

(8.5 mg-P/kg) である。肥料として窒素, リン酸, カリをそれぞれ, 120 kg-N/ha, 52 kg-P/ha, 100 kg-K/haの割合（硫安, 過石, 塩化カリ）で施用した。以上の設定で, 土壌のリン酸の形態とリン酸固定力を分析し, 可給態リン酸をオルセン法, トルオーグ法, ブレイ2法で測定した。

　試験作物は, ソルガムを用いた。ソルガムはトウモロコシと同様に生育が旺盛で, 収穫などの解析が理解しやすい作物であるのが選定理由である。3カ月間栽培した後, ソルガムの乾物生産量と土壌のリン酸の性質を表2−9に示した。土壌から作物へのリンの供給量を把握するには, NPK区（三要素施用）とNK区（−P区：リン欠如区, 窒素とカリの施用）のソルガムの乾物生産を比較することで可能となる。

③可給態リン酸量と作物の生育が連動しない？

　オルセン法によるリン酸肥沃度が1.5 mg-P/kgと低いバーティゾルBR4Jでは, NPK区とNK区との間には乾物生産に著しい差がなく（NPK：1,494 g/m², NK：1,337 g/m²でNPK区の89％), また, BR4Jより若干高いリン酸肥沃度を示すバーティゾルBP1でのNK区のソルガム乾物生産量は1,092 g/m²で, NPK区の90％であった。この2つのバーティゾル圃場のソルガムの生育から, オルセン法の値からは想像できないほど高いリン酸肥沃度をもっていると思われた。

　ところが, BR4J圃場（2.5 mg-P/kg）よりもオルセン法リン酸肥沃度が高いアルフィゾルRCW8（3.5 mg-P/kg）でのソルガムの生育をみると, NK区の乾物生産量は著しく低く289 g/m²であり, NPK区の37％でリン酸欠乏が

酸の蓄積形態とソルガムの乾物生産重

無機態リン酸 （mg-P/kg）			ソルガムの乾物重 （g/m^2）	
Ca-P	Al-P	Fe-P	NPK (三要素施用)	NK (−P, リン酸欠如)
4	5	48	776	289
14	24	72	1,112	1,063
58	20	55	1,494	1,337
45	19	87	1,216	1,092

うかがえた。アルフィゾルRCE 14（8.5 mg-P/kg）のNPK区のソルガムの生育は1,112 g/m^{2}であるが，NK区は1,063 g/m^{2}でNPK区の96％と高く，リン酸の欠乏した圃場ではない。すなわちRCW 8圃場の生育が他の3圃場と比較して劣るのは，三要素以外の要因が考えられる。しかし，いずれにしても，RCW 8圃場のNK区のソルガムの生育は4区の圃場のうち，最も劣っていた。すなわち，オルセン法で3.5 mg-P/kgのアルフィゾルRCW 8圃場ではリン酸欠乏が観察され，1.5 mg-P/kgや2.5 mg-P/kgのバーティゾル圃場ではリン酸欠乏が認められなかった。すなわち，オルセン法では，アルフィゾルとバーティゾルとの間でのリン酸肥沃度の評価・比較ができないことを示している。

④リン酸肥沃度の順位は評価法によって逆転

表2−9には，トルオーグ法とブレイ2法によるリン酸肥沃度も記載している。ソルガムの乾物生産量が最も劣るアルフィゾルRCW 8圃場のトルオーグ法による値は6.5 mg-P/kgで，他の3圃場の値（RCE 14：18.8 mg-P/kg, BR 4J：49.2 mg-P/kg, BP 1：36.2 mg-P/kg）より低い。またブレイ2法でもRCW 8圃場は1.5 mg-P/kgであるが，これも他の3圃場（RCE 14：14.5 mg-P/kg, BR 4J：18.1 mg-P/kg, BP 1：12.3 mg-P/kg）にくらべて低い値である。

このように，トルオーグ法とブレイ2法では，RCW 8のリン酸肥沃度が最も低いことを示したのである。アルカリ土壌でも，酸性条件でリン酸を抽出するトルオーグ法あるいはブレイ2法のほうが，オルセン法よりもリン酸肥沃度をより適切に評価しているのである。

(2) 根圏土壌pHからみたオルセン法の問題点

①カルシウム型リン酸の多いバーティゾル，少ないアルフィゾル

　表2-9に，バーティゾルやアルフィゾルに含まれるリン酸の形態をに示した。バーティゾルではカルシウム型リン酸（Ca-P）が45〜58mg-P/kgと，鉄型リン酸（Fe-P）と同程度に多く含むという特徴がある。いっぽう，アルフィゾルではカルシウム型リン酸は最も少なく4〜14mg-P/kg，つぎがアルミニウム型リン酸（Al-P）の5〜24mg-P/kgで，最も多いのがバーティゾルと同様に鉄型リン酸（Fe-P）を入れ48〜72mg-P/kgであった。

　カルシウム型はアルミニウム型や鉄型よりも溶解性が高いことを，図2-3に示したが，カルシウム型を多く含むバーティゾルのほうがアルフィゾルよりもリン酸肥沃度が高いと予想される。しかし，なぜpH8.5で抽出するオルセン法が正しいリン酸肥沃度の評価ができないのか？

　図2-3に示したリン酸の溶解性の試験は，試薬を用いてモデル的に行なったものであるが，土壌が酸性ならカルシウム型の溶解性が高くなり，作物へリン酸が供給できることを示している。

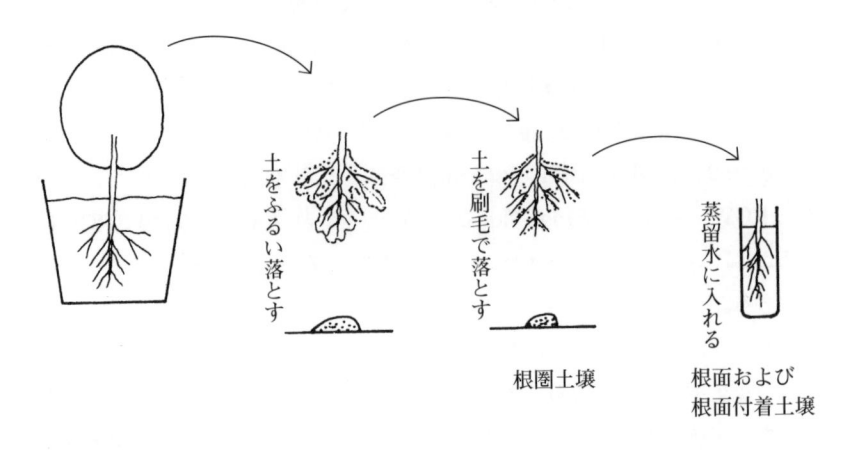

図2-6　根圏土壌，根面および根面付着土壌のpHを測定するための調製法

②カルシウム型リン酸は根圏の酸性化で溶解

では，アルカリ土壌でも根圏域で酸性となる可能性があるのか？ これを検討するため，アルフィゾルとバーティゾルでキマメ，ソルガム，ダイズ，ヒヨコマメ，トウモロコシを2〜3週間ポットで栽培した．栽培後，根を掘り起こし，根に付着した土壌をふるい落とし，落下した土壌のpH（根圏土壌pH）を測定した．さらに注意深く土壌を刷毛で落とし，その土壌pH（根圏土壌pH）を測定した．最後に，土壌が付着した根を蒸留水の入った試験管に入れ，そのpH（根面および根付着土壌のpH）を測定した．操作の方法を図2-6に，結果を表2-10に示した（非根圏土壌は無栽培ポット土壌から調製）．

表2-10によると，実験に用いた非根圏土壌pHは，アルフィゾルが8.8〜8.5，バーティゾルが9.1〜9.3であるが，ふるい落とした根圏土壌pHは，これよりもアルフィゾルで0.9〜2.0まで低下していた．いっぽう，バーティゾルでは土壌中に炭酸カルシウムの結核を含むため，根圏土壌pHの低下幅は0.4〜1.1とアルフィゾルよりも低い．

根面および根面に付着した土壌pHはさらに0.2〜0.5程度も低下し，ダイズ

表2-10 アルフィゾルおよびバーティゾル土壌で生育させた各種作物の非根圏土壌，根圏土壌，根面付着土壌のpH

作物	土壌	pH (H_2O)		
		非根圏土壌	根圏土壌	根面付着土壌
キマメ	アルフィゾル	8.46	7.14	6.82
	バーティゾル	9.27	8.13	7.60
ヒヨコマメ	アルフィゾル	8.44	7.13	6.68
	バーティゾル	9.20	8.17	7.51
ダイズ	アルフィゾル	8.87	6.81	6.29
	バーティゾル	9.24	8.20	7.53
ソルガム	アルフィゾル	8.59	7.99	7.22
	バーティゾル	9.17	8.44	7.99
トウジンビエ	アルフィゾル	8.73	7.57	6.82
	バーティゾル	9.06	8.65	7.77
トウモロコシ	アルフィゾル	8.79	7.19	6.99
	バーティゾル	9.19	8.50	7.76

についてはアルフィゾルでは6.3、バーティゾルでは7.5まで低下した。作物の種類にかかわらず根に付着した土壌のpHは、非根圏土壌（無栽培土壌）のpHよりも1.5～2.0も低下していることは確実である。

さらに、詳しく根面のpHを調べるため、発芽させ、水のみで約1週間培養した幼植物を、pH指示薬を含む寒天（あらかじめ寒天をpH7.0以上に調整）に貼り付けた（表2-11）。pH指示薬は、pH7.0からpH4.0までをカバーできるように、ブロムチモールブルー（pH7.6～6.0）、ブロムクレゾールパープル（pH6.7～5.2）、メチルレッド（pH6.2～4.4）、ブロムクレゾールグリーン（pH5.6～4.0）の4種類用いた。

最も低いpHの変色域を持つ、ブロムクレゾールグリーンに貼り付けたダイズ、トウモロコシの根面は青から黄色へと変化した。また、その他の指示薬も酸性側へ変色した。すなわち、作物根面のpHは少なくとも5.6以下になっていることが判明した。

③根圏pHをふまえた可給態リン酸の評価法

オルセン法による評価でリン酸肥沃度が低かった、アルフィゾルのRCW8圃場（3.5mg-P/kg）と、バーティゾルBR4J圃場（1.5mg-P/kg）の土壌に対して、さまざまなpH条件を変えた緩衝液を用いてリン酸の抽出を試みた（図2-7）。

表2-11 pH指示薬を添加した寒天培地にトウモロコシおよびダイズ幼苗根を貼り付けた時の色の変化

指示薬*	pHの変色域	アルカリ性→酸性への変化	ダイズ**	トウモロコシ**
ブロムチモールブルー	7.6-6.0	青→黄	○	○
ブロムクレゾールパープル	6.7-5.2	青紫→黄	○	○
メチルレッド	6.2-4.4	黄→赤	○	○
ブロムクレゾールグリーン	5.6-4.0	青→黄	○	○

注）1. *：寒天培地のpHは、あらかじめpH7.0に調整した。根の近辺は少なくともpH5.6以下になっている
　　2. **：根面における変化　○は酸性側へ変色したことを示す

バーティゾルBR4Jでは，この土壌に大量に含まれる炭酸カルシウムによるリン酸の固定（カルシウム型リン酸としての）が予想されるにもかかわらず，pHの低下にともない急速にリン酸が放出された。これはアルフィゾルRCW8からのリンの放出よりもはるかに大きいのである。すなわち，これまで，世界中でアルカリ土壌の可給態リン酸の評価にオルセン法が利用されてきたが，バーティゾルでは根圏が酸性条件になればリン酸が大量に溶解し供給できることを示している。オルセン法は，バーティゾルのリン酸肥沃度を過小評価しているのである。

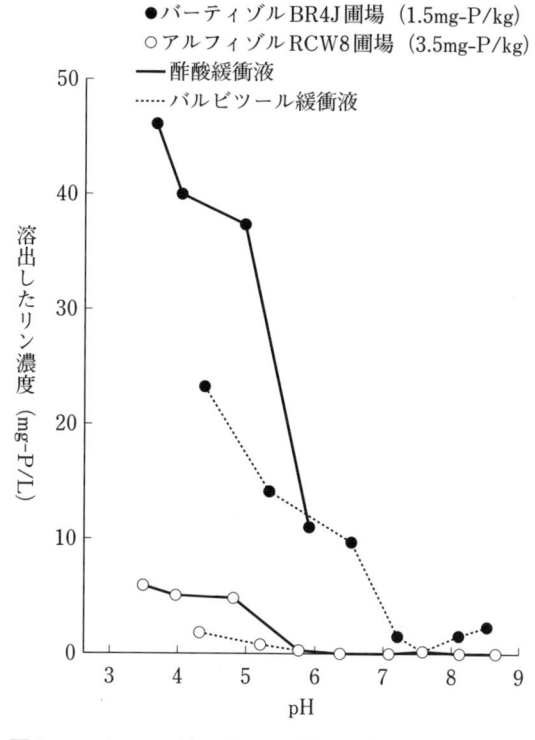

図2-7 オルセン法によるリン酸肥沃度評価とアルフィゾルとバーティゾルでのリン抽出におよぼすpHの影響

注）2種類の緩衝液を用いてpHを安定化した

したがって，アルカリ土壌であっても，植物は根圏pHを低下させることができるため，トルオーグ法やブレイ2法のような酸性の抽出液を用いるほうが，より適切な可給態リン酸の評価ができるのである。

（3）リン酸肥沃度が高いバーティゾル

上記のことを確認するため，アルフィゾルRCW8圃場（3.5mg-P/kg）とバーティゾルBR4J圃場（1.5mg-P/kg）の土壌について，無リン酸（無可給態リン酸）条件でポット栽培した。その結果を表2-12に示した。ヒヨコマ

表2-12 低リン酸肥沃度のアルフィゾルおよびバーティゾルでの作物のリン吸収量

土壌	オルセン法 (mg-P/kg)	リン吸収量 (mg-P/ポット)					
		キマメ	ヒヨコマメ	ダイズ	ソルガム	トウジンビエ	トウモロコシ
アルフィゾル RCW8	3.5	5.72	4.73	1.40*	0.59*	0.64*	0.51*
バーティゾル BR4J	1.5	2.34	6.79	6.53	3.91	5.38	6.13

注) 1. リン酸無施用で登熟期まで栽培（ポット栽培）
　　2. ＊：播種後，約1カ月で枯死

メ，ダイズ，トウモロコシ，トウジンビエではすべて，生育およびリンの吸収はバーティゾルがすぐれていた。カルシウム型リン酸の多いバーティゾルのリン酸肥沃度が，アルフィゾルよりも高いことが証明された。

ところが，キマメだけはリン酸肥沃度の低いアルフィゾルでの生育が旺盛で，まったく反対のリン酸吸収反応を示した。この原因は，キマメ特有の現象であると思われる。次節で検討する。

3. キマメのリン酸吸収機構とインドでの間作体系

（1）低リン酸土壌で旺盛な生育をするキマメ

①深根性植物で土壌物理性の改善にも有効

キマメはきわめて深く発達する直根性の植物であり，われわれの調査でも3m以上の根を深く伸ばす能力を持っている。そのため，「プラウニングプラント（Plowing plant）」（この植物を植えると，鋤で土壌を耕したような効果が得られる）とも呼ばれている。キマメの後作では土壌の透水性がよくなり，鳥取県や鹿児島県ではキマメの深根性を利用して物理性の改善効果の試験で

キマメの土壌物理性改良効果

キマメ根が圧密土壌に貫入するという研究（松元ら，1992）をヒントに，鳥取県では，排水性の悪い転換畑の土壌物理性の改善に，キマメの導入が計画された。試験区には転換初年目と転換1年後（初年目はダイズを栽培）の圃場を選び，キマメとトウモロコシを栽培した。その後作には，転換2作目になる圃場にはダイズを，3作目になる圃場にはオオムギを栽培した。各栽培跡地の透水性と収量を下の表に示す。透水性は，シリンダー法（圃場に鉄製の円筒を打ち込み，ここへ水を注ぎ水位の下がる時間を計測する）で測定した。

キマメ跡はトウモロコシ跡地より透水性が改善され，ダイズ，特にオオムギの収量が増加した。

(伊藤・宮田，1994より作成)

転換作物	転換2作目		転換3作目（転換1作目はダイズ）	
	跡地の排水性 (mm/時間)	後作ダイズ (収量：kg/ha)	跡地の排水性 (mm/時間)	後作大麦 (収量：kg/ha)
キマメ	18.3	3,210	52.3	3,570
トウモロコシ	0.9	3,020	14.2	2,750

は，他の作物との比較が行なわれた（伊藤・宮田，1994；松元ら，1992）（囲み参照）。

②キマメはカルシウム型リン酸のないアルフィゾルでよく生育

表2-12に示したように，キマメはポット栽培では低リン酸土壌のアルフィゾルで旺盛な生育をしたが，実際の圃場栽培では，リン酸肥料に対してどのような生育を示すのか。表2-13にキマメとソルガムのリン酸施肥反応の試験を示した。なお，キマメはマメ科であり窒素固定が可能であるが，窒素，リン酸，カリの三要素を施用して行なった。

無リン酸区のアルフィゾルでは，ソルガムの子実収量はほとんど皆無で，87kg/haにすぎず，リン吸収量も2.00kg-P/haと少なかった。しかし，リン酸肥料の施用量が増えるにしたがって収量は上昇し，80kg-P_2O_5/haのリン酸肥料の施用でソルガムの収量は2,621kg/haにも達し，アルフィゾルでは，ソルガムへのリン酸肥料の効果がはっきりと現われた。

表2-13 低リン酸アルフィゾルRCW8とバーティゾルBR4圃場でのキマメとソルガムのリン酸施肥反応

作物	土壌	\<リン酸施用量 (kg-P$_2$O$_5$/ha)*\>			
		0	20	40	80
		〈開花期のリン吸収量 (kg-P/ha)〉			
ソルガム	アルフィゾル	2.00	3.43	7.38	9.76
	バーティゾル	6.20	6.61	9.35	8.70
キマメ	アルフィゾル	3.18	3.73	6.91	7.54
	バーティゾル	2.46	2.50	4.04	4.19
		〈子実収量 (kg/ha)〉			
ソルガム	アルフィゾル	87	673	2,101	2,621
	バーティゾル	3,043	3,364	3,853	3,697
キマメ	アルフィゾル	929	727	1,113	629
	バーティゾル	248	457	674	744

注）＊：窒素は150kg-N/ha，カリは150kg-K$_2$O/haで施用した

　いっぽう，バーティゾルでは，リン酸肥料の施用がなくても収量は3,043kg/haと多く，リンの吸収量は開花期で6.20kg-P/haであり，バーティゾルのリン酸肥沃度の高さがここでも確認された。リン酸肥料を80kg-P$_2$O$_5$/haまで施用しても，ソルガムの収量は3,697kg/haと20%の増加にとどまり，リン酸施肥の効果はきわめて小さかった。

　キマメについては，ポット試験と同様に，ソルガムとまったく逆の反応を示し，リン酸の無施用の条件でも良好な子実収量を示しアルフィゾルでは929kg/haであった。しかし，リン酸肥料の施用量を増加させても，乾物生産量（表では省略）およびリン吸収量は増加するが，これが子実収量の増加と結びつかなかった。これは，キマメが「作物」としての品種改良が進んでいないことを暗示している。

　リン酸肥料投入の有無にかかわらず，バーティゾルでのキマメの収量がアルフィゾルよりかなり悪いが，リン酸以外の要因が考えられる。バーティゾルが重粘土質土壌であり，窒素固定に必要な酸素がキマメ根へ十分に供給がされなかったことも理由の一つであろう。

　いずれにしても，インドのアルフィゾル地帯では，昔からキマメに対してほ

とんど施肥が行なわれてこなかった。このことからも，アルフィゾルでのキマメの生産能力がいかにすぐれているのかが理解される。

（２）低リン酸土壌でのキマメのリン酸吸収能力＝要因解析その1

低リン酸アルフィゾルでなぜキマメがリン酸を吸収できるのか，キマメのリン酸吸収能力の要因を解析しよう。

①予想される三つの要因の検討
◘キマメの深根性
キマメが「プラウニング プラント（Plowing plant）」と呼ばれていることはすでに述べたが，それはキマメが直根を持ち，土壌深く侵入できる能力（深根性）が高いことと関連している。

キマメのリン酸吸収能力は，この深根性との関連があげられた。しかし，低リン酸アルフィゾルからのリン吸収は，表2－12に示したように，根域を制限したポット条件でもキマメはすぐれていた。したがって，キマメのリン酸吸収能力は，深根性に依存しないと考えられる。

◘キマメの最低リン酸吸収濃度は必ずしも低くない
根の養分吸収は，根表面と接触している土壌との間に薄い水膜があり，この水膜を通して行なわれる。したがって，基本的には「リン酸吸収は水耕試験の結果と同じである」とする考え方がある。これにもとづくと，「低リン酸土壌でのリン酸の吸収能力は，水膜に含まれる希薄な濃度のリン酸を吸収する力」ということになる。すなわち，作物による低リン酸への対応力の差は，根が吸収可能なリン酸の濃度が低いほど，低リン酸耐性を持つということになる。この濃度を「最低養分吸収濃度（Cmin）」という。これらの概念を図2－8に示した。

表2－14に，作物のリン酸のCminとKm値（Km値：養分吸収速度が最大値の2分の1に達する水耕溶液の濃度）の比較を示した。また，CminとKm値とリン酸吸収との関係を図2－8に示した。Km値は最大吸収速度の半分と

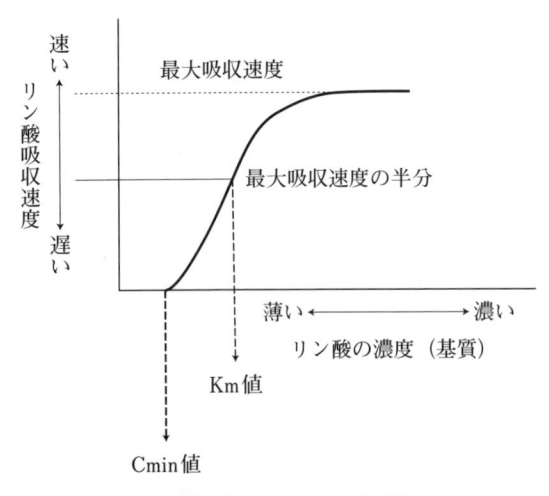

図2−8 リン酸吸収パラメーターの概念図
注)　1. Cminは最低養分吸収濃度といい，これよりも低い濃度では，植物が吸収できない濃度である
　　2. Km値は養分吸収濃度が最大の1/2に達するときの水耕溶液の濃度

表2−14　作物（5種類）のリン酸吸収の最低養分濃度（Cmin）と（Km）値の比較*

イネ科とマメ科で異なるが，キマメが特に低いCminを持つことはなかった

	Cmin(μM)		Km(μM)	
	6週間目	8週間目	6週間目	8週間目
イネ	1.95	ND	14.4	19.5
ソルガム	1.70	1.85	13.7	21.3
キマメ	1.03	0.82	4.4	6.9
ラッカセイ	1.06	0.64	2.5	8.2
ダイズ	0.76	0.75	2.1	6.3

注)　1. *：Eadie-Hofsteeプロットで作成した
　　2. Km値：養分の吸収速度が最大値の1/2に達する水耕溶液の濃度

なる溶液のリン酸濃度である。この値も低いほど低リン酸耐性があるとされている。

マメ科とイネ科との間には差はあるが，同じマメ科のキマメ，ラッカセイ，ダイズの間には大きな差はなく，この値からはキマメのリン酸吸収力の特性は説明できない。この考え方は，土壌粒子と根との間には水膜があり，直接接触していないと考えるところには無理がある。

◆アーバスキュラー菌根菌（AM菌根菌）の働き

アーバスキュラー菌根菌（AM菌根菌）は，ほとんどの陸上植物の根に着生する糸状菌の一種である。着生しても根の外部形態に大きな変化は起こらないが，根の細胞内に侵入した菌糸が樹枝状体（arbuscule），菌の種類によっては嚢状体（vesicle）を形成する。AM菌根菌は，土壌に張り巡らした菌糸からリン酸や窒素を吸収

し宿主植物に供給し，かわりにエネルギー源として宿主植物から炭水化物を得る。また，宿主植物に耐病性を付与する効果もある。AM菌根菌が形成されると作物は乾燥に強くなり，肥料分の乏しい土地でも効率よく養分を吸収してよく育つようになる。そのため，キマメの低リン酸吸収能力の要因として，このAM菌根菌も候補にあげられた。

実際，*G. fasciculatum*および*G. monospora*の2種類のAM菌根菌をキマメへ接種すると，生育や窒素，リン酸の吸収を促進するとの報告がある。そこで，5種類のAM菌根菌（*Glomos constrictum, G. fasciculatum, G. epigaeum, G. monospporum, Acaulospora morroweae*）の混合物を蒸気殺菌した土壌2.5 kgに添加し，2カ月間栽培した。用いた土壌は，これまでに用いた低リン酸肥沃度のアルフィゾルとバーティゾルであり，肥料は，窒素とカリを施用し，無リン酸で栽培した。得られた結果を表2−15に示した。

バーティゾルでは，キマメとソルガムの生育はAM菌根菌の接種によって著しく促進された。これは，接種したAM菌根菌がキマメとソルガムの根に共生し，リン酸の吸収が効果的に促進されたことを示す。しかし，リン酸肥沃度のより低いアルフィゾルでは，AM菌根菌の接種による生育促進効果はキマメにのみで，ソルガムはリン酸欠乏で枯死した。このアルフィゾルに過リン酸石灰を20 ppm-P$_2$O$_5$を添加したときには，ソルガムは枯死せず，AM菌根菌の接種区で生育は改善された。

②AM菌根菌よりキマメの根によるリン酸溶解能力

表2−15には，AM菌根菌の感染率も示してあるが，AM菌根菌を接種したアルフィゾルで枯死したソルガムの根には，AM菌根菌がすでに感染していたことが確かめられた。この実験結果は，低リン酸アルフィゾルでリン酸無施用では，AM菌根菌共生の有無にかかわらず，ソルガムは土壌にある（難溶性の）リン酸を利用できないことを示している。

ソルガムにとって利用可能なリン酸があれば，AM菌根菌も効率よくソルガムにリンを供給する。言い換えれば，AM菌根菌には，植物根が利用できない形態のリン酸を利用可能にする能力を感染植物に付与することはないのである。

表2-15 低リン酸肥沃度のアルフィゾルおよびバーティゾルに接種したAM菌根菌がキマメとソルガムの生育におよぼす影響

作物	土壌	乾物生産量 (g/ポット)			
		AM菌根菌未接種	(感染率%)	AM菌根菌接種	(感染率%)
ソルガム	アルフィゾル	0.10	(0)*	0.09	(18)*
	バーティゾル	0.30	(0)	16.61	(35)
キマメ	アルフィゾル	0.36	(0)	11.18	(20)
	バーティゾル	0.36	(0)	13.46	(38)

注) 1. 土壌はすべて，あらかじめ蒸気殺菌を行ない，窒素とカリを施用し，無リン酸で栽培
2. ＊：リン酸欠乏で枯死

(a) バーティゾル

(b) アルフィソル

写真2-1
土壌を蒸気殺菌した後，5種類のAM菌根菌を接種した区（＋AM）と接種なしの区（－AM）におけるキマメとソルガムの生育

キマメのように，ソルガムが枯死するほどの低リン酸土壌からリン酸を溶解して吸収できる能力を持っているからこそ，AM菌根菌がキマメに着生し，菌糸を根から伸張させ，接触表面積を拡大することによって，根が溶解したリン酸をより効率的に吸収しているにすぎない。すなわち，キマメ根が溶解したリン酸は，土壌の持つ高いリン酸吸収力によって再吸着されてしまうところを，AM菌根菌の菌糸の伸張を通じた根表面積の拡大によって，確実に回収できるのである。

　この結論はハイマンとモス（Haymann and Mosse, 1972）やコンウェイ（Conway, 1975）らが行なったラジオアイソトープを用いた結果によっても支持されている。すなわち，AM菌根菌が土壌にある難溶性のリン酸を溶解する能力を宿主植物に付与することはない。これまでも，菌根菌とリン酸吸収の実験が行なわれており，菌根菌が土壌リン酸の溶解を促進させるという結果が得られているが，それは土壌のリン酸肥沃度がある程度高い条件での事例である。リン欠乏で枯死するという極限状況では，AM菌根菌にはこの能力は認められない。このポット実験の生育状況を写真2－1に示した。

（3）キマメは難溶解性の鉄型リン酸を最もよく吸収

　バーティゾルの蓄積リン酸の形態は，カルシウム型（Ca-P）と鉄型（Fe-P）が多く，アルミニウム型（Al-P）は少ない。いっぽう，アルフィゾルでは鉄型が主要なリン酸で，アルミニウム型やカルシウム型は少ない（表2－9参照）。図2－3に示したように，鉄型はアルミニウム型やカルシウム型にくらべて，最も溶けくい形態のリン酸である。そして，キマメがアルフィゾルから吸収しているリン酸は，最も多く含まれている鉄型であることは想像に難くない。

　それを証明するため，ポット試験を行なった。リン酸源の試薬として，カルシウム型リン酸にリン酸水素カルシウム（$CaHPO_4$），アルミニウム型リン酸にリン酸アルミニウム（$AlPO_4$），鉄型リン酸にリン酸鉄（$FePO_4$）を用い，砂＋バーミキュライトを培地として，0～100ppmまで3段階にリン酸源を添加したポットを用意した。試験作物は，トウモロコシ，トウジンビエ，ソルガム，ダイズ，キマメ，ヒヨコマメの6作物である。開花期まで生育させ，そ

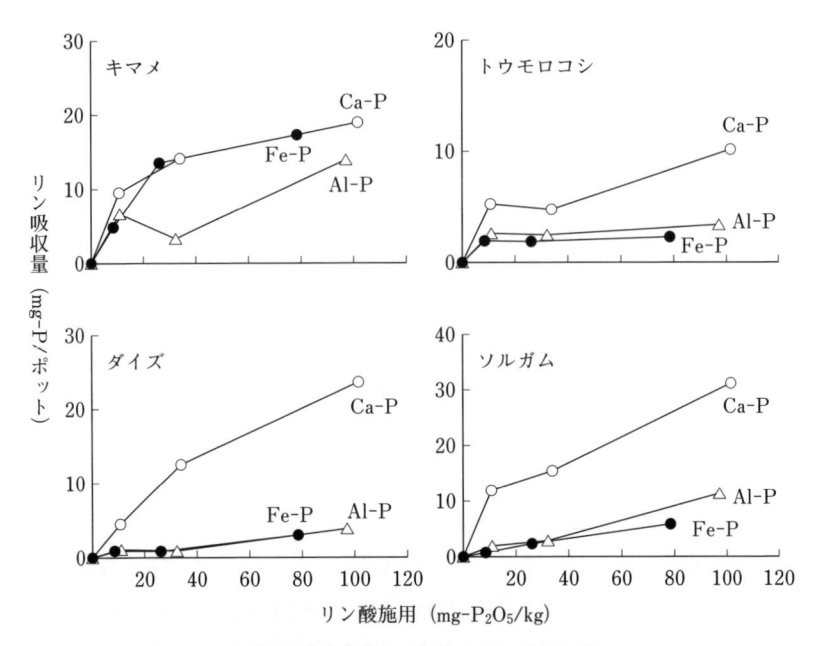

図2−9　3形態のリン酸濃源の濃度を変えた場合のリン吸収の違い
注）1. この実験に用いた3形態のリン酸（カルシウム型：Ca-P，アルミニウム型：Al-P，鉄型：Fe-P）のリン溶解のようすは図2−3を参照
2. ヒヨコマメ，トウジンビエの結果については割愛（ダイズやソルガムと同じ傾向を示した）

の間のリン吸収を図2−9に示した（ヒヨコマメ，トウジンビエについては割愛）。

ダイズ，トウモロコシ，ソルガム，トウジンビエ，ヒヨコマメの生育（リン吸収量）はカルシウム型区で最も旺盛であった。つぎは，大差がついたがアルミニウム型区となり，鉄型区の生育は最も劣った。カルシウム型の溶解性はアルミニウム型や鉄型よりも高いことはすでに述べたが（38ページ，図2−3参照），キマメを除く5作物の生育（リン吸収量）の傾向は施肥したリン酸源の溶解性の傾向と一致していた。

これに対して，キマメでは鉄型区の生育はカルシウム型区と同等のリン吸収を示した（図2−9）。図2−10に，少量の鉄型をリン酸源とした試験の結果を示したが，キマメのリン酸吸収量は6作物の中で抜きんでて多かった。

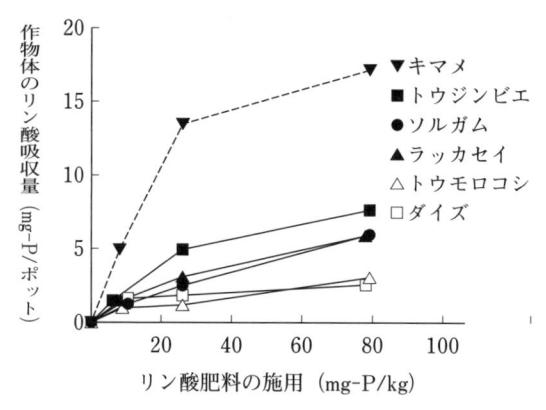

図2-10 砂とバーミキュライトの混合培地にリン酸鉄（FePO₄）を
リン酸源としたときのリン吸収量の違い

この実験から，キマメが低リン酸肥沃度のアルフィゾルに多く含まれる難溶性の鉄型リン酸を効率よく溶解し，吸収・利用する能力があることが明らかになった。

（4）キマメによる難溶性の鉄型リン酸の溶解機構＝要因解析その2

キマメが低リン酸アルフィゾルで生育できるのは，難溶性の鉄型リン酸を溶解できる能力にあることが確定できた。つぎに，鉄型リン酸を溶解する要因について検討しよう。

①予想される二つの要因の検討
◘キマメ根の鉄還元能力

植物は大きく分けて2つの鉄獲得機構，すなわち「戦略Ⅰ（Strategy Ⅰ）」と「戦略Ⅱ（Strategy Ⅱ）」を持っている。

戦略Ⅰは，双子葉植物の鉄獲得機構である。畑状態では土壌の鉄は三価鉄（Fe^{3+}）の形態で存在するが，これは畑条件では鉄は溶けにくい形態（Fe_2O_3

など）で土壌に含まれているためである。双子葉植物の根の細胞膜表面には，三価の鉄を還元する酵素があり，土壌中の三価の鉄と根が接触した時，根の表面で三価鉄を二価鉄（Fe^{2+}）に還元する。そして，根の表皮細胞に二価鉄イオン（Fe^{2+}）を細胞内部に取り込むための膜輸送蛋白（トランスポーター）があり，生じた二価鉄イオンを細胞内に取り込む。

　他方，イネ，ムギ類，トウモロコシなど主要な穀物が属する単子葉植物（イネ科植物）は，戦略Ⅱという鉄獲得機構を持つ。イネ科植物は，根圏へ鉄キレート物質であるムギネ酸類を分泌しており，土壌中の三価鉄を水に溶けやすいキレート化合物として「三価鉄≡ムギネ酸類」の形で吸収する。

　キマメはマメ科なので戦略Ⅰタイプである。キマメが吸収しようとする鉄型リン酸は三価のFe^{3+}としてリン酸に結合しており，不溶性となっているが，二価鉄に還元されれば，鉄とリンの結合力は弱くなり，リン酸が溶出されるはずである。キマメ根の二価鉄への還元能力が高ければ，それが鉄型リン酸の吸収力の高さの要因になる。

　そこで，キマメ根の鉄還元能力を検討した。試験方法は，発芽させ2週間生育させた幼植物を，鉄の添加有（＋Fe）と無（－Fe），リン酸の添加有（＋P）と無（－P）を組み合わせた培養液で育てた。したがって，試験区は①＋

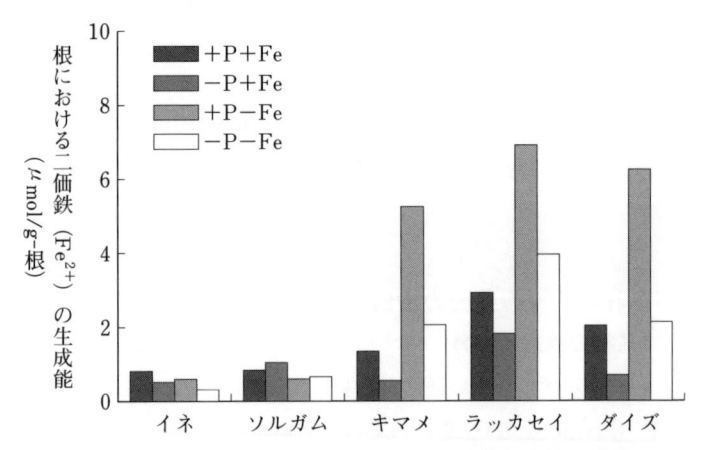

図2－11　リン酸あるいは鉄欠乏にしたときの各作物の根の鉄還元能力
注）鉄を添加：＋Fe，鉄の欠如：－Fe，リン酸を添加：＋P，リン酸の欠如：－P

P+Fe, ②+P−Fe, ③−P+Fe, ④−P−Feの4区である。供試作物は, イネ科ではイネとソルガム, マメ科ではダイズ, ラッカセイ, キマメとした。

その結果を図2−11に示した。鉄還元能力は, 明らかにイネ科が双子葉植物のマメ科よりも低かった。マメ科植物の還元能力は3作物でほぼ同じ傾向を示した。鉄還元能力はリン酸欠乏条件よりも鉄欠乏条件で高く, リン酸欠乏条件はリン酸施用条件よりも低下した。鉄還元能力は, リン酸があって鉄が欠乏する条件でのみ発揮される能力であり, リン酸欠乏条件では鉄還元能力は発揮されない。あくまで鉄欠乏条件で発揮されるシステムであり, キマメのリン酸欠乏への対応のシステムではないのである。したがって, この要因では, キマメの持つアルフィゾルからのリン酸吸収能力の説明にはならない。

◩根分泌物

イネ科の鉄獲得機構（鉄吸収戦略Ⅱ）と同様に, 根からの分泌物に鉄と反応するキレート物質があるか否かを検討した。マメ科の緑肥・景観作物であるルーピンが難溶性の鉄型リン酸を利用できるのは, 根から分泌する大量のクエン酸によることが明らかにされている（ガードナー〈Gardner〉ら, 1983）。すなわち, クエン酸が土壌中の鉄型リン酸（Fe-P）の三価鉄（Fe^{3+}）と反応し, 三価鉄とリン酸を含む高分子の錯体化合物をつくり, 根表面でこの高分子錯体中の三価鉄が二価鉄（Fe^{2+}）へと還元される過程でリン酸が遊離し, 遊離したリン酸をルーピンの根が吸収するという機構である。

ミュレットら（Mulletteら, 1974）も, リン酸が制限条件となるやせた土壌でユーカリ（*Eucalyptus glummifera*）が生育できるのは, その根から分泌するクエン酸やシュウ酸が土壌中の難溶性リン酸であるアルミニウム型リン酸（Al-P）や鉄型リン酸（Fe-P）のアルミニウムイオン（Al^{3+}）や三価鉄イオン（Fe^{3+}）と錯体を形成し, それから遊離するリン酸を取り込むと考えている。

しかし, カルシウム型リン酸（Ca-P）に富むバーティゾルでは, 根圏pHを低下させる能力でリン酸を溶解することができるが, アルミニウム型リン酸や鉄型リン酸を主に含む土壌では, 単なるpHの低下ではリン酸は溶解できず, アルミニウムや鉄とキレート化合物を形成して, リン酸を遊離させる必要がある。

②根分泌物の酸性画分からピシヂン酸を発見

　砂耕栽培したキマメの根から砂を注意深く除去し，その根を2ミリモルの塩化カルシウム（2mM-CaCl₂）溶液に浸漬し，約6時間通気しながら分泌物を回収した。採取した分泌液をイオン交換樹脂によって，中性，アルカリ性，酸性の3画分に分け，それらの画分を試薬であるリン酸鉄（FePO₄）の懸濁液に反応させて遊離するリン酸を測定した。その結果，酸性画分のリン酸濃度が高く，アルカリ性画分は酸性画分の約3分の1，中性画分のリン酸溶解性は皆無であった。以後，酸性画分を検討の対象にした。

　反応式は以下の通り。

$$FePO_4 + 根分泌物（キレート物質）\rightarrow Fe^{3+} \equiv 根分泌物（キレート物質）+ PO_4^{3-}$$

（≡：キレート結合を示す）

　ソルガム，キマメ，ダイズ，ヒヨコマメの酸性画分中の有機酸量を表2－16に示した。マロン酸，コハク酸，クエン酸，リンゴ酸にうち，クエン酸が4作物を通じて多く検出できた。クエン酸量の分泌はヒヨコマメで最も多く，次いで，ダイズ，キマメの順となり，ソルガムは最も少なかった。意外なことに，鉄型リン酸の吸収に抜群の能力を示したキマメではあるが（表2－12を参照），リン酸欠乏によって枯死したダイズよりもクエン酸の分泌量は少なかった。コハク酸やリンゴ酸についても，キマメが特に多いという傾向は認められ

表2－16　ソルガム，キマメ，ダイズ，ヒヨコマメの根から分泌する主要な有機酸量*

作物	有機酸の分泌量（mg/g根乾物重）			
	マロン酸	コハク酸	クエン酸	リンゴ酸
ソルガム	微量	微量	0.045	0.008
キマメ	微量	0.025	0.101	0.047
ダイズ	0.324	0.046	0.481	0.078
ヒヨコマメ	微量	0.054	1.292	0.025

注）＊：2カ月間砂耕栽培した植物の根を洗い，2ミリモルの塩化カルシウム（2mM-CaCl₂）に浸漬して採取した

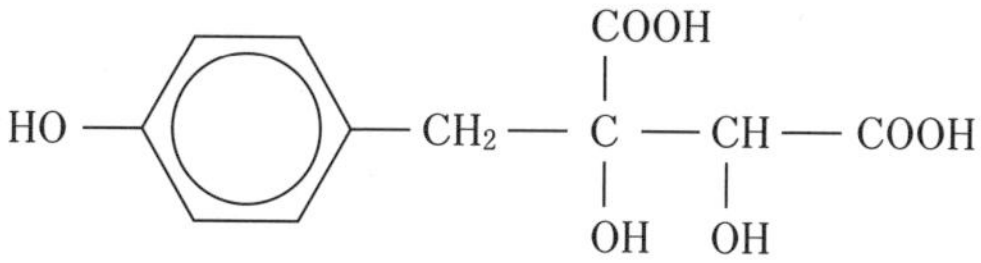

なかった。

ヒヨコマメが低リン酸アルフィゾルで生存できたことは（表2−12参照），その分泌クエン酸量の多さから，ルーピンのリン酸獲得反応と同じことが起こっていると予想された（ガードナー〈Gardner〉ら，1983）。

これら，4作物の酸性画分の分泌物のガスクロマトグラフィによる分析を行なったところ，ソルガム，ヒヨコマメ，ダイズには検出されないピークがキマメで確認された。ガスクロマトグラフ質量分析計（GC-MS）および核磁気共鳴（NMR）による分析の結果，これらのピークに対応する物質はパラヒドロキシベンジル酒石酸（〈p-hydroxybenzyl〉tartaric acid），およびそのメチル化合物であるパラメトキシベンジル酒石酸（〈p-methoxybenzyl〉tartaric acid）であると同定された。前者の物質は1901年にピシヂン酸（Piscidic acid）とすでに命名されており，Jamica dogwood（日本名：ジャマイカハナミズキ，学名：*Piscidia erythrina*）の樹皮から魚毒性（麻酔性）成分として抽出されたものであった。図2−12にピシヂン酸とその類似物質の化学構造を示す。

この物質はクチベニスイセン（*Narcissus pocticus*）の球根からも抽出されており，ピシヂン酸の立体構造も明らかにされ，フキ酸と同じ構造を持つことがヨシハラら（Yoshiharaら，1974）によって明らかにされている。なお，ピシヂン酸とフキ酸との相違点は，ベンゼン環に結合しているフェノール性OH基がピシヂン酸ではパラ位置に1個であるのに対し，フキ酸ではパラ位置とメタ位置とに2つのアルコール性OH基があることである。

ピシヂン酸
(p-hydroxybenzyl) tartaric acid; Piscidic acid

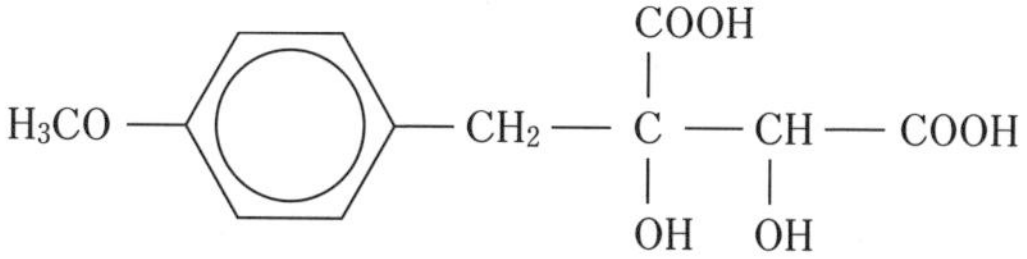

ピシヂン酸類似化合物
(p-methoxybenzyl) tartaric acid

図2−12　キマメ根から検出されたキレート性有機酸のピシヂン酸および類似物

③ピシヂン酸が鉄とキレートをつくってリン酸が遊離

　ピシヂン酸について，鉄とキレート化合物をつくる能力の有無の検討を行なった。ピシヂン酸やフキ酸のメチル誘導体を作成し，リン酸鉄（FePO₄）からのリン酸溶解活性を調べた（表2-17）。ベンゼン環に結合しているフェノール性OH基には還元能力があり，これが鉄型リン酸を溶解させることが期待されたが，ジメチルフキ酸とピシヂン酸との間には溶解活性に差は認められなかった。

　ピシヂン酸の化学名でもわかるように，酒石酸にベンゼン環が結合しており，酒石酸部分のアルコール基（-OH基）をメチル化したトリメチルフキ酸（表2-17の化学構造図（c）および（d））は，ピシヂン酸よりも溶解活性は劣った。これから，ピシヂン酸のキレート活性は，酒石酸部分の-OH基（アルコール基）とカルボキシル基との間で鉄（Fe^{3+}）がキレート結合すると思われる。

④ピシヂン酸はキマメの鉄型リン酸溶解能力に関与

　イシカワら（Ishikawaら，2002）は，アルフィゾルの鉄型リン酸（Fe-P）を溶解する能力はピシヂン酸によるものと考えて，キマメの根分泌有機酸量の品種間差を検討した。用いたキマメ2品種からクエン酸，コハク酸，リンゴ酸やマロン酸を検出した。リン酸欠乏条件の有無にかかわらず多量のピシヂン酸が

表2-17　ピシヂン酸およびフキ酸のメチル誘導体が鉄型リン酸（FePO₄）からのリン酸溶解に及ぼす影響

化合物	溶解リン（μg-P/ml）
対照区（H₂Oのみ）	1.48
ピシヂン酸（a）	4.37
ジメチルフキ酸（b）	4.44
トリメチルフキ酸（c）	3.27
トリメチルフキ酸（d）	3.23

注）FePO₄を含む遠心管に酢酸緩衝液と酢酸エチルエステルに溶解させたピシヂン酸やフキ酸誘導体を加え振とうした後，水層のリン濃度を測定

表2－18 キマメ品種およびリン酸施用の有無がピシヂン酸とクエン酸の分泌量に及ぼす影響（Ishikawaら，2002から作成）

キマメ品種	リン酸の処理（μM-P）	処理期間（日）	根分泌有機酸 ピシヂン酸	クエン酸
			(μ mole/g/日)	
ICPL87	2	15	0.875	0.097
	80		0.674	0.071
Manak	2	15	0.801	0.178
	80		1.010	0.071

注）リン酸欠乏，リン酸過剰の条件を15日間水耕で行ない，その根分泌物を採取した

分泌するのを確認している（表2－18）。なお，キマメ品種間では，アルフィゾルでのリン酸獲得能力とピシヂン酸分泌量との関連は明らかではなかった。

しかも，おもしろいことに，キマメの体内ではクエン酸よりも100倍量のピシヂン酸を合成していることも彼らは明らかにした。体内での大量のピシヂン酸がどういう役割を果たすのか，今後の検討にゆだねられる。

いずれにしても，キマメの持つ鉄型リン酸溶解能力を説明するのにはピシヂン酸の役割は無視できない。

（5）インドでのキマメ・ソルガムの間混作の意義

①鉄型リン酸に強いキマメと，カルシウム型リン酸に強いソルガム

インドではキマメが単独に作付けされることなく，アルフィゾル土壌にソルガムとともに雨季に間混作されている。この栽培でも，わずかな堆肥のみが施用されるだけである。深根性のキマメと比較的浅い土層に根が分布するソルガムとでは，物理的にも化学的にも異なったリン酸を利用することができる。さらに，キマメは土壌に蓄積した鉄型リン酸（Fe-P）を利用できるが，ソルガムはカルシウム型リン酸（Ca-P）の利用を得意とする。

そのため，アルフィゾルではキマメを間混作として導入することで土壌のリン酸の可給性が増えると思われる。これを証明するため，アルフィゾルの低リン酸土壌RCW8（表2－9参照）10kgと砂6.0kg（土壌の物理性の改善のた

表2-19 キマメの間混作が低リン酸土壌アルフィゾルでのリン酸肥沃度に及ぼす影響

作物	作物体のリン吸収量 (mg-P/ポット)	跡地でのトウモロコシの生育量 (乾物重g/ポット)
ソルガム単作	143	54
キマメ単作	165	70
ソルガム・キマメ混作	199	54

注）窒素・カリ肥料を施用したが，リン酸は無施用で試験した。各4作後，トウモロコシを無リン酸で栽培

め）を混合した大型ポットを用いて，キマメ単作，ソルガム単作，キマメ・ソルガム混作区を設定し比較した。各区とも連続的に4回，リン酸肥料を施用しない条件（窒素・カリについては，すべての区で同量施用した）で栽培した。その後，跡地土壌のリン酸肥沃度を検定するために，トウモロコシを無リン酸条件で栽培し，その生育を調べた（表2-19）。

②キマメによるリン酸肥沃度の増大

リン酸肥料の無施用条件で，ソルガムによってポット当たり143 mgのリン(P)が，また，キマメによって165 mgのリンがアルフィゾルから収奪された。したがって，跡地土壌に残存する可給態リン酸は，ソルガム単作区のほうが多いと考えられる。しかし，ソルガム単作区跡地のトウモロコシの乾物生産量は54 g，キマメ跡地では70 gであり，キマメ単作区の跡地のリン酸肥沃度はソルガム単作区より高いことが明らかである。

ソルガム・キマメ混作区では199 mgのリンが収奪されているが，これはキマメ単作およびソルガム単作区でのリン酸の収奪量よりも多く，跡地土壌では可給態リン酸が少ないので，トウモロコシの生育が劣ることが予想される。しかしキマメ導入でリン酸が収奪されても，跡地のリン酸肥沃度の低下は予想外に少なく，キマメとソルガムとの間でリン酸の吸収に関して競合が生じていないことを示している。キマメの導入で土壌リン酸の肥沃度が増大する効果が認められたのである。

この効果について，イシカワら（Ishikawaら，2002）も可給態リン酸の

表2−20 キマメ（品種：ICPH8）を無リン酸で栽培した跡地土壌のリン酸肥沃度（Ishikawaら，2002から作成）

評価法	処理	リン酸肥沃度 (mg-P/kg)
トルオーグ法	栽培前土壌	11.16
	無植栽・灌水処理*	19.67
	キマメ栽培（品種：ICPH8）*	22.33
ブレイ2法	栽培前土壌	4.19
	無植栽・灌水処理	5.58
	キマメ栽培（品種：ICPH8）	10.23

注）＊：無植栽・灌水を行なったポット区が対照区となる。栽培期間，あるいは無植栽・灌水期間は2カ月

測定によって確認している。アルフィゾルでキマメを2カ月間ポット栽培した後，跡地土壌のリン酸肥沃度をトルオーグ法およびブレイ2法で測定した。また対照区には，栽培前土壌と，2カ月間キマメ無植栽で灌水した区を設けた（表2−20）。栽培跡地の可給態リン酸については，栽培前土壌や無植栽・灌水土壌と比較して，キマメ（品種ICPH8）を栽培した土壌は，トルオーグ法による測定で，19.67 mg-P/kgから22.33 mg-P/kgへ，またブレイ2法による測定でも，5.58 mg-P/kgから10.23 mg-P/kgへと増加している。

以上から，インド亜大陸で営まれてきた農業形態の科学性がうかがえる。インド原産のキマメの植物特性が活かされて，ここインド半乾燥熱帯の低リン酸土壌アルフィゾルでのリン酸肥沃度が維持されていることは，みごとである。

第1章末尾に掲げた，持続的な農業の根幹となる「土壌の肥沃度」＝「養分供給量」×「その持続性」の，今日におけるひとつのローカルで貴重なモデルではないだろうか。では，われわれのもっと身近なところではどうであろうか。以下，その点について検討していこう。

第2章 リン酸の吸収

4. 火山灰土でのラッカセイのリン酸吸収機構

（1）火山灰黒ボク土でのラッカセイの生育

①ラッカセイは低リン酸耐性作物のチャンピオン

　では，日本で栽培される作物に，土壌に強く固定されて難溶性になっているアルミニウム型リン酸（Al-P）や鉄型リン酸（Fe-P）を効率的に回収できる作物はないのか．検索試験が行なわれ，浮かび上がってきたのがラッカセイだ．

　これまでの試験結果から，低リン酸耐性を持つ作物種の選抜には，可給態リン酸の総量を少なくしたポット栽培が有効である．その方法によって，2種

表2−21　低リン酸耐性作物の検索に用いた2種類の土壌の特徴

土壌	pH (H$_2$O)	全リン (mg-P/kg)	可給態リン (mg-P/kg) トルオーグ	ブレイ2
石垣（赤黄色土）	4.5	109	0.9	0.9
西那須野（黒ボク土）	5.1	829	0.2	1.6

注）石垣土壌のリン酸の形態は鉄型を主体としている，いっぽう西那須野土壌はアルミ

表2−22　リン酸肥料の施肥来歴のない石垣および西那須野土壌栽培したラッカセイの

土壌	pH (H$_2$O)	ラッカセイ 乾物重 (g/ポット)	リン吸収 (mg-P/ポット)	ダイズ 乾物重 (g/ポット)	リン吸収 (mg-P/ポット)
石垣（赤黄色土）	4.5	9.38	2.01	0.99*	0.00
西那須野	5.1	3.90	2.12	0.89	0.09
（黒ボク土）	5.7	4.99	3.39	1.24	0.66
	6.5	0.95	3.78	1.29	0.84

注）＊：播種後，約2カ月で枯死した

類の未耕地土壌（アロフェン質火山灰土壌：「西那須野」と赤黄色土壌：国頭マージ「石垣」）で，10種類の作物（キマメ，ラッカセイ，ダイズ，トウモロコシ，ソルガム，イネ（陸稲），ヒマ，ソバ，ヒマワリ，ワタ）を比較試験し，チャンピオンとしてラッカセイが選抜された。

②難溶性の鉄型・アルミ型リン酸を吸収・利用

西那須野土壌ではアルミニウム型リン酸，石垣土壌では鉄型リン酸が主要な吸着リン酸形態であり，どちらも可給態リン酸は著しく低い（表2-21）。ただし，西那須野土壌の全リン（829 mg-P/kg）は石垣土壌（109 mg-P/kg）と比較して多く，リン酸の供給量は多いと考えられる。

なお，2種類の土壌のpHは5.1および4.5と低いため，上記の選抜試験には，リン酸吸収能力ではなく，酸性土壌耐性あるいはアルミニウム耐性の強さが有利に働いたとも考えられた。そこで，西那須野土壌のpHを炭酸カルシウムで5.1から6.2まで矯正して，ラッカセイのリン酸吸収量をダイズ，ソルガム，トウモロコシと比較して，これらの生育（乾物重とリン吸収量）を観察した（表2-22）。

ラッカセイは石垣土壌のpH 4.5，西那須野土壌のpH 5.1でも生育がよく，リン酸吸収能力も高かった。これからも，ラッカセイは酸性耐性のあることがうかがえる。同時に栽培したダイズ，トウモロコシ，ソルガムは，西那須野土壌でpHを矯正した条件でも生育が劣り，リン酸欠乏で枯死したのに対してラッカセイの生育は良好で，きわめて高いリン酸吸収能力を示

無機態リン （mg-P/kg）		
カルシウム型	アルミニウム型	鉄型
0.0	19.5	57.6
1.6	89.5	75.0

ニウム型が多い

持つ耐酸性および低リン酸耐性能力

トウモロコシ		ソルガム	
乾物重 (g/ポット)	リン吸収 (mg-P/ポット)	乾物重 (g/ポット)	リン吸収 (mg-P/ポット)
0.66*	0.00	0.17	0.00
0.44*	0.10	0.17	1.19
0.59	0.13	0.95	1.14
0.47*	0.02	0.42	0.44

表2−23 リン酸施肥来歴のない黒ボク土*でのラッカセイとソバの生育とリン吸収

	ラッカセイ（チバハンダチ）				ソバ（アキソバ）		
施肥来歴	乾物重 (g/m^2)	子実収量 (g/m^2)	リン吸収 ($g-P/m^2$)	根長 (m/m^2)	乾物重 (g/m^2)	リン吸収 ($g-P/m^2$)	根長 (m/m^2)
低リン酸圃場（リン肥料の施用来歴なし）	659	269	0.89	300	24	0.01	484
高リン酸圃場（通常の施肥管理あり）	826	236	1.36	424	410	0.52	588

注）*：試験圃場の土壌はつくばの低リン酸圃場および高リン酸圃場の土壌である（表2−5参照）

した。

　実際に，リン酸肥料の来歴のないつくば圃場（低リン酸圃場，表2−5参照）でラッカセイと，痩せた土地に強いといわれているソバを栽培し，リン吸収量と収量を測定した（表2−23）。ラッカセイはリン酸の施用がなくても269 g/m^2の収量をあげたが，リン酸施用土壌では逆に，リン酸をよく吸収するものの，それが直接に収量と結びつかず，収量は若干低い236 g/m^2となった。いっぽう，ソバはリン酸施肥がなければ乾物重はきわめて低く，生育および収量は皆無であった。

　以上の結果から，ラッカセイは難溶性リン酸の鉄型リン酸およびアルミニウム型リン酸をともに吸収・利用できる能力が高いと思われる。一般の農業技術書にも，「ラッカセイは酸性のや痩せ地を好む。石灰の施用は土壌のpH矯正を目的とするほどの量を施用する必要はなく，ラッカセイの莢の形成に必要な量があればよい」と書かれている。

（2）ラッカセイはなぜ難溶性リン酸を利用できるのか
　　──予想される要因では説明できない

　キマメの場合と同様に，ラッカセイが難溶性リン酸を利用できるための要因である溶解能力について考察しよう。

【根系の発達】ラッカセイは，養分供給量が限られた，低リン酸肥沃度の土壌でも生存できた（表2－22）。さらに，実験で用いたラッカセイ品種'チバハンダチ'では根毛の発達が観察されなかった。したがって，ラッカセイが難溶解性リン酸を吸収できる能力は，根面積の拡大によるものではない。

【鉄還元能】鉄還元能が発揮されるのは鉄欠乏条件のもとであり，リン酸欠乏条件下では鉄還元能は低下する。したがって，これもラッカセイが低リン酸で生存，生育できる要因ではない。また，ラッカセイは，アルミニウム型リン酸（Al-P）が豊富な火山灰土壌でも生育できるため，根表面における鉄還元能はアルミニウム型リン酸の溶解には寄与しない。

【AM菌根】AM菌根が溶解能力を持つことはない。AM菌根がリン酸の溶解に寄与するなら，AM菌根の着生するすべての植物が難溶性リン酸を利用できることになる。

【リン酸吸収パラメータ】これについても，表2－14で説明した。ラッカセイが他のマメ科作物と比較して，特に低いKm値あるいは，Cmin値を持つことはなかった。この要因も，ラッカセイの持つ低リン酸耐性から排除できる。

【根分泌物】発芽させたラッカセイ，キマメ，ダイズ，ソルガム，イネを，水耕栽培したのち，根圏微生物を抗生物質（クロラムフェニコール）で排除した条件で，22時間にわたり根分泌物を採取した。この根分泌物について，シュウ酸，マロン酸，リンゴ酸，酒石酸，クエン酸やピシヂン酸について定量を試みたが，酒石酸の痕跡が検出できたのみであった。すなわち，ラッカセイ根からの根分泌物では，低リン酸土壌での良好な生育を説明できなかった。

（3）根の細胞壁のキレート作用による鉄型リン酸溶解能力

①根と土壌粒子の接触部位で溶解反応が

表2－22は，ラッカセイを2種類の低リン酸土壌で（石垣：赤黄色土，西那須野：黒ボク土）栽培した結果である。この土壌にリン酸を施用しない条件では，ダイズやトウモロコシの生育は貧弱で枯死したが，ラッカセイの生育は順調に経過し，開花そして子実の形成も認められた。

土壌粒子に吸着されたリン酸の植物根への移動は拡散によるが，拡散速度は

作物の種類によって変わるわけではない。さらに，根面に到達したリン酸濃度に対して，ラッカセイのCmin値はダイズよりも低いことはなかった（表2－14）。リン酸の欠乏によってダイズやトウモロコシが枯死したことは，根面へ拡散・移動したリン酸の濃度がきわめて低く，ゼロに近いことを意味している。しかし，ラッカセイは生存しているだけでなく，リン酸を吸収し生育している。それなのに，ラッカセイ根からのリン酸溶解活性を持つ物質の分泌は著しく少ない。

この事実から，リン酸を吸着している土壌粒子表面と根が接触している部位で，なんらかの溶解反応が起こっていると考えざるをえない。

②否定された「接触置換説」の今日的意義

「接触置換（交換）（Contact Exchange）説」がジェニーとオーバーストリート（Jenny and Overstreet）によって発表されたのは1939年であった。それまでのトレンドは，植物根は土壌溶液を介して養分を吸収するという考え方であった。これに対して，粘土と植物根との間に半透性の膜を置くと，接触がさまたげられて根のカリウム含量が低下するという事実から，根と粘土の接触が養分吸収に重要であると，「接触置換説」が提唱された。

粘土粒子の表面には陽イオン交換基があり，これに石灰，カリ，アンモニア態窒素などの陽イオン（Ca^{2+}，K^+，NH_4^+）が電気的に結合している。「植物根がこの粘土粒子に接触し，根表面のイオン交換基（CECが存在する）上にある水素イオンと，粘土粒子上の陽イオンとが直接的に交換して養分が根に吸着され，最終的には根内に取り込まれる」と考えるのが，この説である。すなわち，土壌溶液を通してではなく，陽イオンは粘土から根へとストレートに移動する。

1970年当時，私が学生の頃，「接触置換説」について講義を受けたが，「今日では，この説は否定されている」と教えられた。当時の植物栄養の研究では，水耕栽培が主要な研究手段であり，植物栄養学研究は植物生化学へと移行していく時期であった。また，実際の農業現場では，火山灰土壌にリン酸を大量に施肥し土壌改良が行なわれていたときでもあり，化学肥料の大量施用を前提とする集約農業の時期と重なっていた。その結果が，上記リン酸吸収パラ

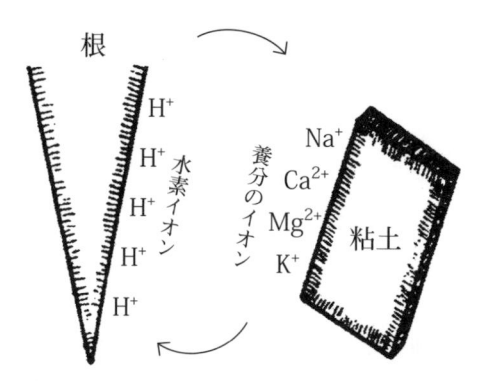

図2－13 ジェニーとオーバストリート（Jenny and Overstreet）が提唱した接触交換反応説（Contact Exchange）の概念図（1938年）
根表面上のCECに存在する水素イオンが，根と粘土粒子との接触によって，粘土粒子の陽イオン交換基（CEC）に結合している養分イオンと交換し，根はこの養分を得る

メータに代表されるように，「圃場試験の要因解析としての水耕試験」と考えられ，両者の間に矛盾はないと信じられていた。

こうして，大量の化学肥料を施用する条件では，土壌溶液の養分濃度が植物の生育を規制するため，「接触置換説」は，その妥当性を失う。しかし，ダイズやトウモロコシがリン酸欠乏を示す条件で，さらにラッカセイ根から溶解性を持つ根分泌物が分泌されないとなると，土壌粒子と根表面との接触面でなんらかの溶解反応が起こると想定せざるを得ない。ジェニーとオーバストリートが提案した接触置換説のモデルを図2－13に示した。

③根のCECと土壌CECの間で起こるイオン交換反応

土壌と根とが接触した部位で反応が起こると仮定すると，植物根の表面ではどういう反応が期待できるのか？ 根の表面には粘土のCECと同様に陽イオン交換樹脂のような機能があることは，よく知られている。その陽イオン交換能はペクチンを構成するポリガラクツロン酸のカルボキシル基に由来する。試験管での実験であるが，根の細胞壁にカルシウムを結合させて，その細胞壁にアルミニウムイオン（Al^{3+}）を作用させると，カルシウムがアルミニウムで

第2章 リン酸の吸収　77

置き換わり強固に結合することが観察されている（Blamey, 2001）。すなわち，細胞壁表面はカルシウム（Ca^{2+}）よりもアルミニウム（Al^{3+}）とのほうが強く結合する傾向にあることを示唆している。

ここで，細胞壁に鉄型リン酸やアルミニウム型リン酸に対する溶解活性が存在することを想起し，この証明を試みよう。その前に，まず細胞壁の構造について考察しよう。

④根細胞壁面の特殊な構造とキレート形成力

細胞壁の構造は，結晶性のセルロースが鉄筋コンクリートのような骨材として働き，その空間にペクチンを主体とする多糖が充填している。リグニンもセルロースと結合して細胞間を充填している。ペクチン物質を三次元的に結合してつなげている物質がフェルラ酸，p-クマール酸やフェルラ酸のようなフェノール性物質である。多糖の末端に結合したフェルラ酸同士が，ペルオキシダーゼによって重合し，最終的には多糖の鎖を三次元的に構成している（図2－14，参照）。

したがって，細胞壁が持つ官能基としては，カルボキシル基のほか，フェノール性水酸基とアルコール性水酸基も細胞壁表面に一部出現していると考えられる。根の断片に塩化鉄溶液（$FeCl_3$）を作用させると褐色に染色されるのは，フェノール性水酸基が存在する証拠でもある。これら複数の官能基が三次元的に配置されることによって，陽イオン交換能だけではなく，アルミニウムや鉄とのキレートを形成する能力を持つと考えるのは当然であろう。

たとえば，カルボキシル基が2つ付いたシュウ酸（HOOCH-CHCOOH）は，アルミニウム（Al^{3+}）と強力に結合できるキレート性有機酸である。アルミニウム耐性を持つコムギ品種の根が分泌するリンゴ酸はアルミニウムとキレート結合をして，アルミニウム毒性を軽減させている。そして，このリンゴ酸のつくるキレートは，リンゴ酸末端のカルボキシル基と中央に位置するアルコール性水酸基との間でアルミニウムがキレート結合として関与している。

すなわち，植物根の持つCECは主としてペクチンのカルボキシル基に由来するといわれているが，カルボキシル基またはそれ以外の官能基（アルコール性水酸基やフェノール性水酸基）が，鉄，アルミニウムなどの金属種と三次元

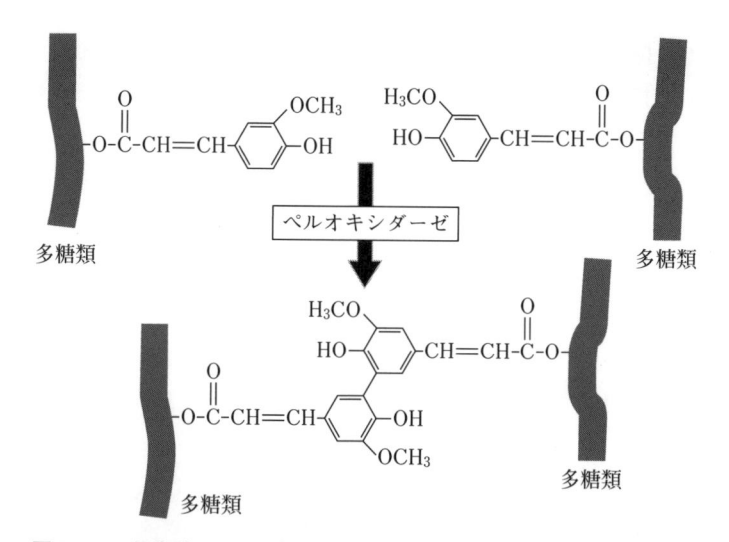

図2-14　細胞壁の三次元構造を形成するフェノール性水酸基の役割
骨材に相当するセルロースを多糖類は充填しているが，これら多糖類の間をペルオキシダーゼの働きによって三次元的な構造を形成する
注）図にあるようにフェノール性水酸基（−OH）が残され，その一部は細胞壁表面にも存在する

構造をとるような配置にあれば，キレート能力が発現される。代表的な根分泌有機酸のキレート結合のようすを図2−15に示したが，カルボキシル基だけでなく，リンゴ酸にみられるようなアルコール性水酸基やコーヒー酸に存在するフェノール性水酸基の位置関係の重要性が理解されるであろう。図2−15には，金属種であるアルミニウム（Al^{3+}）や鉄（Fe^{3+}）と有機酸との間で，キレートによって環状構造を形成しているようすを点線で示した。キレート環は，通常五〜六員環のときが安定で強固なキレートを形成する場合が多い。

⑤ラッカセイの根細胞壁による多種な鉄型リン酸の溶解実験

　ソルガム，ダイズ，ラッカセイを砂耕培養し，根を注意深く採取した。根の表面に付着したさまざまなイオンを塩酸で洗浄し，根を2〜5mm程度に裁断したものを「粗細胞壁」標品とした。粗細胞壁を用いて，pH5.5の酢酸緩衝液（根面のpHは5.5付近にあったことはすでに述べた）を作成し，粗細胞壁とさ

第2章　リン酸の吸収　　79

まざまな鉄型リン酸あるいはアルミニウム型リン酸の標品の懸濁液を添加し，ゆっくりと攪拌（2時間）した。攪拌の終了後，遠心分離し，上澄を0.25 μmのフィルターに通した後，溶出したリン酸を測定した。

なお，鉄型リン酸（Fe-P）として，自然界に存在する鉱物であるストレンジャイトのほか，人工的にゲータイトおよびヘマタイトの鉄資材にリン酸溶液を加え鉄型リン酸を作成した。それぞれ，ゲータイト≡P，ヘマタイト≡Pと呼んだ。アルミニウム型リン酸（Al-P）としては，自然界にあるバリサイトを用いたほか，アロフェンやSi/Alゲルのアルミニウム資材にリン酸を加え調製したものも用意した。それぞれ，アロフェン≡P，Si/Alゲル≡Pと呼ぶこととする。

根細胞壁によるリン酸の溶解の効果を表2－24に示した。なお，この表の溶解量の数値は，根細胞壁を添加しない区でリン酸源から溶出されるリン酸量を求め，細胞壁を添加した区のリン酸量から差し引いたものである。

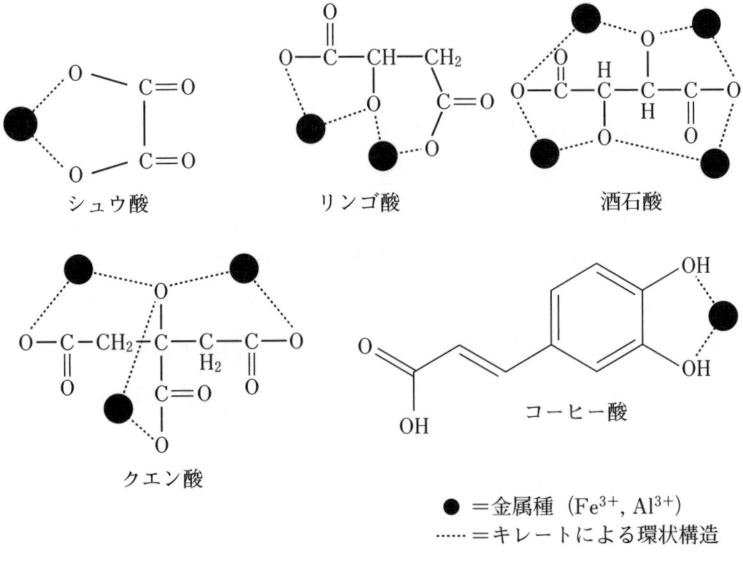

図2－15 根が分泌する有機酸の金属種(Fe^{3+}, Al^{3+}) とのキレート結合のようす
注）これら金属とカルボキシル基やアルコール性水酸基，あるいはフェノール性水酸基との間で六員環や五員環が構成されるとキレートの安定性が増す

根細胞壁1g当たりの溶解したリン量（μg）を比較すると，ゲータイト≡Pでは，ラッカセイが58 μg，ダイズが33 μg，ソルガムが26 μgとなり，ラッカセイ根の溶解能力は最も高かった。この傾向（ラッカセイ＞ダイズ＞ソルガム）は，ヘマタイト≡P，アロフェン≡P，ストレンジャイト，Si/Alゲル≡Pでも同様であり，ラッカセイ根細胞壁の難溶性リンを溶解する能力が優れていることが確認できた。ただし，バリサイトでは，ソルガムの根細胞壁による溶解性はラッカセイとほぼ同じ程度であった。

　試験管には，2～5mmに刻んで根の表面を塩酸で処理した後に乾燥した根の断片が入っており，さらにリン酸源（鉱物粉末）が緩衝液に懸濁した状態で添加されている。これらを2時間ゆっくりと撹拌した後の，濾液中のリン酸を測定している。これによってリン酸が溶解したことは，根と懸濁した鉱物が接触して反応している証拠である。

　ゲータイトやヘマタイトは石垣土壌のような赤黄色土で一般的に認められる鉱物であり，リン酸肥料が施用されたときには，これらの鉱物がリン酸と結合することは十分に考えられる。またアロフェン≡Pについては，アロフェン質火山灰土壌（たとえば，西那須野土壌など）に施用されたリン酸はこの形態で存在している。ストレンジャイトは，鉄とリン酸が反応し非常に安定な形態の最終産物の鉱物で，その溶解度はきわめて低い（10^{-32}）。

　したがって，表2－24に示された効果は，ラッカセイが示す難溶解性の鉄

表2－24　ラッカセイ，ダイズ，ソルガムの根細胞壁が鉄型リン酸，アルミニウム型リン酸からのリン酸の溶解に及ぼす影響

リンの形態	鉱物 （リン酸源）	リン含量 （P%）	根細胞壁あたりのリンの溶解（μg-P/g）*		
			ソルガム	ダイズ	ラッカセイ
鉄型リン酸 (Fe-P)	ゲータイト≡P	0.295	26.4	32.8	58.1
	ヘマタイト≡P	0.029	2.6	7.8	12.1
	ストレンジャイト	3.229	46.7	47.1	81.6
アルミニウム型リン酸 (Al-P)	アロフェン≡P	8.781	94.8	117.8	232.7
	バリサイト	4.981	112.1	140.2	135.6
	Si/Alゲル≡P	16.076	123.6	126.4	229.9

注）＊：根細胞壁を添加しない区でリン酸源から溶出されたリン酸量を求め，細胞壁を添加した区のリン酸量から差し引いたものである

型リン酸やアルミニウム型リン酸を利用できる能力として，唯一の説明可能な要因と思われる。

⑥根細胞壁には，CECと異なる溶解活性部位がある

根胞細胞壁にはCECが存在し，それは，ペクチンに含まれるガラクツロン酸のカルボキシル基による。したがって，pH環境がアルカリ側に進むほどカルボキシル基に由来するCECは増加する。カルボキシル基の負荷電（マイナスイオン）が鉄（Fe^{3+}）やアルミニウム（Al^{3+}）とのキレート結合に関与するならば，pHの上昇がCECを増大させ，その結果鉄型リン酸やアルミニウム型リン酸の溶解性は増大するはずである。これを検討するため，広域緩衝液を用いて，リン酸鉄（$FePO_4$）およびリン酸アルミニウム（$AlPO_4$）懸濁液からのリン酸の溶解を検討した（図2－16）。

図2－16（c）では溶液のpHが4.0から7.0へと上昇すると，ダイズ，ラッカセイ，トウモロコシおよびソルガム根のCECの上昇も並行的に上昇した。CECが最も高く推移した植物はダイズで，次いでラッカセイであった。植物根のCECは単子葉よりも双子葉が大きいといわれているが，その通りで，トウモロコシやソルガムのCECはマメ科のダイズやラッカセイよりも小さかった。

CECは4作物中ダイズが最も高かったが，鉄型リン酸やアルミニウム型リン酸に対する溶解能ではラッカセイが最高であった（表2－24）。これから，難溶性リン酸の溶解に関与する細胞壁の活性部位は細胞壁の表面に存在するカルボキシル基の量によるものではなく，質的なものに由来すると思われる。質的とは，細胞壁表面にあるアルコール性水酸基，フェノール性水酸基およびその他反応基の位置や相互配列のことである。

図2－16（a）（b）は，リン酸源として試薬のリン酸鉄およびリン酸アルミニウムを用い，溶液のpHが細胞壁のリン酸溶解に及ぼす影響を見たものである。4植物のうち，ラッカセイの溶解活性が最も高いばかりでなく，pHの上昇によってその溶解活性が低下したことを示している。この傾向はCECと正反対であり，カルボキシル基の関与だけでは説明できないが，溶解活性の部位が，根表面の細胞壁に備わっているのである。

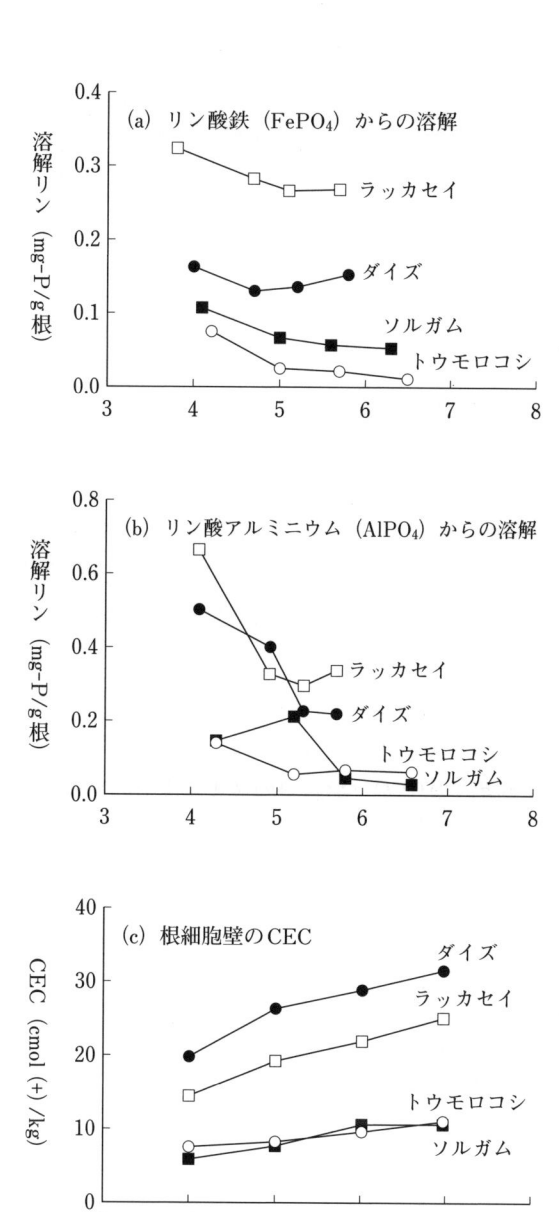

図2−16 反応培地のpHが作物根の細胞壁によるリン酸溶解反応に及ぼす影響

（4）根細胞壁のリン酸溶解活性部位の安定性

ラッカセイの根の細胞壁にリン酸の溶解活性の存在を仮定したが，本当に活性は細胞壁成分にあるのか？　細胞内容物を界面活性剤であるデオキシコール酸ナトリウムを用いて洗浄し，純粋な細胞壁成分を得て，鉄型リン酸（試薬のリン酸鉄：$FePO_4$）からのリン酸溶解活性を調べた（表2−25）。

そのさい，細胞壁に化学的にダメージを与える3タイプの処理をして，その強さを検証した。すなわち，①ラッカセイの粗細胞壁を熱水で10分間処理したものは，溶解活性に変化はなかった。②ペクチナーゼ，セルラーゼ，ドリセラーゼなど3種の混合酵素（細胞壁成分を破壊できる）で処理した細胞壁の溶解活性は7％低下したのみであった。③0.7Mの塩酸（HCl）で熱加水分解処理では，処理時間の経過にともない活性は低下した（40分の処理で40％まで低下）。

この結果は，細胞壁に存在する活性部位は酵素や熱などの破壊作用に強く，かなり安定性の高いことを示している。ちなみに，リンゴやミカンから抽出したペクチン（市販品であるが，細胞壁の重要な成分の一つ）のリン酸鉄溶解活性は非常に低く，ラッカセイ根細胞壁の3分の1から11分の1にすぎなかった。

表2−25　難溶性鉄型リン酸（リン酸鉄：$FePO_4$）に対するラッカセイ根細胞壁に存在するリン酸溶解活性の特性
熱安定性および細胞壁分解酵素に対する安定性が理解できる

処理	試験後の細胞壁の重量 (mg)	リン酸溶解活性 (μg-P/g-CW：細胞壁)
対照	30.0	297　(100％)
100℃で10分間煮沸	30.0	293　(98％)
酵素混合物で20時間処理	21.3	278　(93％)
0.7Mの塩酸（HCl）で煮沸処理		
12分間	23.8	194　(65％)
40分間	20.4	97　(39％)

（5）根細胞壁上にある三価陽イオン結合部位の働き

　ラッカセイ根の鉄型リン酸（リン酸鉄：$FePO_4$）溶解活性の反応機作を知るため，精製した純粋な根細胞壁をあらかじめさまざまな塩化物イオン溶液（1/10Mの塩化カリウム：KCl，塩化ナトリウム：NaCl，塩化カルシウム：$CaCl_2$，塩化マグネシウム：$MgCl_2$，塩化アルミニウム：$AlCl_3$，塩化鉄：$FeCl_3$，および硝酸ガリウム：$Ga(NO_3)_3$）で処理・洗浄して，リン酸鉄に対する溶解活性を測定した。その結果を図2－17に示す。

　一価や二価の陽イオン（Na^+，K^+，Ca^{2+}，Mg^{2+}）で前処理したものは，リン酸鉄からのリン酸溶解能は無処理区（あらかじめ水に浸した物）とほとんど変わらなかった。しかし，三価の陽イオン（Al^{3+}，Fe^{3+}，Ga^{3+}）で前処理した細胞壁では溶解活性が消滅した。消滅というよりマイナスとなった。

　すなわち，表面に二価の陽イオンが吸着している細胞壁を，リン酸鉄の懸濁液に投入しても，リン酸鉄からの鉄（Fe^{3+}）イオンと置換し，その結果リン酸鉄からリン酸が溶け出したものと解釈できる。他方，あらかじめ3価のAl^{3+}やFe^{3+}，Ga^{3+}イオンが細胞壁

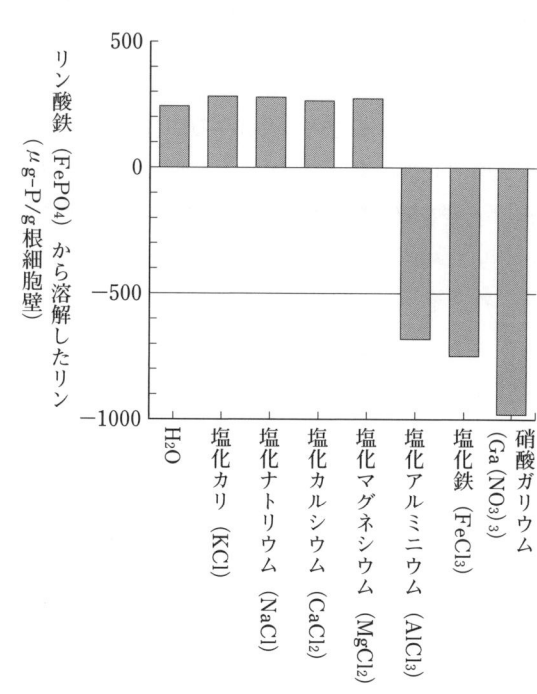

図2－17　あらかじめラッカセイ細胞壁をさまざまな陽イオンで処理した細胞壁のリン酸鉄（$FePO_4$）溶解反応

に吸着されている場合，比較的弱い力で吸着されている一部の三価の陽イオンが反応溶液中に溶け出す。リン酸鉄（FePO₄）とリン酸（PO₄³⁻）との平衡が成立していたが，細胞壁から溶出した一部の三価の陽イオンとリン酸（PO₄³⁻）が反応し，リン酸の固定が生じた。したがって，三価の陽イオンで処理した細胞壁では，対照区（水で溶解）のリン酸濃度よりも低下し，見かけ上，リン酸が溶けていない状態になったのであろう。この結果は，細胞壁の根表面には，三価の陽イオンと強く結合する部位があることが示唆される。

（6）鉄，アルミなど三価陽イオンと特異的に結合するキレート樹脂

　ラッカセイの根細胞壁では三価の陽イオンと強く結合する部位があるが，どの程度強いのかを検討した。あらかじめ鉄イオン（Fe^{3+}）で処理し，洗浄した純粋な根細胞壁をpH 5.0の酢酸緩衝液に浸し，そこに鉄イオンとのキレートを形成する能力のあるエチレンジアミン4酢酸（EDTA），あるいはクエン酸，トリエタノールアミンを加えて濃度を段階的に変えて，溶出してくるFe^{3+}濃度を測定した。

　トリエタノールアミンは鉄イオンとの結合力が弱いため，その濃度を増しても，鉄イオンは細胞壁に結合したままで，鉄イオン濃度は変化しなかった。他方，エチレンジアミン4酢酸やクエン酸はその濃度が10^{-3}Mで鉄イオンの濃度は増加した。鉄イオンと細胞壁とはエチレンジアミン4酢酸やクエン酸と同程度かそれ以上ものキレート力で結合している（図2－18）。これを化学式で書くと

$$CW \equiv Fe^{3+} + クエン酸 \rightleftarrows CW + クエン酸 \equiv Fe^{3+}$$

（CW：細胞壁）

　以上の検討から，根表面は単なるイオン交換樹脂的な役割ではなく，三価の陽イオンに対して特異的に反応するキレート樹脂であり，それにはフェノール性水酸基，カルボキシル基，アルコール性水酸基などの立体的配置によって形

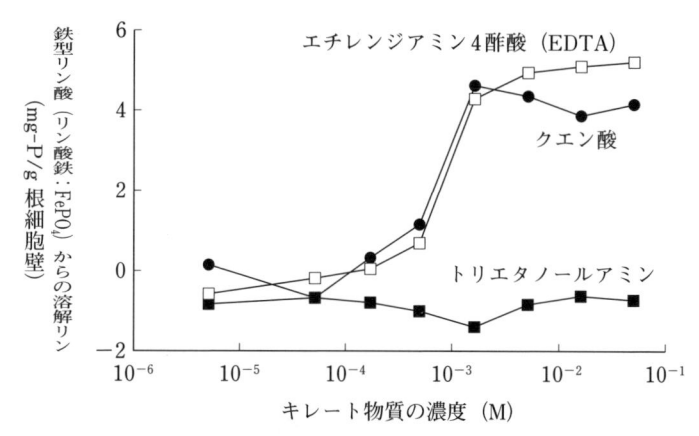

図2−18　ラッカセイ根細胞壁と三価陽イオン（Fe^{3+}）の結合力
あらかじめ塩化鉄（FeCl$_3$）で処理したラッカセイ根細胞壁からの3種類のキレート物質（トリエタノールアミン，クエン酸，エチレンジアミン4酢酸：EDTA）によるFe^{3+}溶解反応

図2−19　接触溶解反応説の概念図
ラッカセイ根表面による難溶性リン酸の溶解と吸収

成されている。これが土壌粒子上の鉄型リン酸あるいはアルミニウム型リン酸と接触し，キレート反応を起こし，リン酸が溶出するという「化学反応」を起こしている。われわれはこれを「接触溶解反応（Contact Reaction）」と呼んでいる（アエとオオタニ〈Ae and Otani〉，1997）。土壌での反応についての概念を図2−19に表した。

5. 根細胞壁に存在する溶解反応
―「接触溶解反応説」の妥当性

（1）ラッカセイ根の表面組織の脱落

　根毛を持たないラッカセイ品種の根の形態について，根の表面がたえず脱落している現象を，ヤブロフ（Yarbrough, 1949）が観察している。根毛がたえず脱落し新しい根毛に生えかわるという，この表層の脱落現象は養分の吸収に関連していると彼は予想した。

　これまで実験に使用してきたラッカセイ品種は'チバハンダチ'であり，この品種には根毛が欠けていた。また，発芽から2週間程度で，根の最外層の細胞が脱落しているのが観察できた（写真2-2, 2-3）。

　火山灰土壌のようにアルミニウム型リン酸が主要なリン酸の形態であると，アルミニウム（Al^{3+}）が根に強固に結合すると，不可逆的に根とアルミニウムは結合したままになって，新しくアルミニウム型リン酸を溶解できる能力は消失する。しかし，このアルミニウムと結合した根表面の細胞が脱落すると，新たに成長した根表面とリン酸源であるアルミニウム型リン酸とが反応して，リン酸を溶解することができる。この根表面の脱落現象は「接触溶解反応」説を優位に補完している。

　'チバハンダチ'については根毛を認めなかったが，'ワセダイリュウ（早生大粒）'という品種は，根毛だけでなく，土中で発育する莢まで根毛状の組織を持つ。すなわち，開花・受精ののち，子房柄が伸びて土壌に進入して先端が莢になって実るが，莢の根毛状組織が養分吸収にも寄与しているという報告がある（ヴィスワとアエ〈Wissuwa and Ae〉, 2001）。

ラッカセイ（チバハンダチ）
根毛が欠けている

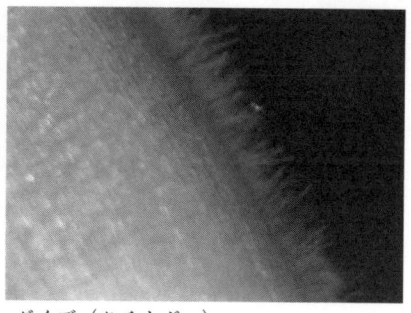

ダイズ（タチナガハ）
根毛が密生している

写真2-2　ラッカセイ（品種：チバハンダチ）とダイズ（品種：タチナガハ）の根表面の顕微鏡写真（発芽後1週間目）

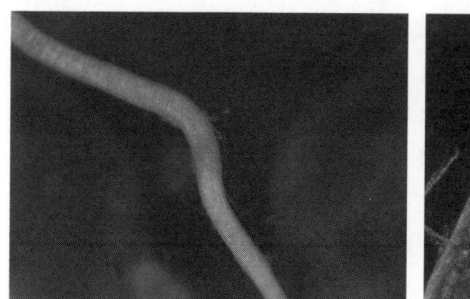

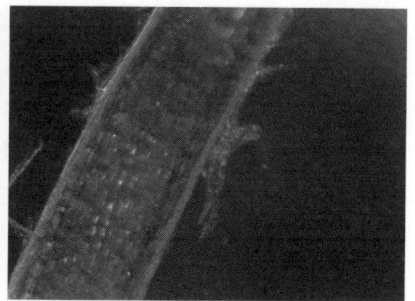

写真2-3　ラッカセイ(品種：チバハンダチ）の発芽後14日目の根表面
表面細胞が脱落している

（2）接触溶解反応説を支持する圃場試験

　フィリピンのタナイ（Tanay）は山岳地にあり，土壌はウルティソル（Ultisol）に属する赤黄色土で，リン酸肥沃度は低い。ここでは山が切り開かれ，段々畑として開墾されている（1990年代）。農民は肥料を購入できるほどの経済力はないため，窒素施肥が必要でないマメ科作物を導入するための試験が設定された。これまでに試験栽培されたのは，ラッカセイ（3品種），リョクトウ（1品種），ダイズ（1品種），ササゲ（2品種），Bush sitao（1品種）およびString bean（1品種）など9植物である（Bush sitaoとフィリピ

表2-26 フィリピンのTanayで行なわれたマメ科作物の導入試験の圃場のリン酸肥沃度

pH (H₂O)	可給態リン酸 (mg-P/kg)		無機態リン酸 (mg-P/kg)		
	オルセン	ブレイ2	カルシウム型リン酸	アルミニウム型リン酸	鉄型リン酸
5.0	3.2	0.5	0.0	2.0	112

注）土壌はUltisolと呼ばれる赤黄色土に属する

ンで呼ばれているマメ科の作物は，日本で調べると「ササゲ」のこと。String beanは「サヤインゲン」とある。ここでは現地の呼び名に従う）。

　播種から約3カ月間栽培し，乾物重およびリン酸吸収量を測定した。試験区には石灰のみ100kg/ha施用した区と，石灰とリン酸を100kg/ha施用した2区である。同時に，砂耕栽培によって新鮮な根を得て，根細胞壁（粗製品）を用いてリン酸鉄からの溶解活性を測定した。

　タナイ（Tanay）で栽培試験したウルティソル土壌のリン酸の性質を表2－26に示した。pHは5.0と非常に低く，主要なリン酸の蓄積形態は，難溶性の鉄型リン酸（Fe-P）が主要な形態で112mg-P/kgでアルミニウム型リン酸（Al-P）は2mg-P/kg，比較的溶解しやすいカルシウム型リン酸（Ca-P）は皆無であった。

　表2－27には，9作物のリン酸吸収量（生育）と砂耕栽培によって得た根の粗細胞壁が持つリン酸鉄からのリン酸溶解活性を示した。リン酸の無施用では，3品種のラッカセイのリン吸収が最も優れており，これまでの結果を支持している。リン酸肥料を施用しない場合，細胞壁のリン酸鉄溶解活性とリン吸収量との間には，正の高い相関が認められた（r=0.70*，n=9））。他方，リン酸を施用した場合はその相関は低かった（r=0.24，n=9）。

　この結果は，根の細胞壁のリン酸溶解能力が低リン酸土壌では重要な要因であるばかりではなく，リン酸施用土壌では，根面と土壌粒子との接触によらずに，化学肥料から溶け出したリン酸が直接根圏の水膜を通して吸収する割合が高いことを示唆している。

表2-27 フィリピンのTanayで行なわれたマメ科作物の導入試験における作物別のリン溶解・吸収能力

リン酸施肥の有無が作物の生育（リン吸収量）に及ぼす影響と根細胞壁のリン酸鉄（FePO$_4$）からのリン酸溶解活性との関係

作物	品種	リン酸鉄からのリン酸の溶解（μg-P/g-CW）	リン酸無施用（−P）リン吸収(mg-P/m^2)	リン酸施用（＋P）リン吸収(mg-P/m^2)
ラッカセイ	PN-2	127	89	133
	PN-Red	125	101	387
	PN-Runner	79	105	299
リョクトウ		81	17	104
ダイズ		55	25	107
ササゲ	White	74	55	273
	Red	78	50	216
Bush sitau		62	29	226
String bean		78	29	334
根細胞壁のリン酸溶解と作物のリン吸収量との相関 (n=9)			r=0.70*	r=0.24

6. ラッカセイ（*Arachis*）属植物の農業上の意義

（1）アメリカ作物学の教科書に記述されているラッカセイと輪作

ラッカセイが施肥リン酸に対して反応が低いことに関して，アメリカの作物学の教科書（Crop Production=Principles and Practices=, 1988）には，興味ある記述がある。引用しよう。

「ラッカセイを組み入れた輪作体系では，ラッカセイの前作の作物に施用された肥料をラッカセイは利用できる。また，ラッカセイは他の作物が利用できないリンを利用できる。その前作としてトウモロコシのような大量の肥料を必

要とする作物の後にラッカセイを，栽培することが望ましい。」

　上の好例を以下に示そう。ラッカセイ―コムギの輪作体系で，リン酸肥料をコムギあるいはラッカセイのどちらに施用すべきか？という課題である。アウラック（Aulakh）ら（1991）は6年間の圃場試験を行なった。後作の作物にはリン酸肥料を与えず，その残効を観察した。リン酸の施用量を 13 kg-P/ha（30 kg-P_2O_5/ha），26 kg-P/ha（60 kg-P_2O_5/ha），39 kg-P/ha（90 kg-P_2O_5/ha）と変えて，コムギに直接施用すると，無施用（対照）区のコムギ収量（3,020 kg/ha）と比較して，それぞれ35％，50％，54％増収した。これに対して，同量のリン酸をラッカセイに直接施用し，その後作のコムギにリン酸肥料を施用しない場合は，コムギの収量はそれぞれ16％，41％，38％の収量増であった。この結果は，コムギにリン酸肥料を直接施用するほうが効果的であることを示している。

　いっぽう，ラッカセイの収量については，リン酸肥料をコムギに直接施用した後作のラッカセイの収量は対照区（1,870 kg/ha）と比較して，0％，8％，4％で，わずかしか増えなかった。ラッカセイに直接リン酸を施用した場合でも，対照区の収量と比較して，4％，3％，7％であり，リン酸の直接施用あるいは前作への施用にかかわらず，ラッカセイの収量には大きい変化はなかった（表2－28）。

　これらの事実は，コムギに施用されたリン酸が鉄やアルミニウムと結合して溶けにくくなった後，これをラッカセイが好んで吸収していることを示している。アメリカの作物の教科書がいかに実践的であるかがわかる。日本ではこのようなきめの細かい施肥管理技術を聞いたことがない。

（2）放牧地のイネ科・ラッカセイ属混播で，牛の増体向上

　南米コロンビアには，ジャノス（Llanos）という強い酸性で，かつリン酸欠乏の土壌オキシゾル（Oxisol）地帯が広がっている。ここでは，酸性に強いイネ（陸稲）栽培と放牧による畜産が盛んである。放牧草地ではイネ科牧草のブラキアリア（*Brachiaria*属の牧草）が導入されている。さらに高い牧養力を

表2-28 ラッカセイ―コムギの輪作体系で，リン酸肥料の直接的な施用がラッカセイおよびコムギの収量に及ぼす影響

リン酸の肥料 (kg-P_2O_5/ha)	リン酸肥料施用の対象		
	ラッカセイへ施用	コムギへ施用	ラッカセイおよびコムギへ施用
〈ラッカセイの収量（kg/ha）〉			
0	1,870		
30	1,950	1,870	1,850
60	1,930	2,020	1,980
90	2,000	1,950	2,000
〈コムギの収量（kg/ha）〉			
0	3,020		
30	3,510	4,070	4,150
60	4,270	4,530	4,600
90	4,160	4,660	4,530

養うため国際熱帯農業センター（CIAT, 1994）では，野生のラッカセイ種といわれるピントイ（*Arachis pintoi*）を，この草地に導入することを試みた。ピントイはラッカセイと同様にラッカセイ（*Arachis*）属であり，酸性土壌に対する耐性を持ち，窒素固定も可能で植物体にはタンパク質が多く，家畜にとって栄養が豊富な牧草である。

このピントイをブラキアリア草地に導入することによって，放牧牛の栄養条件が改善され，増体重が高まった（表2-29）。たとえば，ha当たり2頭の牛を放牧したとき，ブラキアリアの単播牧草地では1日当たりの増体重は323gであるが，ピントイを導入したマメ科―イネ科の混播牧草地では413gの増体重となり，家畜の栄養状態がよくなった。ブラキアリア単播草地にくらべて，難溶性リン酸を利用する能力に高いピントイが導入された結果，土壌の可給態リン酸が増え，それに窒素固定もともなって，家畜の利用できる牧草の養分が増えた結果である。

表2−29　マメ科植物ピントイ*の導入が放牧牛の増体に及ぼす効果

(CIATの資料から)

放牧草地	飼育条件***	平均増体重 (g/頭/日)	備考
ブラキアリア**の草地 (マメ科牧草の導入はない)	2頭/ha 3頭/ha 4頭/ha	323 320 228	コロンビアのジャノス (Llanos) 地帯にある CIATのCarimagua試 験地で，実施された。4 年間の平均値
ブラキアリア＋ピントイ の混播草地	2頭/ha 3頭/ha 4頭/ha	413 401 300	

注) 1. *：学名は*Arachis pintoi*，ラッカセイと同じ属
　　2. **：学名は*Brachiaria humidicola*でイネ科の牧草
　　3. ***：7〜14日間放牧

7. 持続型農業のヒントはローカルで古くからの農法に

　第2次大戦後，関東の畑作地帯に人々が入植し，さまざまな作物の導入が図られた。しかし，栽培が可能な作物として残ったのはラッカセイと陸稲であったと聞く。その後，リン酸の大量施用によって火山灰土壌の肥沃度が改善され，近郊野菜の産地になるにしたがって，ラッカセイと陸稲の持つ能力が人々の記憶から消えてしまった。

　今では，火山灰といえばリン酸肥料の投入という常識であるが，その常識以前の農業で栽培されてきたラッカセイ。それが可能だったのはラッカセイの根の働きであるが，その働きが「科学的」な根拠を持つことが明らかになったのである。前段で述べた，インドの低リン酸土壌でのキマメ例もそうであるが，世界のローカルで古くからの農法が続いている根拠のなかにこそ，持続型農業へのヒントが見えてくる。

第3章

有機態窒素の吸収
──有機態窒素の本体と直接吸収の仕組み

1. 窒素供給力の決め手「可給態窒素」とは

（1）窒素をめぐる今日的問題

①窒素による環境問題の深刻化

　リービッヒ（Liebig）による「無機栄養説」が近代農学に果たした役割は大きい。それは，化学肥料の開発と利用の科学的裏づけとなって，降雨量の少ない，あるいは痩せた地域でも，比較的高く安定した収量を確保できたことにある。

　しかし現代では，化学肥料，とくに窒素肥料の過剰投入が問題になっている。野菜栽培圃場や茶園では化学肥料や有機質肥料中の窒素が過剰に施用され，地下水の硝酸態窒素汚染や湖沼や沿岸水域の富栄養化を引き起こしてい

る。また，工場や自動車，農地から漏れ出た窒素が土壌の酸性化をもたらし，化石燃料の燃焼にともなって生じる窒素はオゾン層の破壊をもたらした。

　このような窒素がもたらす地球環境問題は，"Scientific American"誌（日本版「日経サイエンス」誌）（タウンゼントとホワース〈Townsend and Howarth〉，2010）にも取り上げられている。このなかで，著者らは，持続可能な窒素の利用を実現するためには肥料施用量の削減や，肉食を減らすことも提案している。

②あふれる有機性廃棄物の活用と「有機農業」

　いっぽう，人々の「健康」へ希求が高まり，また，持続型社会の構築あるいは循環型社会への回帰が指向されるなかで，「有機農業」に関心が集まっている。その背景には，農林水産業や食品加工産業から出る有機性廃棄物が，1年間で畜産廃棄物と下水や食品産業汚泥で1億t，生ゴミから2,000万tにおよび，その他を含めるとその合計は2.8億tに達するという事情がある。廃棄有機物中に含まれる窒素やリン酸などの肥料成分は，年間，チッソで約130万t，リンで約25万tに達し，これは，化学肥料の年間消費量の2倍以上となっている。

　そこで，大量の有機性廃棄物を積極的に「堆肥」や「有機質肥料」として活用し，化学肥料を削減することで「有機農業」を成立させようという動きが広がり，これに関する試験研究も多数報告されている。

　それは，有機性廃棄物の有効利用という観点から指向される「有機農業」である。しかし，「有機農業とは何か？」，あるいは「化学肥料農業とどう違うのか？」……。これは科学的に解明できるのか？　解明できるとすれば，何を基準に考えれば，よいのか？　この問いが必ず，ついて回る。

③今，「有機物施用」の意味を問い直すとき

　土壌へ有機物を施用したとき，有機物は，土壌の物理性（通気性，保水性など），化学性（窒素やリンを含む養分の補給など），さらには土壌の生物性（微生物の活動など）にまで影響をおよぼす。

　いっぽう，化学肥料を施用したときはどうだろうか。化学肥料の窒素を施

すと同時に，炭素源として稲ワラ（デンプンでもよい）のようなC/N比（炭素/窒素比，炭素率。数値が大きいほど炭素が多い）の高い有機物も施用したとしよう。土壌微生物は稲ワラの炭素源からエネルギーを得て増殖するさい，蛋白源として施肥窒素を大量消費するため，植物にとってはいわゆる「窒素飢餓」の状態が生じる。この施肥した無機態窒素は，まず，増殖した土壌微生物に取り込まれる。この微生物菌体になった窒素は有機態窒素であり，それがやがてゆっくりと分解・無機化されて，作物に吸収される。すなわち，施肥した化学肥料の無機態窒素は，土壌微生物という有機物へ変換されたのである。これも結果的には，有機物施用と同じであるが，「有機農業」推進者は，これをどう理解するのであろうか？

　農業の現場では，有機物の施用が必然だといわれている作目もある。たとえば，ニンジンやホウレンソウなどについては，「秋冬野菜には堆肥が効く」といった「伝聞」があるが，これはなにを意味しているのか？　有機物施用試験は，過去において膨大な回数が行なわれている。もういちどそれらの結果を整理する必要があろう。

（2）土壌および施用有機物からの無機態窒素の放出パターン

①有機物⇒菌体⇒無機態窒素の流れ

　有機物を施用したとき，含まれる有機態窒素が無機化されるまでのようすを検討しよう。窒素の無機化には有機物のC/N比が重要である。

　図3－1の実験は，つくば（茨城県）の火山灰土壌（全炭素　4.0％）を用い，C/N比の異なる3種の有機物を施用した結果である。有機物は，米ヌカ（C/N比=10），稲ワラ＋米ヌカの混合物（C/N比=20），稲ワラ（C/N比=60）である。これら3種類の有機物を土壌に投入し，畑条件で培養して，無機態窒素の生成を経時的に測定した。対照区として有機物無添加を設けた。

　有機物は微生物による分解を受けるが，その中のエネルギー源と窒素を利用して微生物の菌体を形成する。窒素が不足した場合は，土壌中の無機態窒素を利用して微生物が増殖する「窒素飢餓」が起こる。微生物菌体の維持には，

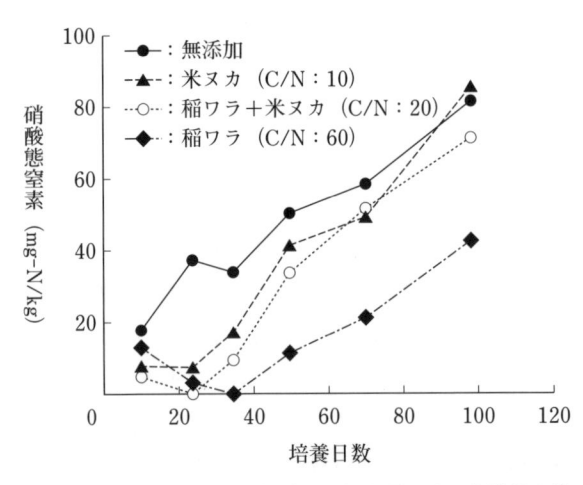

有機物炭素がエネルギー源となる。有機物炭素は消費されるにともなって炭酸ガス（CO_2）になって減少していくが、有機物（エネルギー源）がなくなると菌体自身が自己消化を起こし、最終的には無機態窒素へと変換され土壌へ放出される。

図3−1 稲ワラや米ヌカなどC/N比を異にする有機物を施用したときに生成する無機態窒素

したがって、C/N比が大きければ大きいほどエネルギー源が大きいので、一定の窒素源で増殖した微生物は維持（死滅と増殖が繰り返される）され、無機態窒素の土壌への放出は遅れ、「窒素飢餓」状態は長くなる。米ヌカ（C/N比10）＜稲ワラ＋米ヌカ＜稲ワラの順に「窒素飢餓」状態は長くなる。C/N比が60の稲ワラを施用したときには、30日以上も経過して、ようやく土壌から無機態窒素の放出が開始する。すなわち、窒素を含む有機物を土壌に添加した場合、土壌から生成する無機態窒素濃度は、同量の化学肥料（無機態窒素）で与えた場合とくらべて、（硝酸態窒素による溶脱を考慮しない場合）化学肥料での濃度を決して超えることはない。

図3−1では、米ヌカ添加区は、土壌からの無機態窒素（ここでは硝酸態窒素）を上回っているが、米ヌカは分解が早いので、土壌だけでなく米ヌカに含まれている窒素も放出したためである。

②微生物の菌体組成を受けつぐ可給態窒素

有機物の施用によって増殖した微生物菌体は最終的に分解されるが、比較的分解されにくい細胞壁などは、土壌に一時的に蓄積する。

丸本は（2008）、植物残渣（イタリアンライグラス）を土壌に施用して6カ

月間培養し，その土壌を加水分解してアミノ酸組成を調べた結果，それは土壌固有のアミノ酸組成に近づいているだけでなく，微生物細胞壁のアミノ酸組成にきわめて近似していたと報告している。

すなわち，植物残渣に含まれる有機態窒素は，無機態窒素へと移行する前に，微生物菌体の一部として土壌に蓄えられる。無機化される前段階の窒素は，いわゆる「可給態窒素」といわれるものであり，そのアミノ酸の組成には，D-型アミノ酸，とくにD-アラニンやD-グルタミン酸が特徴的に含まれていた。このD-型アミノ酸は，グラム陽性菌あるいはグラム陰性菌などの細菌細胞壁（図3－2）の構成物質であるペプチドグリカン（図3－3）に含まれている。これは，可給態窒素が微生物菌体の一部から構成されていることの重要な証拠の一つである。この件については，後でも詳細に述べる。

ミューラーら（Mullerら，1998）も丸本と同様な結果を報告している。有機物を施用すると微生物バイオマス（活きている微生物の存在量）は急速に増大するが，その後，バイオマスが減少する（すなわち，微生物が自己消化を起こす）過程では，微生物の死滅量に相当する量の無機態窒素が土壌へ放出されることを期待したが，放出は少なかった。

ということは，微生物バイオマスの減少にともなって，すなわち菌体の死滅によって，菌体が分解されてもすぐに無機化されることはなく，かなりの量の微生物菌体の残渣（比較的分解されにくい細胞壁物質）が土壌に貯留することになる。その後，この貯留物は土壌中のフェノール性物質と重合したり，金属

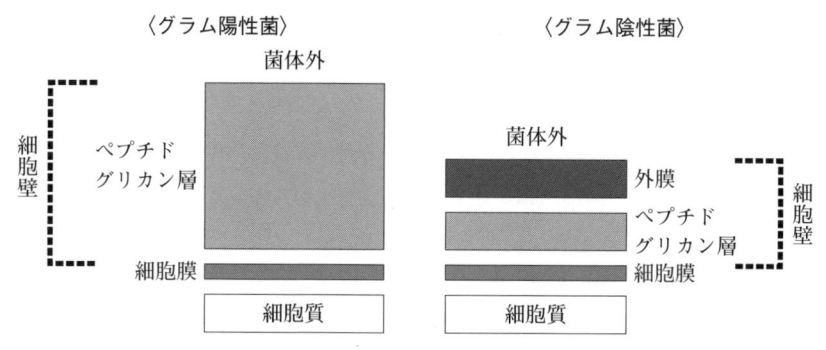

図3－2　細菌細胞の表層構造

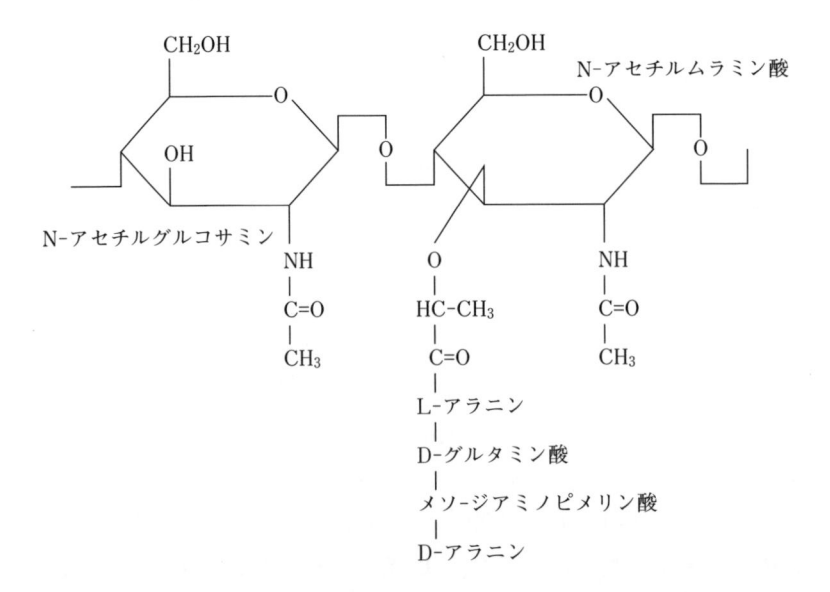

図3-3 ペプチドグリカンの繰り返し単位の構造とそこに含まれるD-型アミノ酸
注）D-型アミノ酸：D-グルタミン酸，D-アラニン

種（特にアルミニウム……第5章の腐植の形成について参照されたい）と反応して，より安定化した形態で貯留される。そして，一部は，ゆっくりと分解され，無機態窒素へと変換される。そのようすを図3-4に示す。

（3）土壌の可給態窒素＝PEON（ペオン）への注目

①土壌の可給態窒素＝地力窒素の実態

これまで施用された有機物の無機化について述べてきたが，有機物施用のない土壌からも窒素が供給される——いわゆる地力窒素について検討しよう。
つくば（茨城県）の畑土壌（黒ボク土），および明石（兵庫県）の水田土壌（灰色低地土）で行なわれている三要素連用試験について紹介しよう。つくば土壌は試験開始から23年間，明石土壌は35年間，コムギが栽培された。つくば土壌での無窒素区のコムギの収量は2,981 kg/haであるが，明石土壌の収量はつくば土壌の半分の1,134 kg/haであった。

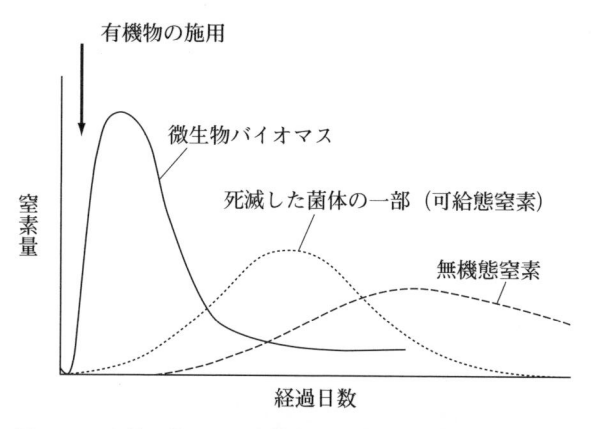

図3-4 土壌へ施用した有機物が、無機態窒素として発現するまで
（ミューラー〈Muller〉らによる実験をもとにした概念図）

　つくば（火山灰）土壌の腐植含量（T-C：46.3g-C/kg, T-N：3.5g-N/kg）は明石水田土壌（T-C：8.9g-C/kg, T-N：0.9g-N/kg）より高く、この腐植からコムギへ2.6倍もの収量に相当する多くの窒素を供給している（表3-1）。すなわち、腐植は土壌に固定されて静的に存在するのではなく、無機化と有機化がたえず起こっており、動的なものと考えられる。無窒素区では、リン酸が施用されていることによって、土壌の腐植の無機化が加速されていると考えられる（これについては後述）。

表3-1 長期連用試験における土壌からの窒素供給能
コムギの収量から「つくば」火山灰土壌は、明石土壌に比較して窒素供給能が高い

土壌（場所）	長期連用試験開始年―試験報告年〜継続	全炭素 (g-C/kg)	全窒素 (g-N/ka)	三要素（施用）(kg/ha)	窒素欠如*** (kg/ha)
つくば（茨城）*	1981―2004〜	49.1	3.66	4,665	2,981
明石（兵庫）**	1951―1986〜	9.3	1.00	5,400	1,134

注）1. ＊：タカハシとアンワール〈Takahashi and Anwar〉、2007から作成。コムギの収量は1981年から2004年までの平均値
　　2. ＊＊：小河ら（2004）から作成。コムギの収量は1951年から1986年までの平均値
　　3. ＊＊＊：リン酸、カリは施用

第3章　有機態窒素の吸収　101

その前に，土壌中の有機態窒素（あるいは腐植と置きかえてもよい）の実態はどういうものなのか？　森・松永（2009）の総説によると，高分解NMR測定（注1）の結果，土壌に存在する窒素（N）はほとんどがアミド（ペプチド）基に帰属することが明らかになった。また，このアミド態窒素は，おもにペプチド（タンパク様）由来と考えられた。このタンパク様物質は，たとえばフェノール性物質との重合や，土壌中のミネラルと錯体結合して高分子複合体を形成しており，微生物の攻撃に対して抵抗性を示す。しかしそのなかには，比較的重合度が低く分解されやすい形態のものもあり，それが可給態窒素として無機化され，作物に供給される。

　さらに付け加えると，無窒素区ではリン酸が施用されている。施用されたリン酸が腐植の高分子複合体（有機物）を形成しているアルミニウムと結合し，アルミニウムが排除される。アルミニウムが排除された腐植はバラバラになり，微生物の攻撃を受けやすくなり，分解され可給態窒素として作物に利用される。

　(注1) NMR測定：核磁気共鳴法。NMR測定によって，構成している原子の水素と炭素の構造情報を与えてくれるので，有機化合物の構造決定に利用されている測定方法。

②可給態窒素の本体はタンパク質？

　この比較的分解されやすい，可給態窒素を評価する方法として「培養法」がある。作物へ供給される窒素なので，少量の土壌を畑状態（土壌水分を最大容水量の50～60％），あるいは水田状態（湛水条件）で培養し，一定の日数（一般的には4週間）を経過した後，生成される無機態窒素量を測定する方法である。

　しかし，可給態窒素の評価は，畑や水田の作付け作業の前に行なわなければならないが，培養法には1カ月以上の時間が必要なので，迅速に対応ができない。そのため，培養法にかわって，作物へ供給できる窒素（すなわち可給態窒素）を土壌から化学的に抽出する方法が数多く提案されている。

　土壌の施肥管理履歴や土壌型にかかわらず，培養法によって得られた無機化

窒素量と，化学的に抽出された窒素量との間に高い相関を持つ操作性のよい方法が検討されてきた。例えば中性リン酸緩衝液，0.01M-塩化カルシウム，EUF (Electro Ultra Filtration)，希硫酸，オートクレーブなどによる抽出法がある。最近では80℃で16時間の水抽方法が提案されている。そのなかで，佐野ら（2006）は日本の農耕地147点の土壌を採取し，さまざまな抽出法を検討した。その結果，1/15 M-リン酸緩衝液による抽出法が，窒素の無機化を評価するのに適していると結論している。

　この1/15 M-リン酸緩衝液で抽出して可給態窒素を測定する方法は，樋口（1981）によって開発され，その後広く普及し，準公定法として位置づけられている。「可給態窒素の本体はタンパク質によるであろう」との考えから，生体のタンパク質の抽出に利用されるリン酸緩衝液が選ばれたと聞いている。この，リン酸緩衝液で抽出される可給態窒素の本体と考えられる有機態窒素をPEON（ペオン）（リン酸緩衝液で抽出される有機態窒素：Phosphate-buffer Extractable Organic Nitrogen）と呼んでいる（マツモトら〈Matsumoto et al.,〉2000）。

（4）要約＝有機物―微生物菌体―可給態窒素＝有機態窒素（PEON）―無機態窒素の関係

　要約すると，有機物の添加で増殖した微生物菌体は分解されるが，すぐには無機化されることはなく，一時的に土壌中のアルミニウムや鉄によって固定され貯留される。この物質こそが「可給態窒素」の本体で，リン酸緩衝液で抽出される。

　著者らの研究結果でも，リン酸緩衝液で抽出される窒素と，前述の培養法によって生成される窒素との間には高い相関が認められた（図3－5a）。さらに，リン酸緩衝液で抽出した溶液を，タンパク分析キット（ブラッドフォード法：Bradford法）を用いてγ-グロブリンを標準タンパクとして窒素量を測定した。このタンパク様窒素と培養法による窒素との間にも高い相関が認められた（図3－5b）。このことは，土壌の有機態窒素としての存在形態がアミド（ペプチド）基によること，言い換えればタンパク様物質であることを（森・

ⓐ 抽出窒素と培養窒素の関係

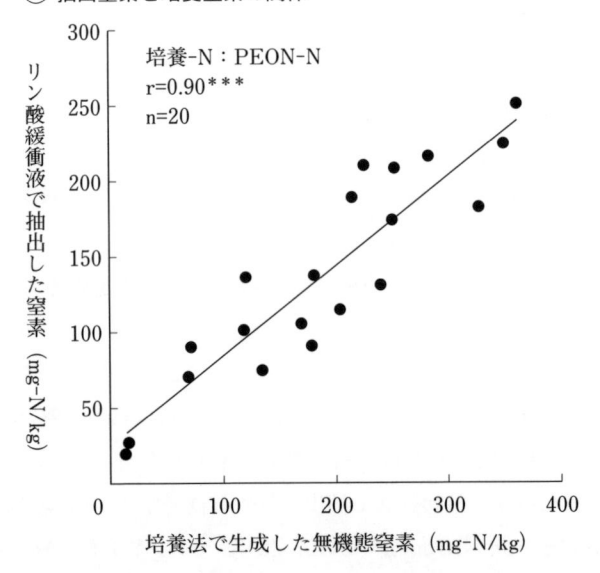

培養-N：PEON-N
r=0.90＊＊＊
n=20

ⓑ 抽出溶液のタンパク様窒素と培養窒素の関係

培養-N：タンパク様窒素
r=0.94＊＊＊
n=20

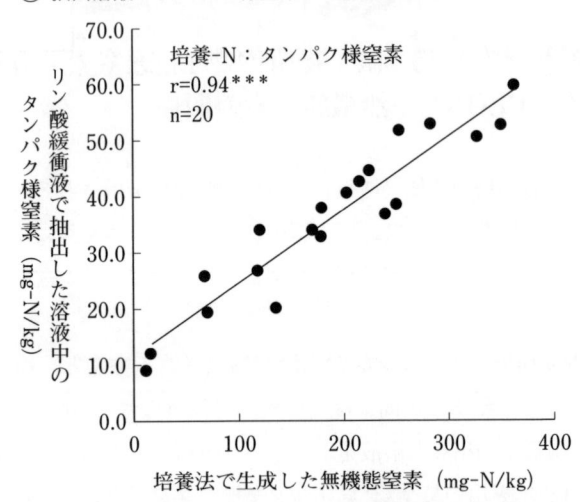

図3-5　培養法によって生成した無機態窒素量（可給態窒素）と1/15 M-リン酸緩衝液で抽出した溶液中の窒素量（PEON-N），タンパク様窒素量との関係

松永，2009）間接的に証明している。

　また，リン酸緩衝液で抽出される有機態窒素の中に，D-型アミノ酸を含んでいることからも，可給態窒素の本体が，微生物菌体に由来する物質であることを示唆している。

　施用された有機物，微生物菌体，無機態窒素と可給態窒素（PEON）との関係を図3-6に示した。

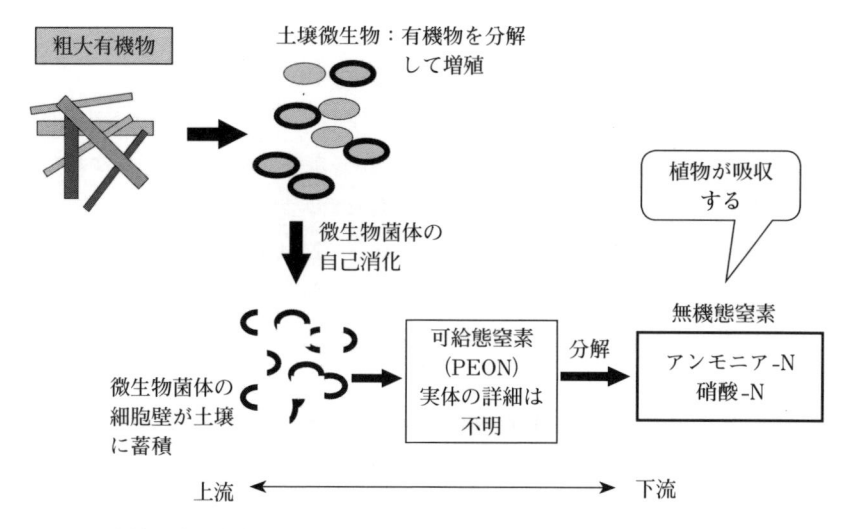

図3-6　有機物中の窒素が作物に利用できる無機態窒素へ交換するまで

2. 無機栄養説では説明できない窒素吸収の事例

（1）ローザムステッドでの堆肥施用試験

①テンサイ，ジャガイモは堆肥区で優位

　160年以上もの歴史があるローザムステッド（イギリスRothamsted）の農業研究所では，有機物（堆肥や緑肥）を利用した長期連用試験が行なわれている。1966年から1971年にかけて行なわれたテンサイ，オオムギ，ジャガイモ，冬コムギの試験報告（マッティングレーら〈Mattingly et al.,〉1973）を紹介しよう。

　堆肥施用区，堆肥無施用（化学肥料）区，緑肥施用区，ワラ施用区，ワラ無施用（堆肥無施用，化学肥料）区を設定して比較した。堆肥無施用区は堆肥区で施用した堆肥中に含まれるリン酸，カリウム，マグネシウムの相当量を，ワラ無施用区はワラに含まれるリン酸，カリウム，マグネシウム相当量を化学肥料で施用した。化学肥料の窒素で0から200 kg-N/haまで施用し，4作物の窒素吸収量が観察された（図3−7）。

　窒素が大量に施用されると作物は窒素過剰となり，窒素の施肥反応はなくなり各試験区の差は小さくなるはずである。オオムギと冬コムギでは，この現象が認められ，堆肥区と緑肥区のオオムギや冬コムギは，有機物（堆肥，ワラ）に含まれている養分（リン酸，カリウム，マグネシウム）相当量を化学肥料で施用した区（化学肥料区）とほぼ同程度の窒素吸収量であった。しかし，ジャガイモやテンサイの窒素吸収量は，堆肥区や緑肥区では化学肥料区よりも優っただけでなく，窒素の施用を増加させても，化学肥料区との差が縮まらなかった。

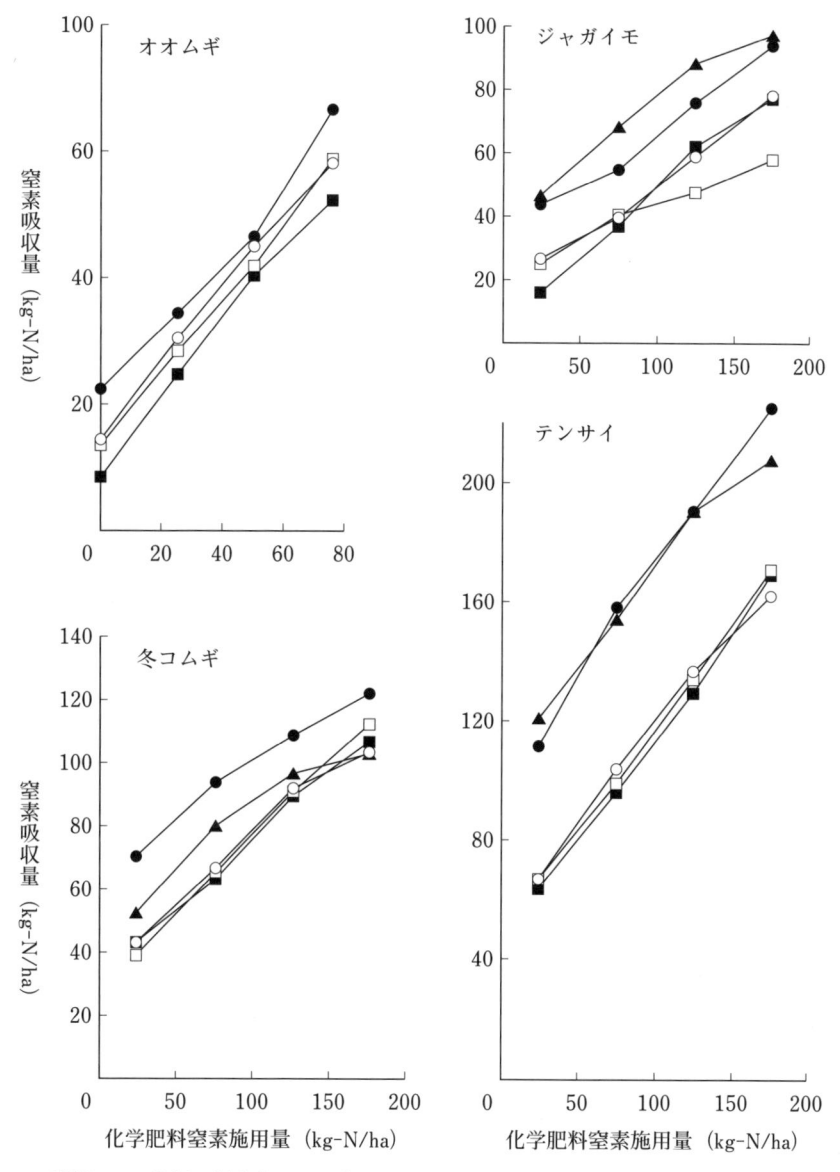

● : 堆肥　○ : 堆肥に相当するリン酸, カリウム, マグネシウムを化学肥料で施用
▲ : 緑肥　■ : ワラ　□ : ワラに含まれるリン酸, カリウム, マグネシウムを化学肥料で施用

図3-7　堆肥がオオムギ, 冬コムギ, ジャガイモ, テンサイの窒素吸収量に及ぼす効果
(Mattingly, 1973より作成)

第3章　有機態窒素の吸収　**107**

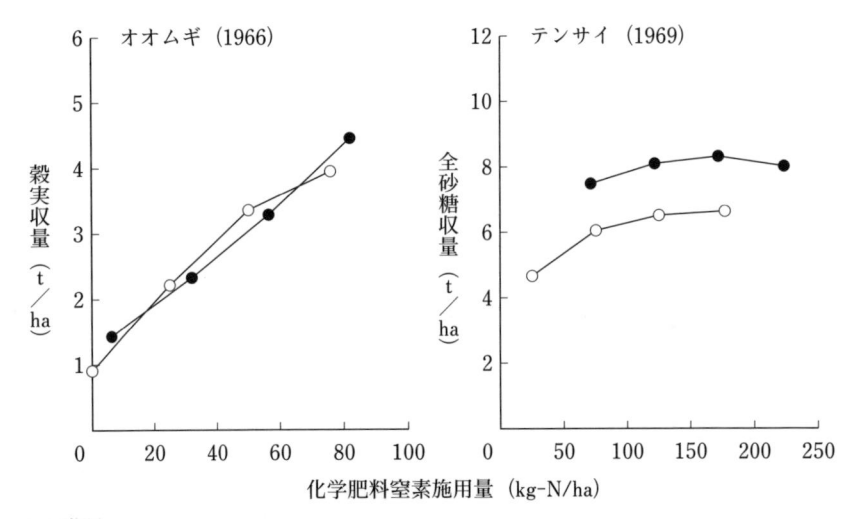

図3-8 堆肥のオオムギの穀実収量とテンサイの糖収量に及ぼす効果
(Mattingleyら，1973およびCooke，1977より作成)

●：堆肥
○：堆肥に相当するリン酸，カリ，マグネシウム（苦土）を化学肥料で施用

②化学肥料窒素と有機物窒素では吸収反応が異なる

　化学肥料区との差が大きかったテンサイと，差が認められなかったオオムギの収量については図3-8に示した。堆肥の施用で窒素吸収量が増えたテンサイでは，その砂糖収量も増加した。また，化学肥料窒素の施用量を増やしても，砂糖収量は増加しなかった。いっぽう，オオムギの穀実収量は，有機物施用の有無による差はほとんどなく，化学肥料窒素の増加とともに，同じように収量が増加した（マッテングレーら〈Mattingley et al.,〉1973；クック〈Cooke〉，1977）。

　堆肥施用で窒素吸収量と収量の増加が観察されたのはテンサイとジャガイモであり，いっぽう，堆肥に反応を示さなかったのは冬コムギとオオムギであった。

③作物で異なる有機物への反応

　有機物施用がテンサイの窒素吸収量と収量の増加に与えた影響について，

マッテングレーら（Mattingly et al.,）(1973) は「リービッヒの理論によれば，作物は主として有機物から放出された無機態窒素を体内に取り込むことになる。しかし，ジャガイモやテンサイはオオムギや冬コムギと異なり，有機物源からの窒素を効率的に吸収している」と記述している。

また，クック（Cooke, 1977）も「堆肥の施用でテンサイやジャガイモの窒素吸収が増え，さらに収量も増加した。この効果は，化学肥料の窒素ではできないが，有機物の施用に由来する窒素がもたらしたものである。この要因として，有機物による土壌物理性の改善効果も考えられるが，テンサイやジャガイモの栽培期間は長いので，有機物の施用で土壌物理性が改良された結果であるとは考えにくい」と述べている。

この事例は，作物種には，有機物に反応する作物（テンサイ・ジャガイモ）と反応しにくい作物（オオムギ・冬コムギ）が存在するということを意識した最初の文献と思われる。

（2）有機物の分解がおそいツンドラに育つスゲの窒素源

北極圏（とくにアラスカ）のツンドラでは，低温のため，土壌に蓄積した植物遺体の分解速度はおそく，有機物が蓄積傾向にある地域である。また，寒冷地のため，植生はきわめて貧困である。そのために，植物が吸収できる無機態窒素量は少ない窒素飢餓の条件にあるといえる。

そのツンドラ地帯ではスゲ（*Eriophorum vaginatum*）が旺盛な生育をしているが，スゲが生育するために利用できる窒素源が無機態窒素ではなく，有機態窒素（ここではアミノ酸）を吸収して生息しているという報告がある。これについて『ネイチャー（Nature）』掲載のチャピン（Chapin）ら（1993）の論文から紹介しよう。

① AM菌根菌による窒素の供給はない

ツンドラに生息するスゲは，アブラナ科植物と同様に菌根菌が着生できない植物種である。

菌根菌の働きについては，「第2章　リン酸の吸収」のAM菌根菌のところ

で論じたが，すでに土壌中で溶解している水やリン酸あるいは有機態窒素を吸収し，これを宿主である植物に送り生育を促進させている。菌根菌の菌糸が土壌中に存在する遊離のタンパク質を分解して，アミノ酸の形で吸収し，これを宿主の植物へ送っていることが，δ^{15}N（注2）の測定から明らかになっている。

(注2)　δ^{15}N：自然界に存在する窒素の同位体である^{15}Nの濃度のこと。一般に自然界の無機態窒素のδ^{15}Nは有機態窒素よりも低く，植物が吸収したδ^{15}Nを測定することによって，無機態窒素からきたのか，土壌中の有機物からきたのかが推定できる。とくに空気中の窒素のδ^{15}Nは安定しており，窒素固定の評価によく利用されている。

　ツンドラ土壌では，低温でリター（植物遺体などの有機物）の分解がおそいことによって，未分解有機物からの有機酸の生成があり，そのため土壌の酸性が強い。酸性条件では，窒素の無機化は抑制される傾向にあり，ツンドラ土壌の窒素の形態は，最終産物である無機態窒素量よりもアミノ酸量が多いといわれている。そのため，無機態窒素量は0.5～1.1 mg-N/kgであるが，アミノ酸態窒素は2～8 mg-N/kgの範囲にある。
　スゲにはAM菌根菌が着生しないので，窒素の給源として，微生物を通した有機態窒素の吸収という要因は排除できる。そのため，チャピン（Chapin）ら（1993）は，スゲがこの土壌に比較的に多く存在するアミノ酸を効率的に利用していると予測した。

②アミノ酸態での窒素吸収を好むスゲ

　スゲの対照植物として，北方温帯植物に属するオオムギ（*Hordeum vulgare* L., Stepto）を選び，アミノ酸や無機態窒素の吸収量を水耕栽培で検討した。抗生物質で細菌の増殖を抑制した条件で，ホークランド（Hoagland）培養液を用い，無機態窒素としてアンモニア態窒素区と硝酸態窒素区，アミノ酸態窒素としてツンドラの土壌に比較的多く含まれているグリシン，グルタミン酸，アスパラギン酸，アラニン，アルギニンをそれぞれ同量（モル）含んだ区，対照として無窒素区の合計4区を設け，24日間培養した。

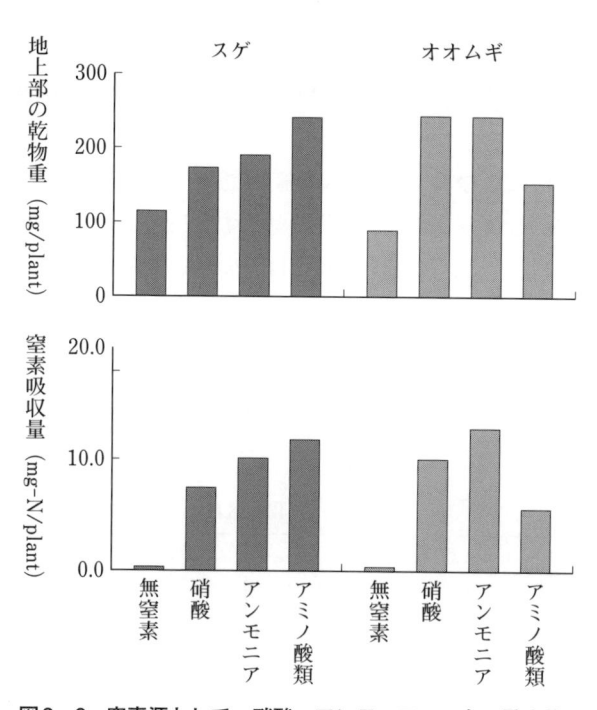

図3-9 窒素源として，硝酸，アンモニア，アミノ酸を施用したスゲおよびオオムギの生育

注）スゲは24日，オオムギは11日間水耕で栽培した
（チャピン〈Chapin〉ら，1993より作成）

　その結果は，図3-9に示すように，スゲの窒素吸収，地上部の乾物重は，硝酸態窒素やアンモニア態窒素区よりもアミノ酸区で大きかった。それに対してオオムギは，アンモニア態窒素や硝酸態窒素の無機態窒素区のほうがアミノ酸区よりも大きかった。スゲは，ツンドラ土壌中に無機態窒素より多く存在するアミノ酸態窒素をより好んで吸収し，この性質がツンドラでスゲが生存できる戦略であると理解できる。しかし，この実験では，アミノ酸以外の窒素養分がどうなっているかについての言及はない。植物もアミノ酸を吸収できるという，これまで常識を武器にしての報告であった。

（3）有機態窒素吸収を予測させる日本での試験例

①ナタネ油粕のホウレンソウへの施用効果

つぎに，無機態窒素を主たる窒素供給源とすると，とうてい説明できない試験結果を報告しよう。以下の紹介するのは，島根県農業試験場で厳密に行なわれたホウレンソウの圃場試験である。

有機態の窒素源としてナタネ油粕を材料に，化学肥料との比較試験で，試験

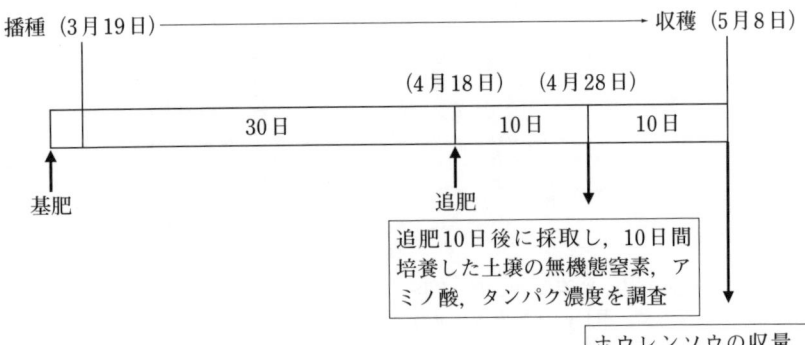

図3-10 ナタネ油粕を窒素源にしたホウレンソウ栽培試験の概要

表3-2 化学肥料，有機質肥料（ナタネ油粕）を施用したホウレンソウの収量と土壌

実験区	乾物重 (g/株)	窒素吸収量 (mg-N/株)	体内硝酸濃度 (g-NO$_3$/kg)
①化学肥料の標準施用区 （220kg-N/ha，硫安で施用）	3.99	238	35
②化学肥料20％減肥区 （180kg-N/ha，硫安で施用）	3.74	184	22
③有機質肥料，ナタネ油粕区 （220kg-N/ha，ナタネ油粕で施用）	4.28	250	21

注）＊追肥10日後に採取し10日間培養した土壌のデータ

区は以下の通りである。
　①標準施用区：化学肥料窒素（硫安）で基肥140kg-N/ha，追肥で80kg-N/haを施用（合計　220kg-N/ha）
　②20％減肥区：化学肥料窒素（硫安）を基肥と追肥とも20％削減（基肥112kg-N/ha，追肥窒素64kg-N/ha，合計176kg-N/ha）
　③ナタネ油粕区：ナタネ油粕中に含まれる窒素量を化学肥料と同量施用（基肥140kg-N/ha，追肥80kg-N/ha，合計220kg-N/ha）

　播種後30日（1994年3月19日に播種）に追肥し，播種後50日で収穫した。追肥10日後，すなわち播種後40日に土壌を採取し，今後の無機化する窒素を予測するため，10日間畑条件で培養し，アミノ酸態窒素やタンパク質窒素量を測定した。試験の概要を図3－10，結果を表3－2に示した。

　化学肥料を20％削減した区の乾物重が，化学肥料標準施用区よりも6.3％減少し，窒素吸収量も23％減少した。また，体内の硝酸濃度も37％減少した。すなわち，化学肥料減肥区のホウレンソウの生育は，土壌中の無機態窒素量の減少に対応して低下した。

　また，播種後40日目の土壌の無機態窒素濃度は，化学肥料標準施用区が最も高く（206mg-N/kg），次いで20％減肥区（169mg-N/kg）であり，最も少ないのはナタネ油粕区（166mg-N/kg）であった。無機態窒素のうちの硝酸態窒素濃度も同じ傾向を示し，標準区（177mg-N/kg）＞20％減肥区（139mg-N/kg）＞ナタネ油粕区（117mg-N/kg）となった。

　収穫したホウレンソウの体内硝酸濃度も，各試験区の土壌の硝酸態窒素濃度を反映しており，ナタネ油粕区の硝酸濃度が最も低かった。

中の無機態窒素濃度

土壌中の無機態窒素* (mg-N/kg)	そのうち硝酸態* (mg-N/kg)
206	177
169	139
166	117

②無機態窒素が少ない土壌で窒素吸収量が多い？

　ホウレンソウの乾物生産量は，ナタネ油粕区（4.28g/株）が，化学肥料標準施用区（3.99g/株）を上回ったが，それだけでなく窒

素吸収量も若干であるが，ナタネ油粕区（250 mg-N/株）が化学肥料標準施用区（238 mg-N/株）よりも多かった。化学肥料20％減肥区の乾物重および窒素吸収量（184 mg-N/株）は，標準区よりも少なかった。

収穫したホウレンソウの体内硝酸濃度は，化学肥料標準区（35 g-NO₃/kg）が高く，20％減肥区（22 g-NO₃/kg）とナタネ油粕区（21 g-NO₃/kg）が低かった。この傾向は土壌中の無機態窒素濃度を反映している。

ところが注目すべきは，3実験区のホウレンソウ体内の硝酸濃度は土壌中の無機態窒素濃度を反映しているにもかかわらず，ホウレンソウの窒素吸収量は，ナタネ油粕区が最も高くなっていることである。これは，ホウレンソウが無機態窒素を主に吸収すると考えると矛盾する現象である。ナタネ油粕区のホウレンソウは，無機態窒素以外の窒素（有機態窒素）を吸収利用していると考えざるを得ない。

③アミノ酸の有機態窒素量では少なすぎる

スゲのところで述べたが，土壌中の窒素の形態として無機態窒素を除いて考えられるのは，アミノ酸とタンパク質であろう。表3－2の試験区で，追肥直後と追肥10日後の土壌を採取し，10日間20℃で培養して無機態窒素，アミノ酸，タンパク質を抽出した結果を表3－3に示した。培養土壌中のアミノ酸の抽出には1/10 M-硫酸を用い，ロイシンに換算して，またタンパク質には樋口（1981）が開発した1/15 M-リン酸緩衝液を使い，卵白アルブミンに換算してタンパク量を算出した。

表3－3 化学肥料，有機質肥料（ナタネ油粕）施用土壌の無機態窒素，アミノ酸，タ

試験区	追肥直後の土壌を10日間培養		
	無機態窒素 (mg-N/kg)	アミノ酸* (mg/kg)	タンパク質** (mg/kg)
①化学肥料の標準施用区	257	13	184
②化学肥料20％減肥区	187	10	176
③有機質肥料，菜種油粕区	151	20	292

注）1. ＊：1/10 M-硫酸で抽出した。アミノ酸はロイシン換算で算出した
　　2. ＊＊：1/15 M-リン酸緩衝液で抽出した。タンパク質は卵白アルブミンに換算

追肥10日後の土壌のアミノ酸量をみると、ナタネ油粕区は17.0 mg/kgと、化学肥料標準施用区6.6 mg/kg、20％減肥区5.9 mg/kgよりも多い。しかし、アミノ酸中の窒素量を換算すると1.0～3.0 mg-N/kgであり、各試験区の土壌に含まれる無機態窒素量（165～206 mg-N/kg）より、はるかに少なく、1/200の量にすぎない。土壌中の無機態窒素量から予想される吸収量よりも、多い窒素吸収があったナタネ油粕区のホウレンソウが、無機態窒素量の1/200と非常に少ないアミノ酸中の窒素を吸収しているとは考えられない。

④タンパク質からの有機態窒素吸収の可能性

そこで、無機態窒素量と同程度に窒素の供給が可能と考えられるのは、タンパク質態窒素であろう。ナタネ油粕区のタンパク質量は239 mg/kgであり、一般的なタンパク質中の窒素含量が16％であることを考慮すると、窒素量は38 mg-N/kgとなる。この窒素量は、アンモニア態窒素の存在量（たとえば表3－1から考えると、化学肥料区や20％減肥区のアンモニア態窒素量は29～30 mg-N/kgとなる）と同程度であり、窒素吸収量の差異からすれば無視できない量であると考えられる。

つまり、ナタネ油粕を施用したホウレンソウの吸収窒素源は、増加したタンパク質（リン酸緩衝液で抽出された）に由来する可能性が示唆される。

⑤キャベツ、コマツナの豚糞やボカシ肥への反応

静岡県で行なわれたキャベツの例を示そう。豚糞を20 t/ha（窒素換算で340 kg-N/ha）施用した区と、ほぼ同じ量の窒素（300 kg-N/ha）を化学肥料で施用した区で、キャベツの栽培期間中の土壌の無機態窒素量（硝酸態窒素量）が調査されている（表3－4）。

播種後10日には、豚糞施用区では、含まれている無機態のアンモニア態窒素が硝酸態窒素に変化し46 mg-N/kg

ンパク質量

追肥10日後の土壌を10日間培養		
無機態窒素 (mg-N/kg)	アミノ酸* (mg/kg)	タンパク質** (mg/kg)
206	6.6	158
168	5.9	149
165	17.0	239

して算出した

表3－4　施肥窒素の有機・無機の違いが土壌中の硝酸態窒素，キャベツの収量と窒素

試験区	収量 (t/ha)	窒素吸収量 (kg-N/ha)	利用率 (％)
豚糞区*	26	172	24.0
化学肥料区**	25	177	28.0
無窒素区	13	92	—

注）1．＊：豚ぷんを20t/ha施用した。窒素換算では340kg-N/ha
　　2．＊＊：化学肥料窒素を300kg-N/1haを施用

と高まったが，その後は，豚糞が含む敷料などの有機物はC/N比が高いため無機化がおくれ，播種後31日から126日までの土壌中の硝酸態窒素は，化学肥料区（20～54mg-N/kg）よりも少なく4～20mg-N/kgで経過した。

　無機態窒素が作物の主な窒素源と考えると，硝酸態窒素量が少ない豚糞区のキャベツの生育や窒素吸収量は，化学肥料区よりも劣ると予想される。しかし，豚糞区の収量や窒素吸収量は，化学肥料区とほぼ同じであった。

　和歌山県で行なわれたコマツナの試験も紹介しよう（表3－5）。有機態窒素区は，家畜糞尿でつくったボカシ肥区とナタネ油粕からつくったボカシ肥区，化学肥料区は硝酸アンモニウムを施用（200kg-N/ha）し，対照として無窒素区が設けられた。この3区にコマツナが栽培され，コマツナの新鮮重，窒素吸収量とともに栽培期間中の土壌溶液が採取され，生育期間中の無機態窒素量が観察された。土壌溶液の無機態窒素とは，おもに硝酸態窒素である。

　無窒素区では，土壌溶液中の無機態窒素は低く推移し，コマツナの収量（新鮮重）は6.5g/株，窒素吸収量も13.8mg/株と少なかった。硝酸アンモニウムを施用した区では，16.6g/株のコマツナが得られた。また，ボカシ肥，特に家

表3－5　施肥窒素の有機・無機の違いが土壌溶液中の無機態窒素，コマツナの窒素吸収量に及ぼす影響　（和歌山農試より作成）

試験区*	新鮮重 (g/株)	窒素吸収量 (mg-N/株)	土壌溶液中の無機態窒素 (mg-N/L)			
			6月19日	6月30日	7月8日	7月15日
家畜糞尿ボカシ区	17.5	37.1	15.1	16.5	17.0	6.3
硝酸アンモニウム区	16.6	37.6	42.3	81.2	42.6	20.7
無窒素区	6.5	13.8	20.2	14.6	2.4	0.7

注）＊：播種は6月24日，収穫は7月15日，施肥量は200kg-N/haである

吸収量に及ぼす影響（静岡農試の報告より）

播種後各日数の土壌中の硝酸態窒素 (mg-N/kg)				
10日	31日	52日	62日	126日
46	20	6	8	4
36	36	25	20	54
8	5	4	4	3

畜糞尿ボカシ肥区では，土壌溶液中の無機態窒素が硝酸アンモニウム区の半分以下と少なく経過したにもかかわらず，硝酸アンモニウム区とほぼ同等の生育と窒素吸収量であった。この試験例からも，コマツナは無機態窒素以外の窒素源からも窒素を吸収・利用していると考えることができる。

（4）有機物施用に反応する作物と反応しない作物

①有機物施用への反応が作物で異なる

ローザムステッドで行なわれた有機物の長期連用試験では，テンサイやジャガイモが有機態窒素に反応して窒素吸収が増加した。日本の各県で行なわれた試験では，キャベツやコマツナが有機物施用に反応していた。すなわち，有機物を施用すると，化学肥料の施用に比べて，生育期間中の無機態窒素量は低く推移するが，そういう条件下でも生育や窒素吸収量が低下しない作物が存在することが明らかになった。

同時に，有機物施用への反応が作物によって異なることも示唆された。

②ニンジン，チンゲンサイ，ホウレンソウなどが有機物に反応

これまでのデータから，有機物施用に対する反応があると思われる作物として，ニンジン，チンゲンサイ，ホウレンソウを，いっぽう有機物施用への反応が不明な作物としてピーマン，リーフレタスを選定した。この5作物を用いて，有機物施用の効果を確認するとともに，土壌中の窒素の挙動を追跡した。

試験には物理性に優れた火山灰土壌（黒ボク土）を用い，これにバーミキュ

表3−6 硫安，ナタネ油粕施用での栽培期間中の無機態窒素，アミノ酸，タンパク様窒素の濃度変化

施用窒素	無機態窒素 (mg-N/kg)	アミノ酸態窒素 (mg-N/kg)	タンパク様窒素 (mg-N/kg)
化学肥料（硫安）区	90.5〜133.0	0.3〜0.4	18.9〜31.0
ナタネ油粕区	41.0〜82.5	0.4〜0.6	34.6〜55.9
無窒素区	27.5〜50.0	0.1〜0.2	18.7〜34.7

注）図3−11の5作物の比較試験のポット培地の測定値

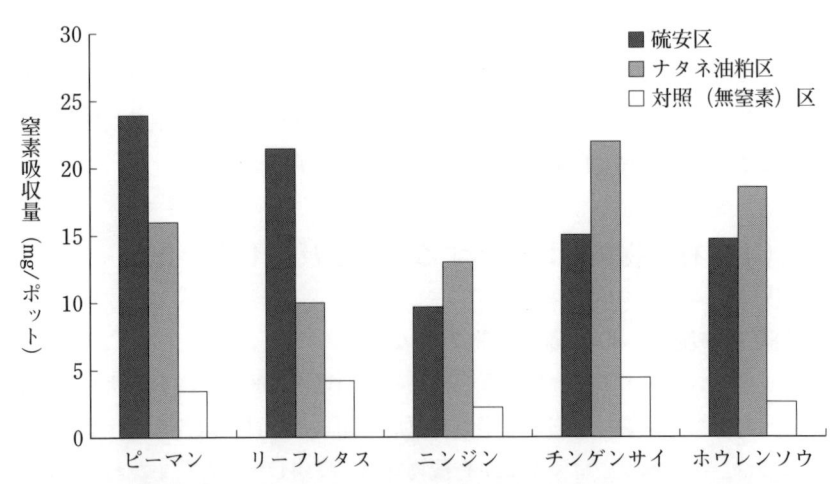

図3−11 有機態窒素として施用したナタネ油粕が野菜の窒素吸収量に及ぼす影響—野菜の種類による違い
注）硫安区：100mg-N/kg，ナタネ油粕区：同量の窒素量をナタネ油粕で施用

ライトを添加して，土壌の有機物量をできるだけ少なくした培地を用いた。有機態窒素としてナタネ油粕，無機態窒素として硫安を用い，化学肥料区（無機態窒素施用区）は，硫安を100 mg-N/kgの割合でポットに施用した。有機物施用区は，同量の窒素をナタネ油粕として施用した。対照区は窒素無施用である。

ナタネ油粕の腐熟を促進するために，あらかじめポットで2週間培養した後，上記の5作物の幼植物を移植した。移植後，窒素以外の養分は水耕液で加え，28日間栽培した。栽培期間中の培地の無機態窒素，アミノ酸態窒素，タ

ンパク様窒素（リン酸緩衝液で抽出）の推移を知るため，無栽植ポットを用意して，栽培期間中に同じように水耕液の灌水を行ない管理した。

栽培期間中の各形態の窒素濃度を，表3-6に栽培期間中の最大値と最小値で示した。無機態濃度が最も高く推移したのは硫安区である。ナタネ油粕区の無機態窒素は徐々に増加していったが，硫安区のレベルには至らなかった。また，無窒素区の無機態窒素濃度は最も少なく経過した。したがって，無機態窒素をおもな窒素栄養源とすると，供試5作物の窒素吸収量は，硫安区＞ナタネ油粕区＞無窒素区になると予想される。

つぎに，移植28日後の供試作物の窒素吸収量（乾物重にも対応している）を図3-11に示した。ピーマンとリーフレタスは予想通り，生育期間中の無機態窒素濃度に対応していた。しかし，ニンジン，チンゲンサイ，ホウレンソウはナタネ油粕区で最も窒素吸収量が多く，生育も旺盛であった。つぎが硫安区で，対照区（無窒素）が最も劣った。

これらの5作物のポット試験から，植物には有機物に対して反応する種類としない種類とがあることが確認できた。

（5）植物への窒素の供給源となるPEON

①アミノ酸吸収だけでは説明がつかない

有機物施用でチンゲンサイの窒素吸収が促進した要因について検討しよう。もう一度，表3-6に戻ると，栽培期間中の土壌中のアミノ酸は，ナタネ油粕区が硫安区を30～50％上回っている。アミノ酸といえば，前述のように北極域のツンドラで生育するスゲは，無機態窒素よりもアミノ酸を好んで吸収・利用している。植物がアミノ酸を吸収・利用することは，過去の多くの人々の実験によって明らかにされている。問題はアミノ酸が植物に吸収されるかどうかではなく，土壌がどれくらいの量の遊離アミノ酸を植物に供給することができるかどうかということにある。

表3-6の実験で，アミノ酸の窒素量は0.1～0.6mg-N/kgであり，無機態窒素（27～133mg-N/kg）の1/100以下にすぎない。それに対して，図3-11のように，チンゲンサイでは，ナタネ油粕区は硫安区より47％も窒素吸収

第3章 有機態窒素の吸収 119

量が増加しているのである。ナタネ油粕区でもアミノ酸態窒素は0.6mg-N/kgと，無機態窒素量の1/100程度しかない。この程度の量のアミノ酸態窒素が吸収されただけで，チンゲンサイの窒素吸収量の増加に寄与したとは考えにくい（表3－6参照）。

　土壌中のアミノ酸態窒素量は非常に少ないにもかかわらず，多くの研究者が植物による有機態窒素吸収の窒素源としてアミノ酸説を支持している。しかし，アミノ酸は可給態窒素（有機態窒素）が分解し，アンモニア態窒素や硝酸態窒素へ変化する途中で検出される中間産物である。また，アミノ酸は，土壌微生物によって急速に取り込まれてしまう。表3－6に示したように，量的に少ない中間産物を吸収し，有機物施用区の窒素吸収量や収量増加をもたらすと考えるのには無理がある。

　なお，植物がアミノ酸を吸収できるということはこれまでに知られた事実であり，スゲのアミノ酸吸収についてのチャピン（Chapin）ら（1993）の研究は，これに依拠している。同じ現象を亜硝酸の例で考えてみよう。硝酸化成（アンモニア態窒素→〈亜硝酸態窒素〉→硝酸態窒素）の過程で，ごく少量の亜硝酸が土壌に存在し，酸性条件では，ときに少量であるが亜硝酸が検出される。「アミノ酸の吸収」を主張することは，畑作物は硝酸態窒素ではなく，反応途中の少量検出される亜硝酸態窒素を吸収していると主張することと同じことではないだろうか（幸い，亜硝酸は毒性が強いため，そういう論議は成り立たないが……）。

　したがって，まず，土壌中の現存量の多さから，窒素の供給源を考えるべきであろう。

②タンパク様窒素＝PEONの存在

　表3－6には，栽培期間中のタンパク様窒素も測定されている。ここでいうタンパク様窒素は，1/15M-リン酸緩衝液で抽出される有機態窒素である。この抽出液に含まれる物質は，紫外部（UV）の波長280nmに吸光能をもち，タンパク質の定量にも用いられるブラッドフォード法（Bradford法）にも反応する。このタンパク様窒素はナタネ油粕の施用で顕著な増加が認められ，無機態窒素の50％から80％にもなり，量的にはかなり多い。チンゲンサイ，ニ

ンジン，ホウレンソウが，有機物施用によって生育（窒素吸収）が旺盛になった理由の一つに，このタンパク様窒素を直接的あるいは間接的に吸収・利用していると考えられる。

なお，この有機態窒素は，1節103ページで述べたように，1/15 M-リン酸緩衝液（pH 7.0）で抽出されることから，PEON（ペオン）と呼ぶ。つぎに，このPEONの性質を検討しよう。

3. PEON（ペオン）＝有機態窒素＝可給態窒素の特性

（1）PEONの分子量特性
──クロマトグラフィーによる分析結果

PEONの性質を知るために，火山灰黒ボク土（畑），灰色低地土（水田），グライ土（水田）および赤黄色土（畑）の4土壌を用いて，リン酸緩衝液で抽出した溶液を2種の高速液体クロマトグラフィー（HPLC）で分析した。すなわち，分子篩（HP-SEC），およびイオン交換カラムを用いて，紫外部の280 nmで吸光度を検出した。その結果を図3－12に示した。

分子篩クロマトグラフィーでは，保持時間8.4分に単一のピークが検出されたのみであり，イオン交換クロマトグラフィーでも保持時間2.8分に単一のピークが認められたのみであった。

さらに図3－13（b）では，25種類の土壌（日本の畑地，水田土壌，ブラジルのカンポグランデの草地土壌，ニジェールのニアメ付近の耕地土壌など）をリン酸緩衝液で抽出し，分子篩高速液体クロマトグラフィー（280 nmで検出）で分析したところ，ここでも単一のピークのみが確認された。ピークの保持時間と分子量の基準物質から推定したところ，平均分子量は約8,000 Daであった。

ただし，このリン酸緩衝液で抽出した溶液では，280 nmの紫外吸光度検出

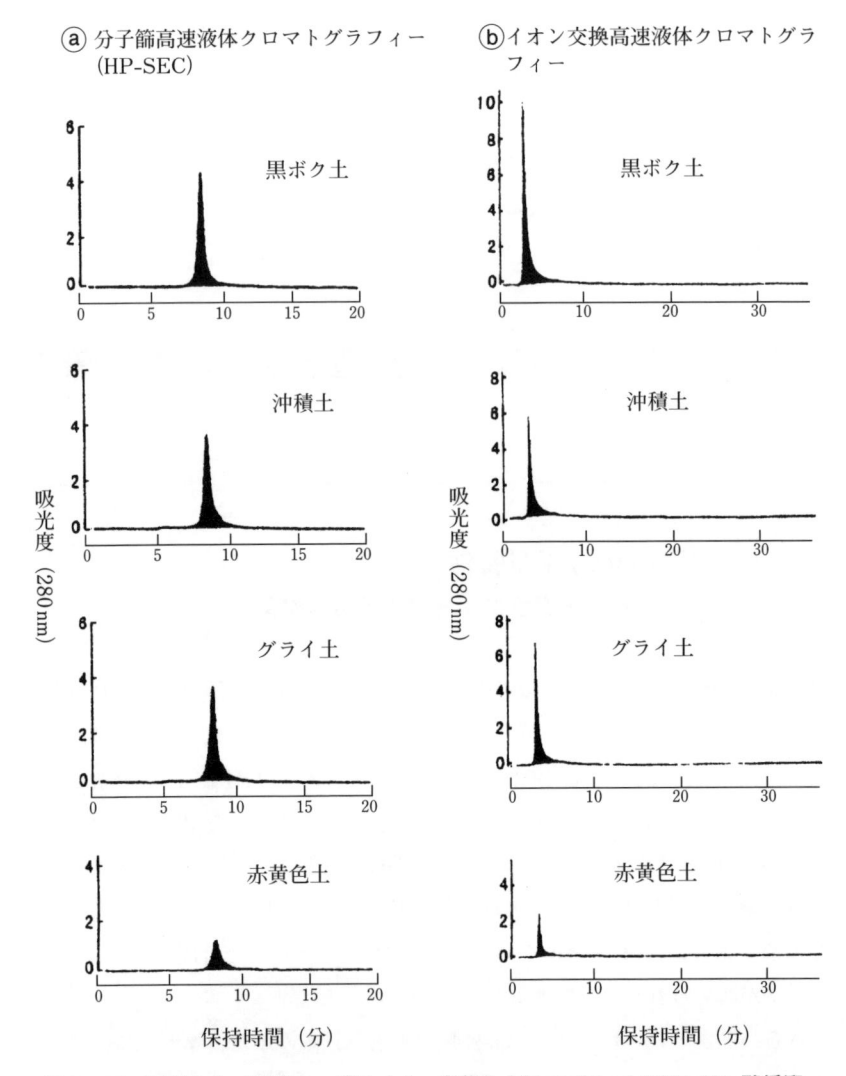

図3-12 黒ボク土・沖積土・グライ土・赤黄色土について，1/15M-リン酸緩衝液で抽出した溶液の高速液体クロマトグラフィー（HPLC）による分析結果（検出は紫外線，280nm）

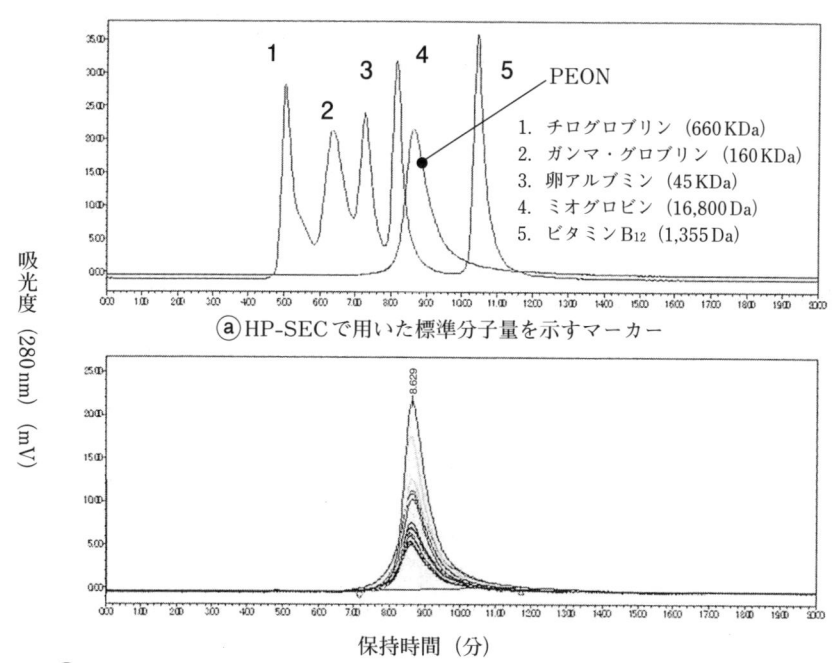

ⓐ HP-SECで用いた標準分子量を示すマーカー

1. チログロブリン（660 KDa）
2. ガンマ・グロブリン（160 KDa）
3. 卵アルブミン（45 KDa）
4. ミオグロビン（16,800 Da）
5. ビタミンB_{12}（1,355 Da）

吸光度（280 nm）（mV）
保持時間（分）

ⓑ 25種類の土壌のリン酸緩衝液で抽出した溶液の（HP-SEC）による分析結果

図3−13　25種類の土壌のリン酸緩衝液抽出物の分子篩高速液体クロマトグラフィー（HP-SEC）による分析結果
25種の土壌には，ブラジル，ニジェールなど外国の土壌も含まれている

器（UV検出器）で検出した一つのピークだけであり，溶液中に含まれている窒素の本体がこのピークであるかどうかは疑わしい。リン酸緩衝液で抽出した溶液には，PEON以外に紫外線吸収をしない有機態窒素を含む可能性もある。

そこで，窒素肥沃度が異なると思われる，施肥来歴の異なる21種類の土壌を用意し，リン酸緩衝液で抽出された溶液の280 nmでの分子篩高速液体クロマトグラフィーによる単一ピークの，ピーク面積と抽出液中の全窒素量との間の関係を求めた。その結果，図3−14に示すように，正の高い相関（r=0.95＊＊＊，n=21）が認められた。これは，リン酸緩衝液で抽出された紫外線吸収のピークを示す物質が，溶液中の窒素の大部分であることを示している。

したがって，リン酸緩衝液抽出液に含まれる窒素量を直接測定するのではな

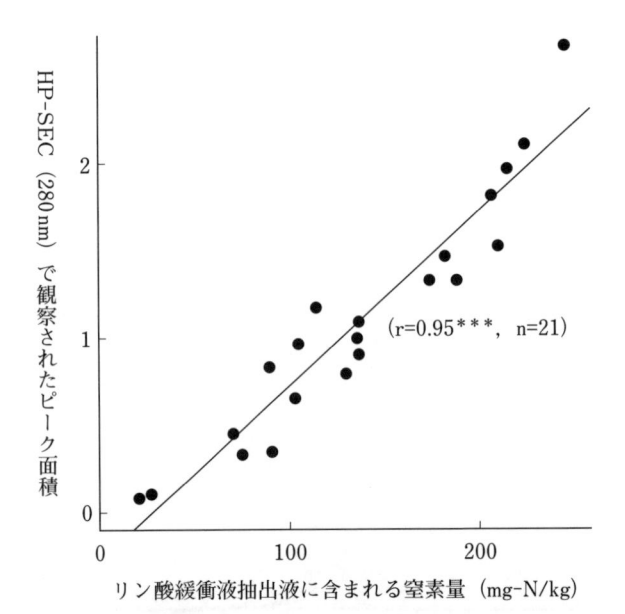

図3-14 21種類の土壌のリン酸緩衝液で抽出した溶液の分子篩高速液体クロマトグラフィー（HP-SEC）で検出されたピーク面積と抽出液中の窒素量との相関

く，分子篩高速液体クロマトグラフィーの280nmでのピーク面積や吸光度から，窒素量を把握することができることを示している。農業現場での土壌の窒素供給量について，紫外線吸収値を用いて簡易検定が行なうことができるが，これはその根拠である。

（2）PEONの生成──どんな有機物も土中でPEONに変換

　分子量として約8,000Daを示すPEONが，どのように添加有機物から生成されるのかを知るために，有機物として，①グルコースに硫安を加えたもの，②稲ワラと米ヌカの混合物，③卵白アルブミンの3種類の窒素源を培地（少量の土壌に砂やバーミキュライトを混ぜたもの）に添加し，畑条件で培養した。

①グルコース＋硫安　②稲ワラと米ヌカ混合　③卵白アルブミン

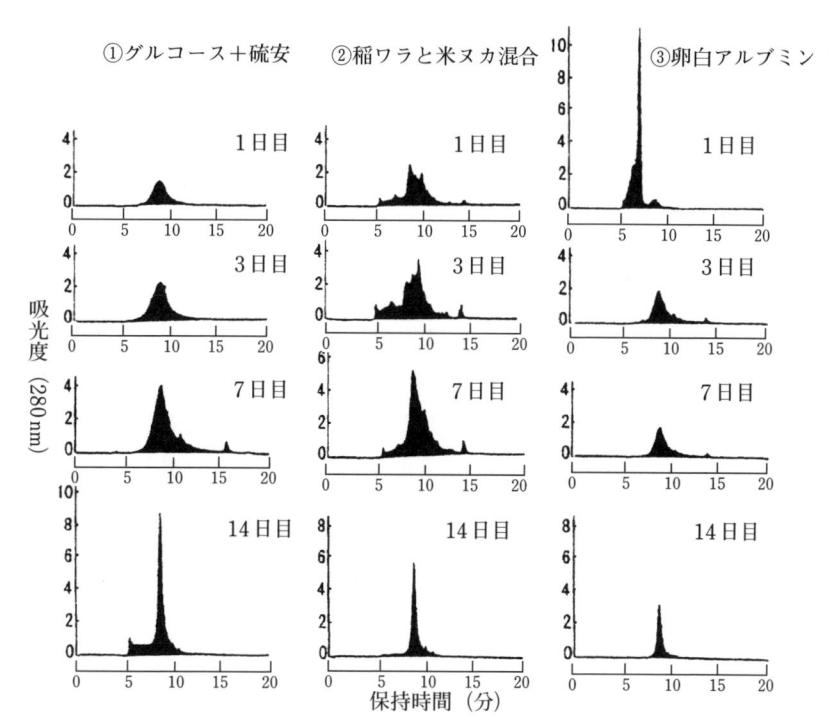

図3-15　異なる有機物を施用した土壌のリン酸緩衝液抽出液の分子篩高速液体クロマトグラフィー（HP-SEC）のクロマトグラム

　培養開始から1，5，7，14日目に土壌を取り出し，リン酸緩衝液抽出物を分子篩高速液体クロマトグラフィーで分析した結果を図3-15に示した。
　①グルコース＋硫安区は，培養後1日目から，8.4分にやや幅広いピークを検出したが，培養の進行にともなって鋭く高いピークになった。
　②稲ワラと米ヌカ混合区は，培養1日目には，5.3〜14.2分までの保持時間に複数のピークを検出したが，培養の進行にともない8.4分にある主要なピークに収れんした。
　③卵白アルブミン区も同様に，1日目には6.9分にアルブミン特有の高分子（約45,000 Daで，そのほかに複数のタンパク質を含む）に由来するピークが検出されたが，培養14日目には8.4分に鋭い単一のピークへと変化した。
　三つの有機物のいずれも，培養14日目のピークは，これまで観察した土

壌のPEONピークと同じ保持時間であり、有機物を添加して2週間目にはPEONが生成していることがわかる。この結果は、どのような種類の有機物が投入されても、土壌では、分子量的に約8,000Daの均質なタンパク様窒素化合物（PEON）へと変換されることを示している。

（3）PEON生成を支配する微生物

①土壌細菌がなければPEONは生成しない

有機物として、稲ワラと米ヌカの混合物を培地（少量の土壌に砂やバーミキュライトを混ぜたもの）に、2種類の抗生物質を別々に添加して培養し、2週間後にリン酸緩衝液で抽出した溶液を分子篩高速液体クロマトグラフィーで分析した（図3－16）。

抗生物質としてシクロヘキシミド（真核生物のタンパク合成阻害剤、この実験では糸状菌の生育を抑制する）を添加した区では、PEONのピークは大きくなり、PEONの生成が促進された。これに対して、クロラムフェニコール（細菌のタンパク合成阻害剤）を添加した区では、PEONだけでなく、紫外線波長280nmに吸収を持つ多くの物質のピークが出現し、PEON生成が妨げられている。

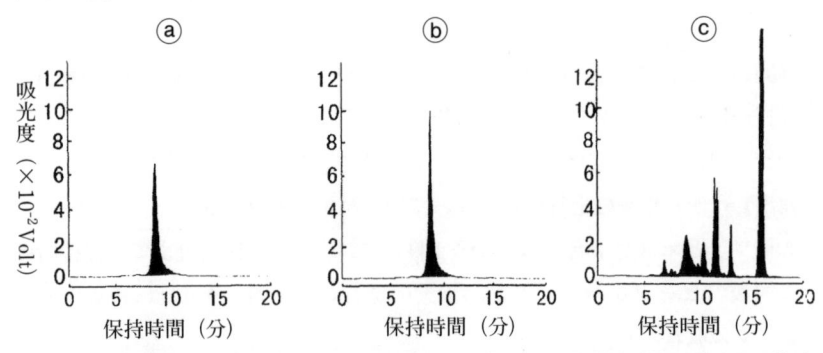

図3－16　2種類の抗生物質を添加して培養した土壌のリン酸緩衝液抽出液の分子篩高速液体クロマトグラフィー（HP-SEC）の比較
ⓐ米ヌカと稲ワラの混合物
ⓑ稲ワラと米ヌカの混合物にシクロヘキシミド（糸状菌のタンパク質合成阻害剤）を添加
ⓒ稲ワラと米ヌカの混合物にクロラムフェニコール（細菌のタンパク質合成阻害剤）を添加

すなわち，細菌が増殖しなければPEONは生成しないのである。リン酸緩衝液で抽出される可給態窒素（PEON）は，細菌に由来する物質である。

②細菌の細胞壁とPEONの構成物質の共通性

つくばの火山灰土壌（黒ボク土）から得られたリン酸緩衝液抽出物を，透析し凍結乾燥したものの化学分析を行なった。分子量が約8,000Daを持つPEONの窒素含量は約2.0％で，C/N比は約14であった。PEONを加水分解しアミノ酸を分析した結果，全窒素の約20～30％がアミノ酸であった。PEONはタンパク様物質といわれているが，アミノ酸量は意外に少ない。窒素としてグルコサミンやガラクトサミンなどのアミノ糖を含んでいた。

PEONには，L-型アミノ酸だけでなく，D-型アミノ酸としてD-アラニンやD-グルタミン酸が含まれているのが特徴である。細菌の細胞壁の主要物質であるペプチドグリカンには，D-アラニンやD-グルタミン酸，またグルコサミンも含まれている（図3-2，3参照）。

細菌の細胞壁にあるペプチドグリカンは，グルコサミンとムラミン酸で構成されているが，われわれの分析では，グルコサミンとガラクトサミンが多く，ムラミン酸は少なかった。ガラクトサミンについては，丸本（2008）の報告と一致している。どのような理由でムラミン酸よりもガラクトサミンが検出されたのか，これがなにに由来するのか，アーキア（古細菌）の細胞壁のグリカン鎖にはグルコサミンのかわりにガラクトサミンが結合しているという。古細菌とPEONとの関連については，今後の検討に待ちたい。

（4）PEONの土壌における存在形態

①土壌粒子への吸着と遊離方法

可給態窒素であるPEONは，土壌からリン酸緩衝液によって抽出されるが，水では抽出されない。窒素の給源としての可給態窒素は最終的には，微生物によって無機態窒素まで分解されるが，前述した通り，土壌中では腐植酸や粘土鉱物，遊離の鉄やアルミニウムなどと結合し，土壌微生物による攻撃への分解抵抗性を強めている。これによって，一時的に土壌に蓄積されている。

リン酸吸収係数が示すように，土壌粒子，すなわち粘土には，アルミニウムの破壊原子価（結晶性の粘土を構成しているアルミニウムはケイ酸と酸素を通して結合しているが，粘土の末端ではアルミニウムの原子価が遊離しており，これを破壊原子価といい，リン酸吸収係数の原因である。普通は，そこにリン酸や有機物が結合して安定した形態を保っている。注4参照〈131ページ〉）があり，そこに結合している有機物がPEONである。教科書で「粘土腐植複合体」と書かれているのは，これを示す。リン酸緩衝液で抽出されるPEONは，加えられたリン酸と交換して，土壌粒子から遊離した有機物である。すなわち，リン酸の吸着部位にPEONが吸着すると考えられる。

　リン酸緩衝液によって，アルミニウムと鉄はそれぞれ難溶性の鉄型リン酸（Fe-P），アルミニウム型リン酸（Al-P）となって沈殿し，PEONが遊離するのである。したがって，以下の①②の反応式となる。また，有機物同士を結合しているのもアルミニウムであり，その場合は次の③式になる。

$$\boxed{粘土粒子-Al} \equiv \boxed{PEON} + P(リン酸) \rightarrow \boxed{粘土粒子-Al} \equiv P\downarrow + \boxed{PEON} \quad ①$$

$$\boxed{土壌粒子-Fe} \equiv \boxed{PEON} + P(リン酸) \rightarrow \boxed{土壌粒子-Fe} \equiv P\downarrow + \boxed{PEON} \quad ②$$

$$PEON \equiv Al \equiv \boxed{PEON} + P(リン酸) \rightarrow Al \equiv P\downarrow \qquad + 2\boxed{PEON} \quad ③$$

$$(\equiv：キレート結合を示す，\downarrow：沈殿することを示す)$$

　PEONがアルミニウムや鉄と結合して存在していることを証明しよう。

　リン酸による抽出では，アルミニウム型リン酸や鉄型リン酸という難溶性の形態となって沈殿するため，PEONとの結合相手となっていたミネラルそのものの検出ができない。そのため，リン酸緩衝液にかわるPEON抽出方法を考える必要がある。そこで，希硫酸を抽出溶液として採用した。土壌を希硫酸で抽出し，分子篩高速液体クロマトグラフィー（HP-SEC）で分析したところ，リン酸緩衝液抽出と同様のピークが，同じ保持時間に検出された。

　図3－17は，さまざまな濃度の希硫酸（0.1～0.4M）で抽出して，分子篩高速液体クロマトグラフィーによる（紫外線波長280nmで）分析を行なった結果である。0.1Mから0.4Mの硫酸溶液で若干の異質な部分も認められるが，リン酸緩衝液抽出のPEONとほぼ同じ単一のピークが検出される。

分子篩高速液体クリマトグラフィー（HP-SEC）

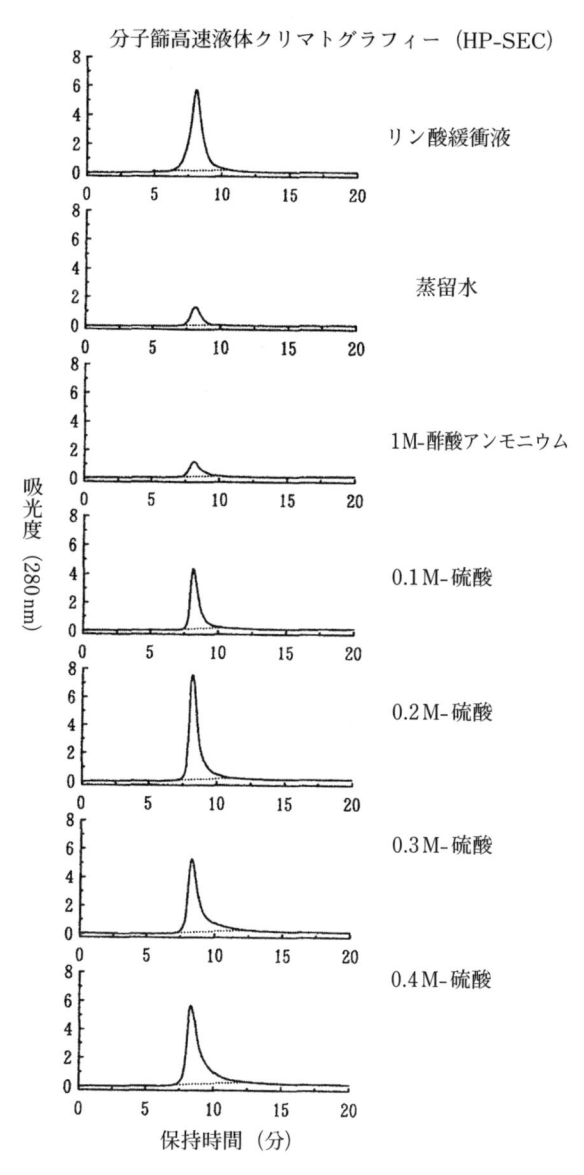

図3-17 さまざまな濃度の希硫酸・水，酢酸アンモニウム溶液による抽出液の分子篩高速液体クロマトグラフィー（HP-SEC）分析の比較（紫外線波長280nmで分析）

参考までに，水ではPEONは抽出できない。また，酢酸アンモニウム溶液（粘土のCEC陽イオン交換部位にアンモニウムイオンがイオン反応して結合する）ではPEONの抽出は認められなかった。すなわち，PEONはイオン交換という電気的な力で土壌粒粒子に結合しているのではなく，さらに強い結合で土壌粒子と結合していると思われる。

② PEONはリン酸と同じ鉄，アルミニウムに吸着している

◧鉄，アルミニウムのリン酸と同じ部位に吸着

つぎに，この希硫酸を用いて，つくば（茨城県）のアロフェン質火山灰（注3）の畑土壌から，PEONの溶出と同時に遊離されるミネラルを調査し，PEON吸着との関係を調査した。

(注3) アロフェン質火山灰：火山灰土壌の主な粘土鉱物の一つであるアロフェンを含む土壌では，沖積土壌よりもはるかに有機物を蓄えている。表3−1に示すように，沖積土よりも，土壌の窒素肥沃度が高い。

図3−18は，希硫酸で抽出したPEON量を，分子篩高速液体クロマトグラフィー（HP-SEC）でのピークの面積を出力（Volt×sec）で示し，各ミネラルの溶出量を重ねたものである。希硫酸の濃度を上げるにしたがって，PEON

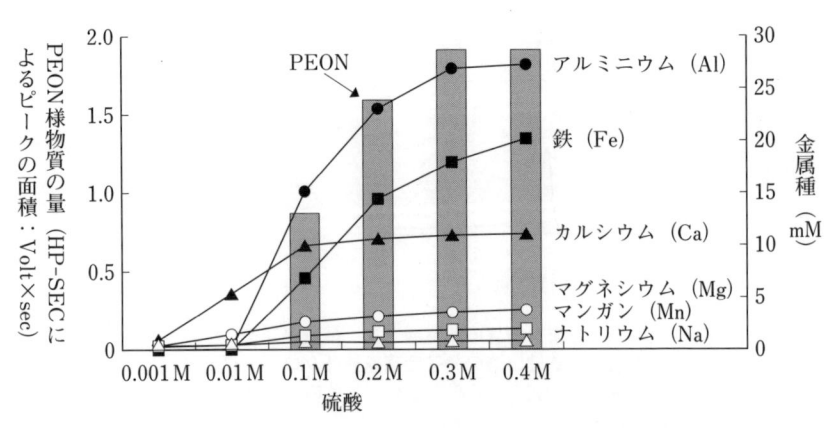

図3−18　希硫酸による土壌中のタンパク様窒素の抽出と同時に溶解する金属種

抽出量は増える。カルシウム（Ca）は0.001～0.1M-硫酸までは溶出したが，0.1Mを超えた硫酸濃度では溶出は認められなかった。しかし，PEONは溶出している。すなわち，PEONの溶出とカルシウムとは関連がないらしい。

ナトリウム（Na），カリウム（K），マグネシウム（Mg），マンガン（Mn），鉄（Fe），アルミニウム（Al）などとPEON溶出との関係をみると，アルミニウムや鉄とPEONとの間に高い相関が認められ，明らかにPEONは鉄あるいはアルミニウムとの結合から遊離されることによって溶出した結果であると確信できた。

なお，水田土壌では，アルミニウムよりは鉄との結合が優先するような傾向がみられている。これは酸化・還元が繰り返される水田では，アルミニウムよりも鉄がPEONの吸着にかかわっているからであろう。

以上から，土壌中の鉄，アルミニウムなどの（水）酸化物，アロフェン，イモゴライトなどの非晶質や準晶質の破壊原子価，結晶性粘土の端末にあるアルミニウムの破壊原子価（注4）などの活性部位に，PEONが吸着すると考えられる。そこで重要なのは，これはリン酸吸収係数を構成する部位とまったく同じだということである。

（注4） 結晶性，破壊原子価：理想的な粘土鉱物は結晶性であり，構成しているケイ素とアルミニウム原子が酸素原子を介して結合し，電気的には中性を保っている。同型置換によって，アルミニウム原子がたとえばマグネシウム原子に置き換えられ粘土鉱物表面に負荷電（−）が発生するが，これが粘土の持つ永久荷電である。しかし粘土の結晶の末端には結合できるケイ素やアルミニウム原子がないため，Si-O-，Al-O-，(Fe-O-)などの形態をとり，反応性に富む状態になっている。これを破壊原子価という。この末端のアルミニウム原子はリン酸との反応性が強く，リン酸吸収係数を高める原因となっている。

◆リン酸吸収係数の過大評価の原因にも

リン酸二アンモニウムの2.5％溶液（pH7.0）10mLを土壌1.0gに添加すると，リン酸が土壌に吸着される結果，溶液中のリン酸濃度が減少する。この減少量から，リン酸吸収係数が計算される（第2章30ページ参照）。

この2.5%のリン酸二アンモニウムのリン酸濃度は1/5.3Mに相当し，PEONの抽出に使用される1/15M-リン酸緩衝液よりも濃度は高い。リン酸吸収係数の測定時には，PEONと結合している活性アルミニウムの部位にまでリン酸が侵入し，PEONをはがし落と（溶解する）して結合する。潜在的にはリン酸の吸着部位ではあるが，実態としてはPEONを吸着しており，もは

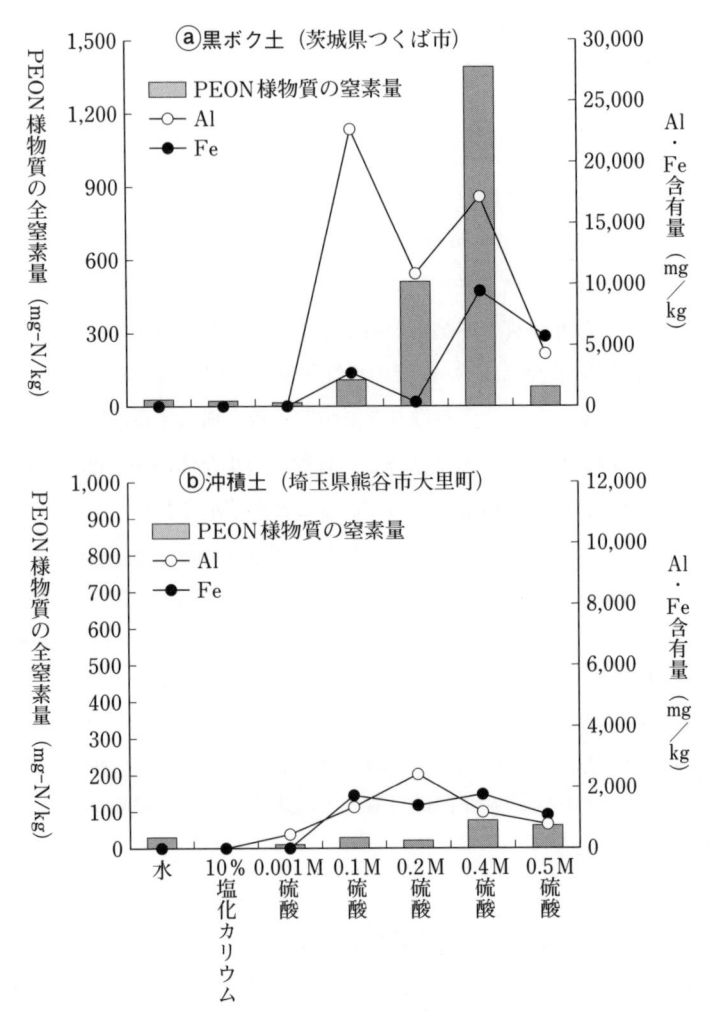

図3-19　硫酸濃度を変えてPEON様物質を抽出したときのアルミニウム（Al）と鉄（Fe）の溶出状況

やリン酸の吸着部位ではないところまでもリン酸吸収係数にカウントされているのである。

第2章で，土壌のリン酸吸収量は過大評価されていると述べた（32ページ）が，この点も関係している可能性がある。

◆希硫酸，ピロリン酸ナトリウム溶液でも「PEON様物質」を抽出

リン酸緩衝液だけでなく，硫酸溶液による土壌の抽出液を分子篩高速クロマトグラフィー（HP-SEC）で分析すると，PEONの単一のピークが検出されることはすでに述べた（図3-17）。この物質は，硫酸抽出のためPEONとは呼べないが，このクロマトグラフからPEONとよく似た物質であると考えられるので，「PEON様物質」としておく。

アロフェン質黒ボク土（つくば）と，沖積水田土壌（埼玉県熊谷市大里町）を用いて，硫酸濃度を順次上げて抽出し，そのときに溶出されるPEON様物質とアルミニウムおよび鉄を測定した。黒ボク土では，硫酸濃度が低いときにはアルミニウムが主として溶け出し，濃度が高くなるにつれて鉄の割合が高くなった（図3-19a）。このことから，黒ボク土のPEON様物質は，土壌粒子の表面近くではアルミニウムと結合し，有機物の集合体の中心部では鉄と積み重なって溶解されにくい構造になっていることが暗示される。

いっぽう，大里の水田土壌では，硫酸濃度が低い段階から，鉄が溶け出すことが認められ（図3-19b），水田では主として鉄によってPEON様物質が積層していると思われる。

リン酸緩衝液ではPEONが，希硫酸溶液でPEON様物質が遊離してくることは述べた。ピロリン酸ナトリウム溶液（NaPPi）によっても，PEONと同様に一つのピークが検出されるだけであった。これについても，希硫酸で抽出されるものと同様にPEON様物質と呼んでおこう。

さいわいなことにピロリン酸ナトリウム溶液抽出では，リン酸緩衝液と異なり，抽出溶液中のアルミニウムや鉄，ケイ酸などが沈殿することなく溶液のままなので，分析が可能である。

④土壌粒子へのPEONの蓄積構造のモデル（黒ボク土）

土壌炭素（腐植）蓄積量が多い火山灰土壌（黒ボク土）でのPEONの蓄積

状況を検討しよう。火山灰土壌には，そこに含まれる粘土の種類により2種類ある。アロフェンを主体とするものをアロフェン質黒ボク土と，2：1型粘土鉱物を主要な粘土とする非アロフェン質黒ボク土である。

アロフェン質黒ボク土として黒磯土壌（全炭素量5.4％，栃木県那須塩原市），非アロフェン質黒ボク土として川渡土壌（全炭素量7.0％，宮城県川渡）を用いて，ピロリン酸ナトリウム溶液で20回の逐次抽出を行なった。そして，PEON様物質の蓄積構造を推定するために，このピロリン酸ナトリウム溶

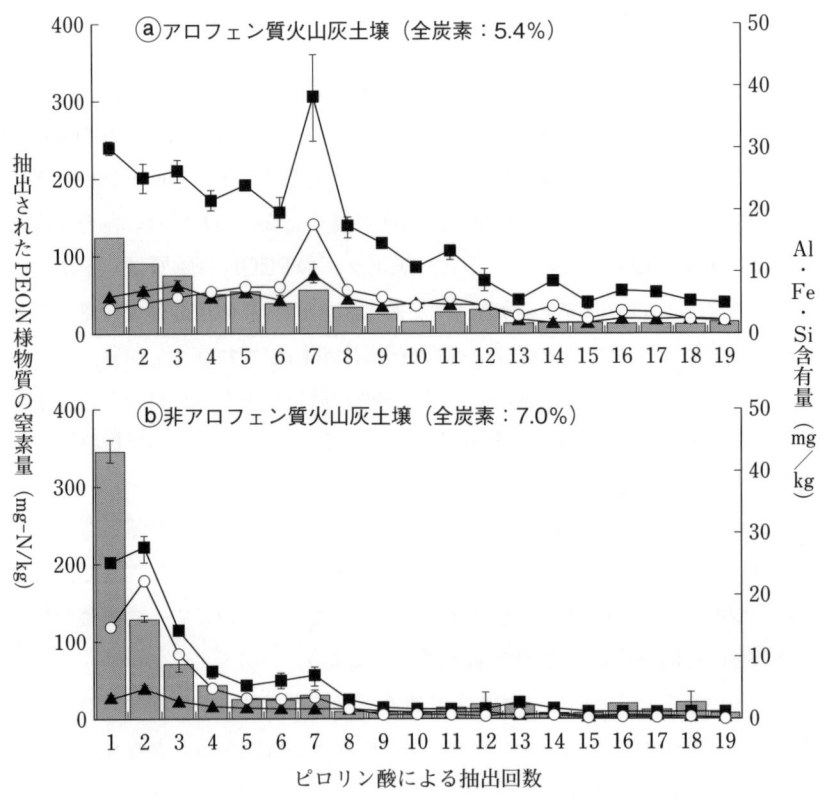

図3-20　ピロリン酸によるPEON様物質の逐次抽出と抽出毎のアルミニウム（Al），鉄（Fe），ケイ素（Si）量
注）7回目の抽出は1日かけて（翌日に）分析したので抽出時間が長くなった

抽出溶液ごとに，ケイ素，鉄，アルミニウム量を測定した（図3-20）。

アロフェン質黒ボク土では，ピロリン酸ナトリウム溶液によりアロフェンが破壊されるので，ケイ素の溶解が非アロフェン質黒ボク土より多い。溶出する単位PEON（すなわち窒素当たりに相当）当たりに溶出されるアルミニウム量は，アロフェン質黒ボク土で多かった。非アロフェン質黒ボク土の主要な粘土鉱物は，2：1型粘土である。2：1型粘土はピロリン酸ナトリウム溶液によって破壊されないので，非アロフェン質黒ボク土からPEON様物質の溶出とともに溶出されるアルミニウム量は，アロフェン質黒ボク土に比較して少ない。

PEON様物質の蓄積構造のモデルを想像するには，PEON，アロフェン，2：1粘土鉱物の大きさを頭に入れておこう。PEONの分子量から，これを球形と仮定すると直径3.6nmである。文献からアロフェンの直径は5.0nm程度，2：1型粘土鉱物であるスメクタイトの大きさは約1.0nmである（図3-21）。中空粒子のアロフェンは表面にある孔隙に，2：1型粘土鉱物はケイ酸の層の間に挟まれたアルミニウム層の末端に破壊原子価があり，それがPEONとの結合部位であろう。

PEONあるいはPEON様物質（すなわち腐植）の蓄積構造の仮想モデルを図3-22（ここでは鉄との結合を省いた）に示した。アロフェン質，非アロフェン質黒ボク土で共通しているのは，PEONと土壌粒子表面の活性アルミニウムが結合していることである。そして，結合部位数が少なく結合の弱い

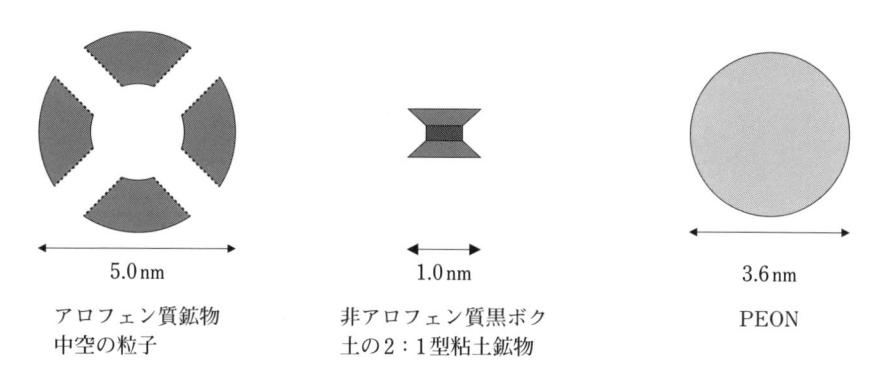

5.0nm	1.0nm	3.6nm
アロフェン質鉱物 中空の粒子	非アロフェン質黒ボク土の2：1型粘土鉱物	PEON

図3-21　黒ボク土に含まれるアロフェン，2：1型粘土鉱物およびPEONの大きさのモデル

PEONから，リン（リン酸緩衝液やピロリン酸ナトリウム溶液）や希硫酸によって順番にはがれ落ち，やがて微生物分解をうけて無機化されるものと思われる。

有機物の施用で生成したPEONは，土壌粒子表面の活性アルミニウムと結合し次々と蓄積するので，いわば，タマネギのような多重層に結合したPEONが出現してくる。

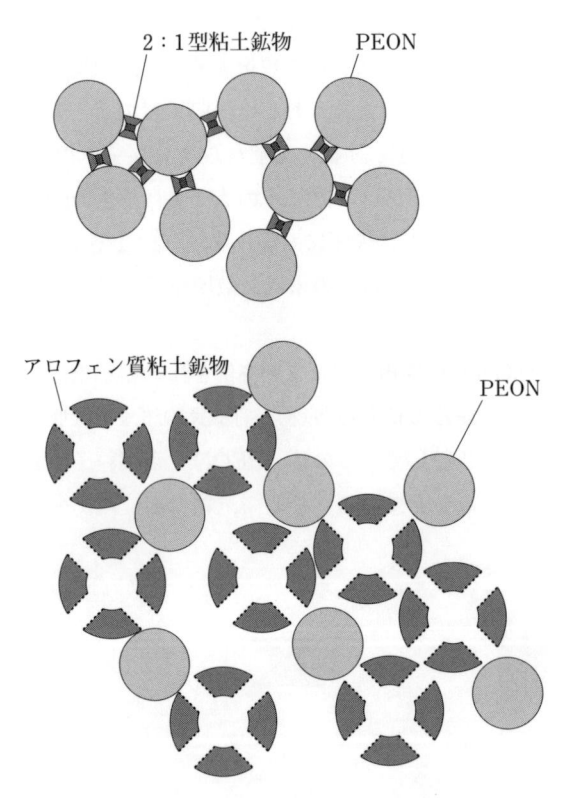

図3-22 アロフェン質，非アロフェン質黒ボク土でのPEONあるいはPEON様物質の蓄積構造モデル（仮説）

4. PEONの直接吸収の可能性

（1）作物が吸収できるための条件

　チンゲンサイ，ニンジン，ホウレンソウなどが，有機態窒素＝PEON（ペオン）に反応することについては，すでに述べた。そしてPEONは，アルミニウムや鉄と結合し，準安定な物質として土壌中に存在していることは上述の通りである。したがって，PEONが作物に吸収・利用されるには，は次のような段階を経なければならない。

①PEONが土壌粒子あるいは粘土の表面のアルミニウムや鉄から遊離されること
②遊離したPEONが微生物によって無機化されること
③PEONあるいはPEONの分解産物が有機態のままで吸収されること
以下，その作用について論じよう。

（2）根が分泌する有機酸によるPEONの溶解

①PEONの溶解は難溶性リン酸の溶解の逆反応

　PEONは，土壌粒子や粘土に鉄やアルミニウムによって結合しているが，これを遊離させるには，鉄やアルミニウよりもPEONと強く結合するリン酸のような物質が必要である。つまり，難溶性リン酸の溶解と逆反応を起させることであり，その関係は以下のような式になる。

リン酸の溶解：
アルミニウム(Al)≡リン(P) ＋ 有機酸 → アルミニウム(Al)≡有機酸＋リン(P)

PEONの溶解：

土壌粒子－アルミニウム(Al)≡PEON ＋ 有機酸→

　　　　　　　土壌粒子－アルミニウム(Al)≡有機酸 ＋ PEON

　　　　　　　　　　　　　　　　　　（≡：キレート結合を示す）

②有機酸の分泌は低窒素条件で増加

　まず，作物の根の分泌物が，PEONを溶解するかどうかを検討しよう。

　9種類の作物を水耕栽培した後，無窒素条件で作物から分泌される有機酸を調べた。測定した有機酸は，比較的キレート能力がつよいシュウ酸，クエン酸，酒石酸，リンゴ酸の4種である（表3－7）。どの作物にとっても，大量に検出されるのはクエン酸とリンゴ酸であった。また，ホウレンソウはクエン酸が検出されず，代表的な根分泌有機酸はシュウ酸であった。そこで，水耕液の窒素濃度をいろいろに設定し，作物から分泌する代表的な有機酸であるクエン酸とシュウ酸量を調べた。

　培養液の窒素濃度は，121ppm（硝酸態窒素＋アンモニア態窒素=112＋9），61ppm（56＋5），30ppm（28＋2），0ppmの4段階とし，栽培後に培養液を採取し，キレート能力が高く，また根分泌物として最もよく検出されるクエン酸とシュウ酸の量を測定した。二つの有機酸の分泌量と培養の窒素条件との関係を図3－23に示した。

表3－7　窒素飢餓条件下で分泌されるキレート性有機酸の1日当たりの分泌量

	シュウ酸 (μmol/g-日)	クエン酸 (μmol/g-日)	酒石酸 (μmol/g-日)	リンゴ酸 (μmol/g-日)	合計 (μmol/g-日)
インゲン	0.23	—	—	4.97	5.20
ダイズ	—	0.25	—	—	0.25
トウモロコシ	—	—	—	—	—
チンゲンサイ	0.04	8.82	—	2.13	10.99
コマツナ	0.12	11.29	1.31	7.45	20.17
シロナ	0.15	9.41	—	1.27	10.83
カブ	0.06	5.58	—	—	5.64
ニンジン	—	0.94	—	3.31	4.25
レタス	—	—	—	4.39	4.39

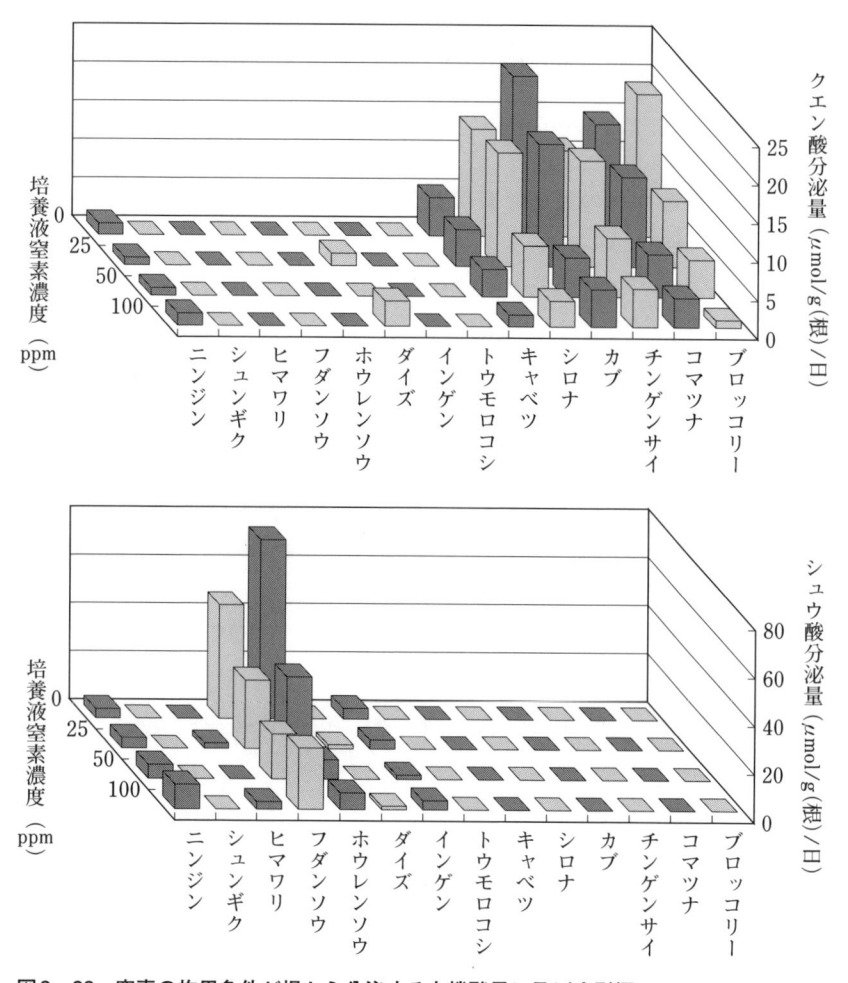

図3-23 窒素の施用条件が根から分泌する有機酸量に及ぼす影響
注）1週間後に根分泌物を採取窒素条件を変えて培養した

　シロナ，カブ，チンゲンサイ，コマツナ，ブロッコリーは，水耕培地の窒素濃度が低くなるほど，すなわち窒素栄養が欠乏するほどクエン酸の分泌量を増加し，培地の窒素が豊富になればクエン酸分泌量は減少した。ホウレンソウやフダンソウからは，主にシュウ酸の分泌が認められた。これも窒素栄養が欠乏するほどシュウ酸の分泌量が多く，クエン酸分泌と同じ傾向にあった（図3-

23)。

窒素栄養の状態が有機酸の根分泌量を制御していることは，興味ある事実である。

③作物の有機物への反応と有機酸分泌量

いっぽう，トウモロコシ，インゲン，ダイズ，ニンジンなどは，窒素栄養に関係なく，クエン酸やシュウ酸など有機酸の検出量は少なかった（図3-23）。

このうち，トウモロコシ，インゲン，ダイズは，これまでの研究から有機物施用に反応しない作物とみなされており，納得できる。すなわち，PEONの溶解ができないのである。しかし，ニンジンは図3-11に示したように，チンゲンサイ，ホウレンソウとともに，有機物に反応している。にもかかわらず，ニンジンからは有機酸の分泌は少なく，有機物施用効果を発揮しなかったレタスと同程度しか検出できなかった（表3-7）。

植物がPEONを栄養源として利用するためには，PEONの溶解が欠かせな

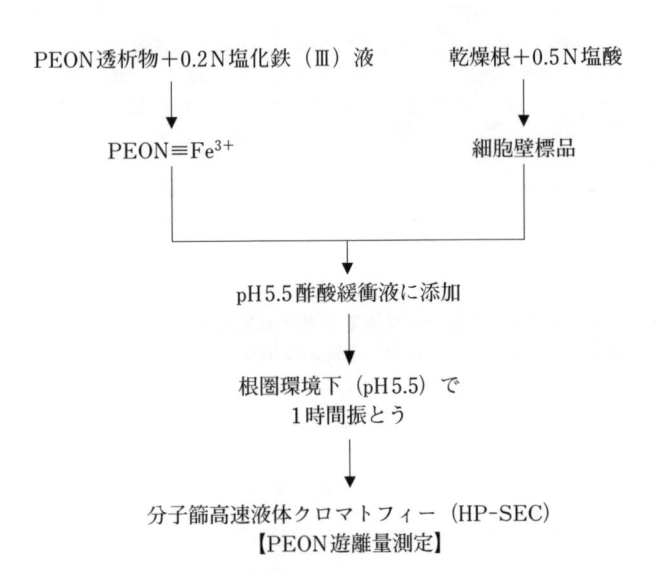

```
PEON透析物+0.2N塩化鉄（Ⅲ）液       乾燥根+0.5N塩酸
          ↓                              ↓
      PEON≡Fe³⁺                       細胞壁標品
          └──────────────┬──────────────┘
                         ↓
              pH5.5酢酸緩衝液に添加
                         ↓
                  根圏環境下（pH5.5）で
                     1時間振とう
                         ↓
            分子篩高速液体クロマトフィー（HP-SEC）
                  【PEON遊離量測定】
```

図3-24 ニンジンの根細胞壁の持つPEONの溶解活性の測定法
注）≡はキレート結合を示す

い。では，ニンジンは，根分泌有機酸とは異なるPEON溶解機構をもっているのだろうか，つぎに検討しよう。

④ニンジン根細胞壁のPEON溶解能力——鉄，アルミとキレートを形成

第2章で，難溶性リン酸の溶解には，根分泌有機酸以外の要因として，根細胞壁表層のキレート活性の存在を指摘した（82ページ）。PEON溶解に関しても，ニンジンの根細胞壁のキレート能力について検討する必要がある。

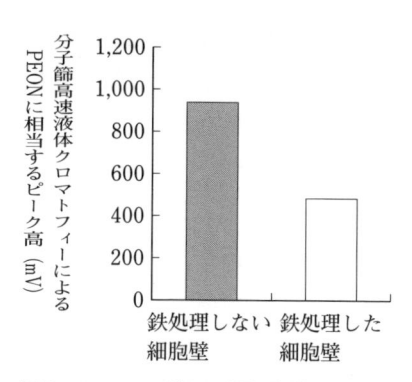

図3-25 ニンジンの根細胞壁によるPEON≡Fe^{3+}（キレート結合）からのPEONの溶解活性
注）あらかじめ根細胞壁に鉄を処理した根細胞壁では，PEONの溶解活性は低下した

そこで，図3-24に示す方法で，ニンジンの根細胞壁のPEON溶解活性を測定した。あらかじめPEONをリン酸緩衝液によって抽出し，透析処理で調製した。このPEONを0.2Mの塩化鉄溶液で反応させて，「鉄型PEON」ともいうべきPEON≡Fe^{3+}を作製し，洗浄した。いっぽう，ニンジンの乾燥根から根細胞壁標品を作製し，これとPEON≡Fe^{3+}をpH5.5の酢酸緩衝液に添加し，室温で試験管中でゆっくり反応させた。遊離したPEONを，分子篩高速液体クロマトグラフィー（HP-SEC）によって，280nmで測定した。

反応式はつぎのようになる。

細胞壁（CW）＋PEON≡鉄（Fe^{3+}）→ CW≡鉄（Fe^{3+}）＋PEON……①

また，いっぽう，ニンジン根細胞壁にFe^{3+}を結合させ，PEON≡Fe^{3+}からのPEONの遊離量も測定した。

細胞壁（CW）≡鉄（Fe^{3+}）＋ PEON≡鉄（Fe^{3+}）→（反応なし）……②

第3章 有機態窒素の吸収

この測定結果を図3-25に示した。ニンジン根細胞壁には，$PEON \equiv Fe^{3+}$からPEONを遊離させる能力がある（①）。しかし，根細胞壁表面にFe^{3+}を処理すると，その能力が劣る（②）。このことから，ニンジン根表面には，鉄あるいはアルミニウム（Al^{3+}）とキレート形成する能力があることが明らかになった。

PEONの溶解能力として，根分泌物と根細胞壁の2つの要因があげられ，その存在が証明された。

（3）有機物施用に反応する野菜にPEON以外の窒素源はあるか？

①PEON以外の有機態窒素抽出の試み

PEONあるいは可給態窒素の本体は，準安定な物質であるが，遊離したPEONは土壌微生物によって，徐々に分解される。とはいえ，図3-11で示したようにニンジン，チンゲンサイ，ホウレンソウが有機物施用で窒素吸収量が増えてよく生育しているのは，PEONを含めて有機態窒素から吸収していると考えざるを得ない。

では，PEON以外に窒素源となりうる有機態窒素はあるのか？　小田島ら（2005）はこれについて検討するため，土壌窒素の逐次抽出法（図3-26）を開発した。この抽出法にはリン酸緩衝液を含め，以下のような抽出段階を設けた。

①蒸留水（主として硝酸態窒素を抽出）
②10％-塩化カリウム溶液（アンモニア態窒素を抽出）
③1.0M-酢酸溶液（弱い酸性で遊離する窒素を抽出）
④リン酸緩衝液（可給態窒素PEONとの相関が高い物質を抽出）
⑤0.4M-硫酸（ホウレンソウが吸収する有機態窒素と相関が高い物質を抽出，可給態リン酸をさらに大量に採取）
⑥1.0M-水酸化ナトリウム溶液（腐植など強固に結合している有機態窒素を抽出）

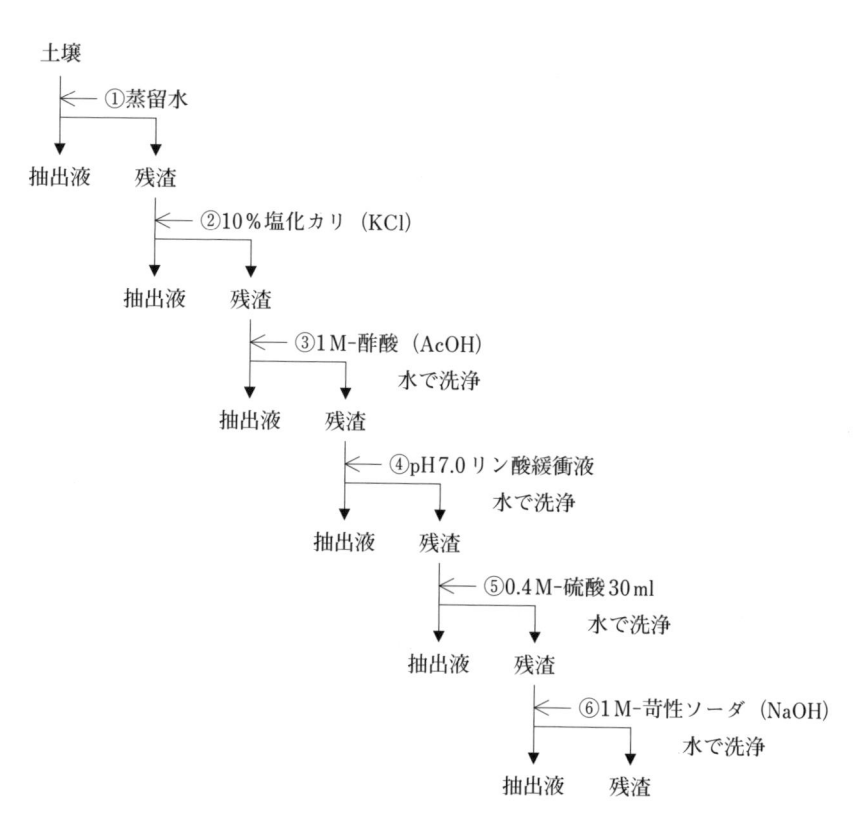

図3-26 リン酸緩衝液による抽出法を含めた土壌窒素の逐次抽出法
(小田島ら，2005より作成)

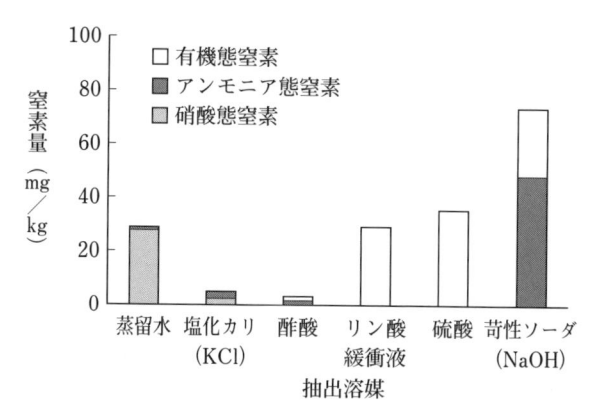

図3-27 逐次抽出された無機態窒素と有機態窒素

第3章 有機態窒素の吸収

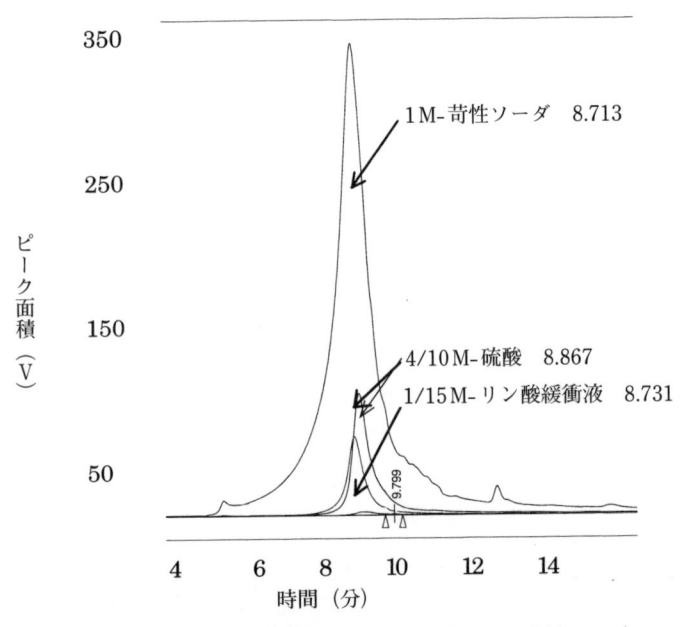

図3-28 1/15M-リン酸緩衝液，4/10M-硫酸，1M-苛性ソーダによる抽出溶液の分子篩高速液体クロマトグラフィー（HP-SEC）分析のクロマトグラム

②土壌窒素源として抽出されたのはPEONだけ

　この方法によって，大里水田土壌（埼玉県熊谷市）から抽出を試みた結果を図3-27に示した。

　酢酸から抽出される窒素量は，ごく少量のアンモニア態窒素と有機態窒素で，その量は，リン酸緩衝液抽出された有機態窒素とくらべても，はるかに少なく，窒素源としては無視できるほどである。

　リン酸緩衝液や硫酸で抽出されたのは，すべてが有機態窒素であり，すでに述べたようにPEONおよびPEON様物質である。また，苛性ソーダ（NaOH）では，アンモニア態窒素が検出されたが，これは苛性ソーダによって加水分解反応が生じて，アンモニアが生成したためである。

　リン酸緩衝液，硫酸，苛性ソーダ抽出物を，分子篩高速液体クロマトグラフィー(HP-SEC) で分析すると，やはりPEONに相当するピークの存在だけが認められた（図3-28）。以上の結果，PEONあるいはPEON様物質は，質

的・量的に十分な作物の窒素源と見なすことができる。言い換えれば，PEON以外の有機態窒素は考えられないということである。分子篩高速液体クロマトグラフィー（HP-SEC）による分析では，酢酸のピークが検出され，これはPEON（リン酸緩衝液抽出）のピークに相当することが確認できた。

このことからも，PEONあるいはPEON様物質は単にリン酸緩衝液だけでなく，それ以外の強い分散剤（ここでは塩酸，0.4M-硫酸やピロリン酸）によっても抽出される。図3－22で提示したPEONの蓄積構造モデルはある程度納得のいくものと思われる。

この実験で，PEON以外に大量に存在する物質が検出されなかったことから，PEONあるいはPEON様物質のほかには有機態窒素の候補はないと思われた。

ところで，PEONが根圏で遊離した後，根圏微生物によって無機態化されて吸収されるという考え方もある。しかし，無機態で吸収されるなら，化学肥料の施用によって生育が促進するはずであるが，ローザムステッドのテンサイの例や（図3－7）やナタネ油粕の実験（図3－11）の結果は，そうではなかった。

したがって，ニンジン，ホウレンソウ，チンゲンサイによる，有機態窒素であるPEONあるいはPEONの一部の直接的な吸収が視野に入ってくる。

③分子量からもPEON以外に考えられない

PEONとして検出できる分子量は約8,000Daであるが，PEONにはアルミニウムや鉄が含まれており，これを介して分子量800〜600Daのより小さい有機物が集合したものがPEONであると考えられ，その証拠も認められている。

これまで，難溶性の腐植は高度に重合した高分子物質と考えられてきたが，低pH処理で低分子化するので，低分子の腐植物質が自己集合した超分子（Supermolecular）物質であるとも提案されている（サットンとスポッジート〈Sutton and Sposito〉，2005）。黒ボク土の窒素欠如試験で，約3,000kgのコムギの収量が23年も維持できるという事実（表3－1を参照）からも，分解が不可能な高分子物質とは考えにくい。

いずれにしても，根から分泌される有機酸で溶解される土壌有機物としては，PEONの分子量が根圏で挙動する分子量として，最も可能性のある単位ではないだろうか？

しかし，このような大きさの分子量を植物が吸収できるのだろうか？

（4）高分子の窒素化合物の吸収についての知見

①巨大分子ヘモグロビンの吸収と「エンドサイトシス」の機構

植物がヘモグロビン（分子量が約65,000 Da）などの巨大分子を吸収・利用できるとする先駆的な研究が，森や西沢ら（1980）によって行なわれた。水稲を，微生物による有機物分解のないように無菌条件で栽培し，窒素源としてタンパク質であるヘモグロビンを与え，それが細胞内に取り込まれるようすを電子顕微鏡で観察している。その吸収機構は「エンドサイトシス（endocytosis）」，日本語では「飲作用」あるいは「食作用」と呼ばれている。その概要を図3－29に引用した。

有機物が細胞壁を通って細胞膜に触れると，部分的に切れ込みが入り，大きな分子を取り込むのである。この場合の有機物であるヘモグロビンは，根の細胞の一部がくびれて，細胞中の液胞に取り込まれる。液胞に取り込まれたヘモグロビンは，加水分解酵素によって分解され，植物の代謝系で処理される。この事実は，無菌条件での実験であるとはいえ，65,000 Daの巨大な分子量を持つ物質が吸収できる可能性があることを示している（ニシザワとモリ〈Nishizawa and Mori〉，2001）。

したがって，ヘモグロビンよりもはるかに小さい分子量8,000 Da（または800〜600 Daの有機物の集合体）のPEONが土壌から遊離して，根の細胞壁を通って細胞膜内へと吸収されることは理論上可能である。

しかし，遊離したPEONが原形質膜へ到達する前に，植物根の細胞壁を通過しなければならない。植物の細胞壁が，どの程度の物質まで通過できるかについては，カトウ（Kato, 2001）が，分子量60,000 Daまで，あるいは500,000 Daまで通過できると報告している。これからも，8,000 Da（または800〜600 Daの有機物の集合体）であるPEONは，根の細胞壁をなんの障害

●：ヘモグロビン粒子　⇊：加水分解酵素

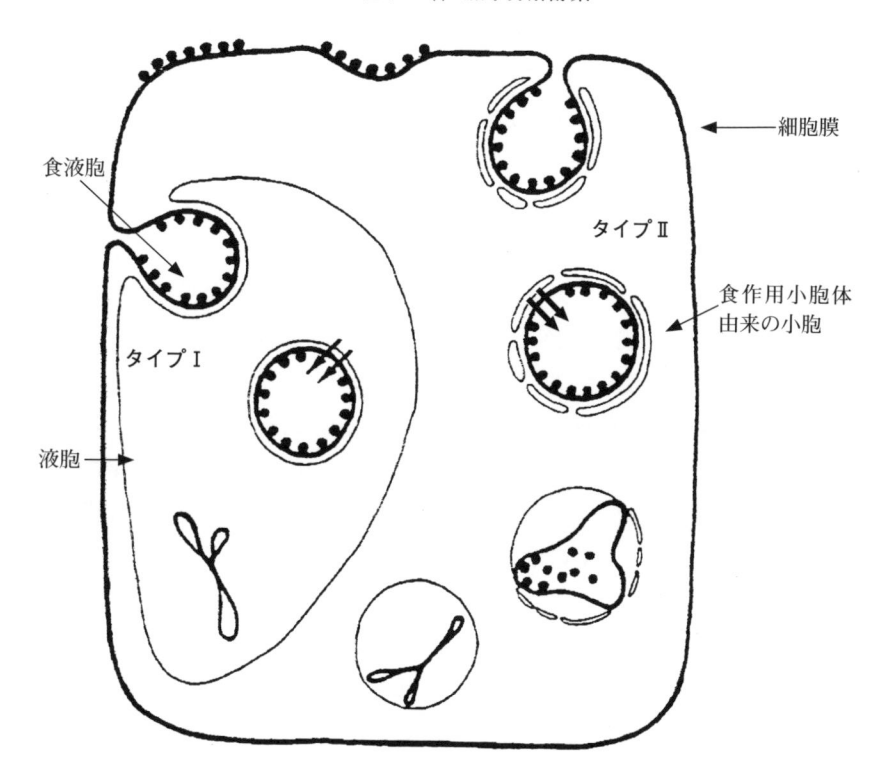

図3-29　水稲根の皮層細胞によるヘモグロビン取り込み機構（食作用）の模式図
(モリとニシザワ〈Mori and Nishizawa〉，2001より)
取り込み方には二つのタイプがある。
タイプⅠ：細胞膜上の結合したヘモグロビンが，細胞膜の陥入で食液胞を形成し，液胞へ入り込み，そこで酵素分解をうける
タイプⅡ：ヘモグロビンを持った食液胞が，食作用によって誘導された小胞に囲まれ，そこで分解酵素の作用をうける。その後，新しい異食作用液胞ができる

もなく通過することができる。

②否定された根から分泌されるタンパク質分解酵素説

　自然生態系のなかで，土壌中に存在する窒素源はタンパク質であるという前提で，チャンヤラート（Chanyarat）ら（2008）は，菌根菌が着生

できない植物を用いて，タンパク質の取り込みを検討した。シロイヌナズナ（*Arabidopsis thaliana*，分子生物学のモデル生物）に卵白アルブミン（BSA，分子量77,000 Da）を与え，無菌条件で栽培したとき，与えたタンパク質濃度に応じて生育が旺盛になり，根にタンパク質が取り込まれている状況を顕微鏡によって観察している。

そして，シロイヌナズナには，菌根菌が着生しないので，タンパク質が取り込まれるのは「エンドサイトシス」の作用であると報告している。さらに，彼らは，シロイヌナズナが巨大なタンパク質を吸収できる機構として，根からタンパク分解酵素を分泌し，巨大なタンパク質分子をより小さい分子に分解して，タンパク質の利用を促進していると考えた。

しかし，この試験の前提になっている，土壌中に存在する窒素源はタンパク質であるということほど間違った思いこみはない。すでに，土壌中の窒素の形態はアミド（ペプチド）基との報告もあり，タンパク様の反応をすると述べたが，酵素のようなアミノ酸の重合体であるタンパク質とはとうてい考えられないのである。

根圏でのタンパク質分解酵素については，山縣ら（1996）も，すでに検討している。米ヌカに稲ワラを加えてC/N比を高めた混合物を有機物として施用し，イネ（陸稲）は旺盛な生育を示したが，トウモロコシの生育は抑制された。その理由として，イネ根圏ではタンパク分解活性が高いので有機物の分解が促進され，最終的には無機化が促進されるという可能性が期待された。しかし，結果は期待に反して，むしろトウモロコシの根圏土壌の方がイネよりもタンパク質分解活性が高かったのである。つまり，タンパク分解酵素は，どの土壌にも普遍的に存在しており，有機物の施用で容易に根圏での活性が高まるので，特別に根からの分泌を考慮する必要がないのである。

土壌からリン酸緩衝液によってPEONを抽出し，透析操作を経てPEONの純品を得て，これにさまざまな酵素（ペクチン分解酵素，セルロース分解酵素，タンパク分解酵素など）を作用させても，PEONの分解が観察されなかった。このことからも，PEONは単純なタンパク質ではないことは明らかである。したがって今後の研究すべきターゲットは，PEONの分解にかかわる酵素群についてである。

③AM菌根菌によるPEON分解は否定できない

　AM菌根菌について，追加しておこう。チンゲンサイはアブラナ科植物であり，ホウレンソウはテンサイと同様にアカザ科植物であり，ともにAM菌根菌の着生ができない。

　これに対して，ニンジンはセリ科植物でAM菌根菌の宿主になりうる植物である。上記のニンジン根細胞壁のキレート形成によるPEONの溶解に加えて，菌根菌の出すPEON分解酵素によってPEONが分解され，その分解物を吸収している可能性も否定できない。

（5）PEON直接吸収の証明
——有機物施用ホウレンソウの分析

　さいわいにも，PEONは分子篩高速液体クロマトグラフィー（HP-SEC）のUV波長280nmによる検出で，一本のピークを示す。このピークを標的にして，PEONが植物体内へ吸収されるのを検出できるかもしれない。

①クロマトグラフィーで導管液にPEONを検出

　ニンジン，ホウレンソウ，チンゲンサイなど，有機物に反応する作物が土壌のPEONを溶出し，PEONがエンドサイトシスの作用によってそのまま吸収されて，体内で代謝されると仮定しよう。その場合，吸収されたPEONがそのままの形態で，あるいは一部，根で代謝分解を受けたPEONの断片で，導管液を通して地上部へ転流される。したがって，導管液中にPEONと同じ280nmUVにピークが検出される物質が確認できれば，PEONあるいはPEON様物質が吸収されていると証明できるであろう。

　そこで，有機物施用土壌で栽培したホウレンソウの地上部を地際から切り取り，そこから漏出する導管液を採取し，分子篩高速液体クロマトグラフィー装置を用い280nmの波長で分析した。なお，無機態窒素を培養液とした水耕栽培を行ない（微生物の影響を少なくするため，水耕液の更新頻度を多くした），対照区とした。その結果を図3－30に示した。

　有機物施用の土壌で栽培したホウレンソウの導管液には，PEONと同じ保

HP-SECによる保持時間
8.7分のピーク

ピーク面積（V）（吸光度 280 nm）

トウモロコシの導管液
（有機物施用土壌）

ホウレンソウの導管液
（有機物施用土壌）

ホウレンソウの導管液（水耕）

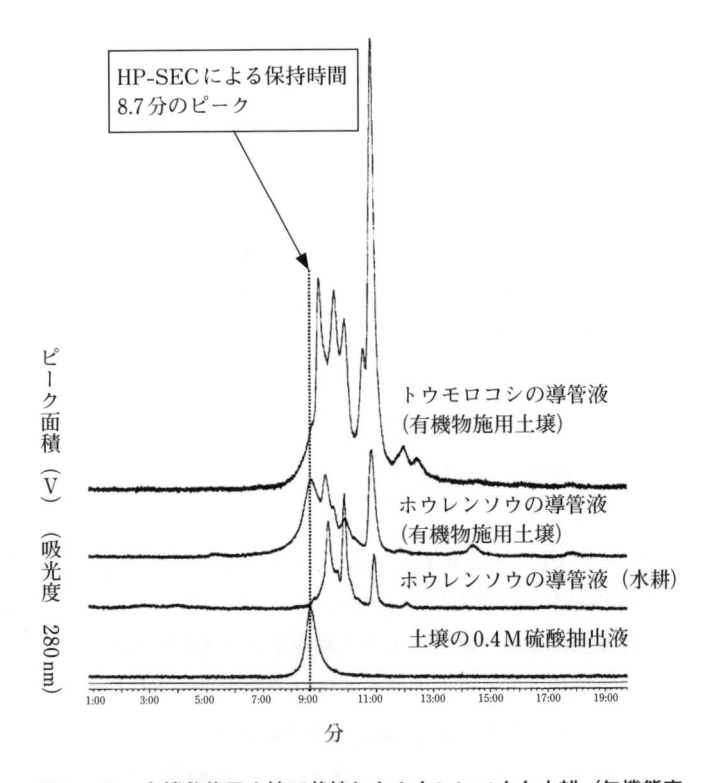

土壌の0.4M硫酸抽出液

図3－30　有機物施用土壌で栽培したホウレンソウと水耕（無機態窒素のみ）栽培したホウレンソウの導管液の分子篩高速液体クロマトグラフィー（HP-SEC）分析のクロマトグラム

(小田島ら，2007)

0.4M-硫酸で抽出した土壌のHP-SECには，PEONと同様に一つのピークがあり，このピークが有機物施用で土耕栽培したホウレンソウ導管液にも検出された。水耕の導管液にはこのピークが見あたらない。またトウモロコシの導管液にもPEON様ピークは検出されなかった

持時間8.7分のピークだけでなく，それよりもより低分子の（保持時間が遅い）複数のピークが大小検出された。いっぽう，水耕液で育てたホウレンソウの導管液には，PEONと同じ保持時間にピークは検出されず，PEONよりも分子量が低いとみられるさまざまな物質のピークが検出された。

　また，有機物施用土壌で栽培したトウモロコシの導管液では，PEONのピークは検出されなかった。トウモロコシは有機物の施用に反応しない作物である

150

ことが確かめられた。

　同様の実験がチンゲンサイとリーフレタスの導管液を採取して行なわれた（図は略）。有機物を施用した土壌で栽培したチンゲンサイの導管液には，PEONのピークが検出され，有機物施用に対して反応しないリーフレタスの導管液にはPEONのピークが検出されなかった（図3－11参照）。

②抗PEON抗体に導管液が明瞭に反応

　PEONの行動を追跡するため，抗PEON抗体の作製を試みた。土壌をリン酸緩衝液で抽出した後，PEONより大きな分子量を持つ物質をセファデックスのカラムで分別した後，透析して「精製PEON」を得る。これをウサギに注射して血清を採取し，それから「抗PEON抗体」を作製した。この抗PEON抗体から免疫グロブリンG（IgG）を作製し，精製PEONと特異的な反応をすることをウエスタンブロット（Western blotting　電気泳動によって分離したタンパク質を膜に転写し，任意のタンパク質に対する抗体でそのタンパク質の存在を検出する手法）によって確かめた（図3－31a）。

　また，堆肥を施用して栽培したホウレンソウ導管液と水耕栽培したホウレンソウの導管液の，抗PEON抗体との反応を確かめた。その結果が図3－31のbである。

　抗PEON抗体から作製した免疫グロブリンGでは，精製PEONと堆肥施用ホウレンソウの導管液では，明らかな反応が認められた。しかし，精製PEONを注射していないウサギの血清から得た未免疫グロブリンGでは，精製PEONにも2種のホウレンソウ導管液（b）にも反応はなかった。

③チンゲンサイの根がPEONを取り込む

　過去に堆肥を施用した土壌から，リン酸緩衝液でPEONを抽出し，透析・限外濾過を繰り返し，PEON標品を得た。このPEON標品を窒素源として，pH6.5に調整した10，50，100 mg-N/Lの溶液を作製し，石英砂の培地に添加した。この培地で，有機物施用に反応があるチンゲンサイ（アブラナ科）とフダンソウ（アカザ科）の実生苗を移植して栽培し，2～3日ごとに新しい溶液に交換し生育を観察した。対照区は，窒素源として硫安を用いた。

第3章　有機態窒素の吸収　　151

(a) PEONのウエスタンブロット　　(b) ホウレンソウの導管液

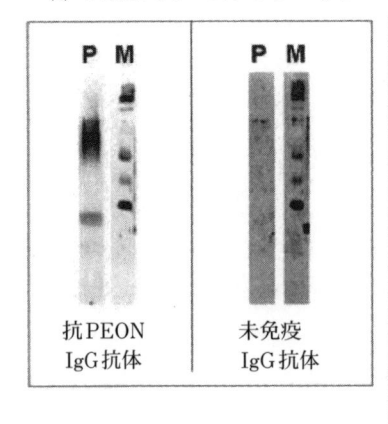

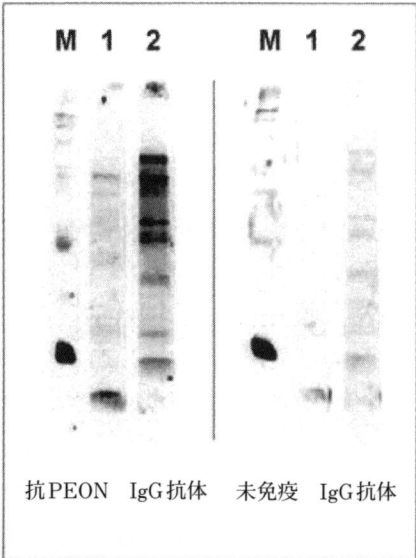

図3-31　抗PEON血清，未免疫血清とPEONとの反応
注）1. 血清はウサギから採取して，免疫グロブリンG（IgG）を作成して用いた
　　2. M：分子量マーカー，P：PEON，1：水耕栽培したホウレンソウ導管液，2：堆肥施用土壌で栽培したホウレンソウの導管液

　その結果を表3-8に示したが，PEON添加区の生育は硫安区よりもよかった。これは硫安区では窒素しかないが，PEONには糖をはじめアミノ酸などの有機物を含んでいるため，これらもエネルギー源付きの窒素源として利用されているためと考えられる。同様の試験には，バーミキュライトにPEONを入れ，無菌条件下でチンゲンサイが生育したことが報告されている（マツモト〈Matsumoto〉ら，2000）。

　さらに，このPEONを添加した水溶液にチンゲンサイを播種し，10日間育てた根の切片を固定して，抗PEON抗体を用いた免疫染色を行なったところ，PEONあるいはPEONの断片が根の表皮に存在するだけでなく，細胞間隙を通して根内に取り込まれているようすが観察された。これはPEONあるいはPEON誘導体（すなわち断片）が，原形質膜，小胞，液胞などを通して細胞内へ入り旺盛な生育を示した。すなわち「エンドサイトシス」＝「食作用」が

行なわれていることを示している（写真3−1）。

表3−8 硫安PEONを窒素源として溶液を作成し，発芽したチンゲンサイおよびフダンソウを移植し約2週間培養した時の生育

施用窒素源	施用窒素濃度 (mg-N/L)	チンゲンサイ 新鮮重 (mg/本)	フダンソウ 新鮮重 (mg/本)
対照（水）	0	43.9	17.7
硫安	10	59.2	17.3
	50	66.3	19.6
	100	66.8	23.0
PEON添加	10	60.8	20.9
	50	80.1	32.4
	100	92.6	44.2

注）蛍光灯照明下での実験

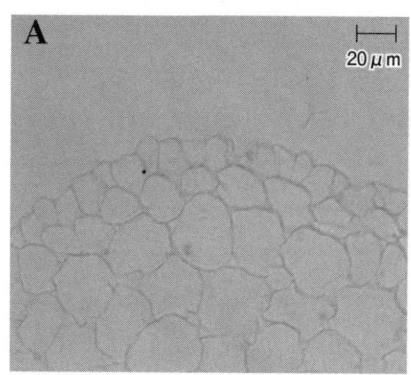

A 抗インテグリン抗体*で染色
PEONに反応しないことが確認できた

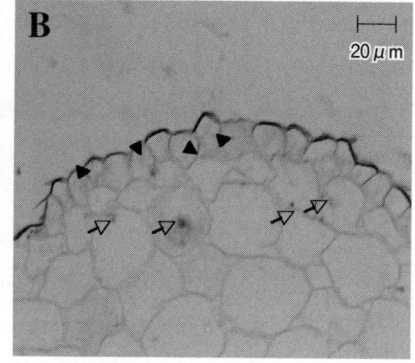

B 抗PEON抗体を用いて染色
根細胞の表面にPEONが集合（▶）しており，細胞間隙や一部の細胞細胞内（▷）に集積している

写真3−1　PEON溶液で栽培したチンゲンサイ主根切断面の免疫組織染色

（吉田ら，2010）

注）1. チンゲンサイを石英砂を入れたPEON（100 mg-N/kg）溶液で10日間栽培した
　　2. ＊：インテグリン（integrin）は細胞表面タンパク質のひとつで，主に細胞外マトリックスへの細胞接着，細胞外マトリックスからの情報伝達に関与する細胞接着分子であり，動物細胞にあって，植物細胞にはない。これは免疫実験で言うところのPEONに対する対照抗体として用いた

5. 作物のPEON吸収力を活用する農業の展望

（1）寒冷地作物で活きる有機態窒素吸収

①有機物施用に旺盛な生育反応する作物に共通する低温適性

　有機態窒素の吸収が持つ意味を考えてみよう。有機物施用によく反応する作物にはどういう共通点があるのだろうか？

　ニンジンはセリ科の植物である。幼苗は比較的高温には耐えられるが，生育は比較的涼しい気候を好む。シロイヌナズナは分子量が非常に大きい卵白アルブミン（BSA，分子量66,400 Da）を吸収する能力があるが，チンゲンサイと同じくアブラナ科である。チンゲンサイは夏にも生育は可能であるが，よく育つ気温は15～20℃で，比較的低温が適している。

　ローザムステッドでの試験で観察されたように，有機態窒素を吸収する可能性が高いテンサイは，導管液にPEON（ペオン）の存在が確認されたホウレンソウと同じアカザ科に属している。また，アカザ科植物は，アブラナ科植物と同様にAM菌根菌が着生できない。さらに，テンサイは寒冷地作物，ホウレンソウは冷涼な気候に適する作物である。

　ローザムステッドの圃場試験で，ジャガイモは，テンサイと同様に有機態窒素によって生育や窒素吸収量が多かった作物である。このジャガイモも，冷涼な気候や，痩せた土地にも強いといわれている。同じナス科でも，トマトやピーマンが夏作物で，夏の気温の高い時期に旺盛な生育をするのとは異にする。

②低温下の吸収には無機より有機が好都合

　冷涼な時期の特徴は，地温が低く，土壌微生物活性が比較的低い。したがって，土壌中の有機態窒素が無機化されるまでの時間が長くかかることである。

投入された有機物は分解されて準安定なPEONとなるが,その後PEONはアルミニウムや鉄と結合しさらに安定化するか,あるいは結合するアルミや鉄がなく無機化する。そのいずれにしても,低温条件ではPEONとしての存在時間が長くなるのは当然である。

したがって,秋冬野菜や冷涼な季節に生育する作物の性質として,有機態窒素に対してよく反応する(よく吸収し,生育が旺盛になる)ことは,作物の適応能力である。これらの作物を人為的に育種している間に,この能力が維持・強化されたのではないだろうか。

③イネの有機態窒素吸収と耐冷性

イネは有機物施用にどう反応するのか? イネ,特に陸稲(品種:トヨハタモチ)が有機物(稲ワラ＋米ヌカの混合物)に反応することが,圃場試験で確認されている(山縣ら,1996)。トウモロコシおよびダイズ(根粒が着生しない品種:T201)を対照作物とし,^{15}Nで標識した硫安と,同じく^{15}Nで標識した米ヌカを用いて,ポット試験を行なった。

表3-9は,播種後56日,69日,82日の作物体の^{15}N濃度(atom%)を示している。窒素源として^{15}N標識硫安を施用した場合,体内^{15}N濃度は陸稲3.11～3.02 ^{15}Natom%,トウモロコシ3.06～2.90 ^{15}Natom%,ダイズ2.80～2.90 ^{15}Natom%で,作物間に大きな差は認められなかった。しかし,^{15}N標識の米ヌカを施用した場合には,陸稲1.44～1.58atom%,トウモロコシ1.36～

表3-9 N^{15}標識した米ヌカ,あるいは塩安で栽培した陸稲,トウモロコシ,ダイズ体内のN^{15}濃度

標識窒素	作物	^{15}N濃度 (atom%)		
		播種後56日	69	82
稲ワラ＋米ヌカ*	陸稲	1.44	1.53	1.54
	トウモロコシ	1.39	1.36	1.38
	ダイズ	1.26	1.33	1.38
塩安*	陸稲	3.11	3.05	3.02
	トウモロコシ	3.06	3.09	2.90
	ダイズ	2.80	2.90	2.89

注) *^{15}Nで標識したもの

1.38atom％，ダイズ1.26～1.38atom％となり，陸稲の体内N^{15}濃度が高く，他の２作物との濃度差が硫安より大きくなった。

　米ヌカ中の有機態窒素は徐々に分解して無機態窒素となり，土壌中の無機態窒素といっしょになって希釈される。植物が無機態窒素のみを吸収すると仮定すると，3作物の体内窒素濃度は同じ値を示すはずであるが，陸稲は他の2作物よりも高い値を示した。このことから，米ヌカが分解され無機態窒素になる過程の上流域（図３－６参照）の窒素，すなわち有機態窒素を吸収していると考えられる。この結論は間接的であるが，有機態窒素の吸収を示す証拠である。

　陸稲が土壌の有機態窒素吸収能力があるということは，水稲も潜在的にこの能力を有しているものと思われる。仲谷・鬼鞍（1974）は，稲ワラを施用した水田で，無機態窒素の生成を培養法によって経時的に追跡し，同時に水稲の窒素吸収量を観察している。それによると，稲ワラを15t/haと大量に施用した区では，窒素の有機化（稲ワラを分解する微生物が増殖するために無機態窒素が利用されている状態で，いわゆる窒素飢餓の状態を示す）がおこり，無機態窒素の放出がない期間にもかかわらず，水稲が窒素吸収をしていることを確認している。このことは，水稲も有機態窒素吸収能力を潜在的に持っていることを示している。

　明治6年に，中山久蔵が札幌郊外の月寒村島松で，'赤毛'という耐冷性に優れたイネ品種の作出に成功した。この'赤毛'の中から，さらに優良な'坊主'という品種が選抜され，北海道での水稲栽培が定着したといわれている。水稲の生理的な「耐冷性」向上には，有機態窒素吸収能力の獲得が関連しているかもしれない。

（2）生産物の品質・成分と有機物施用の関係は？

　いま有機農産物が注目を浴びているが，有機物施用で最も関心のあることが，生産物の品質であろう。品質として，野菜中のビタミンC，アミノ酸，あるいは糖度など成分についての研究が多い。しかし，有機物を施用した土壌で栽培された作物の品質と有機物施用との関連は明らかではない。糖度について

は，トマトの完熟期に培地溶液の塩濃度を上げるなどのストレスを加えると，浸透圧の関係からトマト果実の糖濃度が上がることが知られている。したがって，糖濃度に関しては有機物施用と直接的な関連はないと思われる。

土壌から抽出したPEONを用いて栽培した試験結果をすでに表3－8示したが，PEONの吸収は，PEONにふくまれる有機物（アミノ糖やアミノ酸など）をエネルギー源として利用している可能性がある。

（3）PEON吸収による総合的な「品質」向上
――生産物の充実や保存性など「生命力」を高める

PEONが窒素源であるだけでなく，エネルギー源ともなりうることから，秋冬野菜の生育にとっての重要性が理解できる。秋冬は日照時間が短く，光合成が十分に行なわれない。

冬に温室で栽培されたトマトは，夏に栽培されたトマトと比べて味が淡白で，かじったとき果実にハリがないことを経験するが，これは細胞の組織，特に細胞壁が剛性を保っていないからである。細胞壁を作成するには，しっかりとした光合成によって糖を蓄積しなければならない。

有機農産物の品質問題について，さまざまな比較試験や調査が行なわれているが，これといった結果は得られていないのが現状である。冬に栽培されたトマトの「歯ごたえのなさ」が，有機栽培の品質に対するヒントを与えてくれる。

トマトを例に栽培条件との関連をみると，夏作のトマトは果肉が「しっかり」して崩れにくい。いっぽう，冬の温室トマトは果肉が軟らかく腐りやすい。これは冬季の弱光のもとで野菜の光合成量が低下し，そこに化学肥料の窒素が大量に投入されると，細胞壁を構成するデンプンなど炭素源が不足して，やや水ぶくれの細胞ができるからである。しかし，有機物施用だと，PEON吸収とともにPEONの中に含まれている糖類が，冬場の光合成低下を補塡するので，細胞壁が「しっかり」したものになる。

ハクサイを用いた保存試験が，片倉チッカリン（株）の筑波総合試験場で行なわれた。化学肥料で栽培したハクサイと，有機質肥料（ボカシ肥）で栽培し

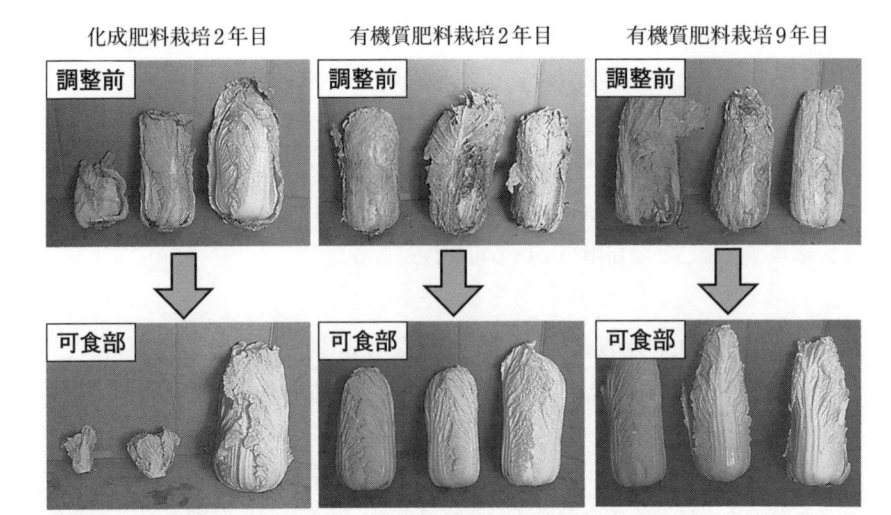

| 化成肥料栽培2年目 | 有機質肥料栽培2年目 | 有機質肥料栽培9年目 |

写真3-2　収穫後94日間保存したハクサイの腐敗の広がり
（片倉チッカリン㈱の試験成績から）
注）12月27日から4月1日まで約3カ月間，常温，暗所条件で保存

たハクサイを室温で保存して比較すると，化成肥料栽培のハクサイは外葉から中へと腐敗が広がり，少しの可食部を残すのみであった。いっぽう，ボカシ肥栽培のハクサイは，保存に十分耐えられた。品質評価には，このような総合的な方法が望ましい（写真3-2）。

（4）PEON吸収から見えてくる「有機農業」の科学

①土を混ぜたボカシ肥と混ぜないボカシ肥とPEON

　これまで，ホウレンソウやフダンソウ，ニンジンなどがPEONを吸収しており，有機物の施用で生育が旺盛になることを紹介した。北海道のテンサイ栽培には有機物や堆肥の施用が推奨されているが，ローザムステッドでの研究では有機物がより高い砂糖生産収量も報告されている。ホウレンソウと同じアカザ科のテンサイは，PEONの吸収を考慮に入れた施肥基準を構築する必要があろう。

　こうした例をあげるまでもなく，PEONは「有機農業」の鍵である。そし

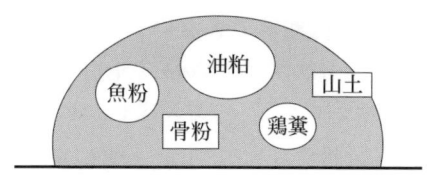

これらを混合し50～55℃で3,4回切り返して,乾燥

図3−32 ボカシ肥の作り方
(島本微生物農法より)

て,すでにPEONを考慮した堆肥がすでに実用化されている。それは,「ボカシ肥」である。

「ボカシ肥」とは,有機肥料を発酵させて肥効を穏やかに(ボカシ)したものをいう。原料となる有機肥料は,油カス,米ヌカ,鶏糞,魚カス,骨粉など多様であり,化学肥料を加えることもある。大別して,土を混ぜるものと混ぜないものの2種類ある。

前者は,有機質肥料に土を混ぜ,50～55℃以上に温度が上がらないようにして発酵させる(通常,堆肥などを発酵させる場合は,もっと高温で70℃以上になることがある)。混ぜる土は,黄褐色の山土など粘土質土壌がよい。その理由は,黄褐色の山土は有機物の少ない酸性の土壌で,アルミニウムや鉄に由来するPEONの吸着部位を保持しているからである。腐熟の段階で有機物をよく切り返すことは,生成したPEONと土壌との吸着部位との接触をはかることであり,より安定したPEONができることにつながる。こうしてつくられたボカシ肥が施用されると,その安定性のため窒素肥効がゆっくりと発揮されるだけでなく,PEONを吸収できる作物にとっては窒素の効果が高くなる(図3−32)。

後者の土を混ぜないものは,有機肥料に水を加えて発酵させたもので,市販のボカシ肥の多くはこちらである。このボカシ肥は完熟前の堆肥であり,土壌に施用すれば,PEONが出てきて,次いで無機化することを期待するものである。

「ボカシ肥」の効果は,PEONに反応する作物には期待できるが,その詳細な解明は今後の研究に待ちたい。

②完熟堆肥にはPEONは期待できない

なお、完熟堆肥とは、易分解性の有機物が完全に分解されたものをさし、多くのPEONの生成は期待できない。分解されずに残った有機物は安定な構造を保っており、この安定な構造のため、土壌物理性の改善は期待できる。

（5）有機物施用の基準，その上限について

①大量の有機物が土壌に投入されると
◪無機化して硝酸態窒素で流亡するといわれているが？

有機物施用が多ければ，いつかは無機化し，化学肥料と同様に硝酸態窒素による地下水汚染が生じるが，これは正しいのだろうか？

PEONは土壌中では鉄やアルミニウムと結合し準安定な形態で存在していることはすでに述べたが，有機物が大量に投入され，過剰なPEONが生成した場合には，鉄やアルミニウムの結合部位が飽和すると考えられる。そのため，生成した遊離のPEONは土壌に吸着することなく，溶脱すると考えられる。たとえば家庭園芸で，堆肥を小さな植木鉢に施用し灌水すると，時期によっては褐色の水が流れることがある。これは水溶性の有機物が流れ出た結果である。この褐色の溶液の正体は何か？　ということである。

茶樹は酸性土壌を好み，またアンモニア態窒素を好み，茶樹の葉中に遊離のアミノ酸を含むものほど良質な茶葉が得られるため，大量の有機物や化学肥料が施用されてきた。そのため，地下水の硝酸濃度が高まるなどの汚染が明らかにされてきた。現在では，減肥対策が行われている。そこで，茶園における窒素の溶脱が調査された。

◪有機物の大量施用による窒素の溶脱過程

鹿児島県では，茶園の施肥窒素の基準を50kg-N/haと設定している。その基準に沿った被覆尿素や化成肥料主体の化学肥料区（堆肥施用3t/ha）と，ナタネ油粕，骨粉などで窒素100kg-N/haの多量施肥をした有機物多量区（堆肥施用10t/ha）を設けた。堆肥や肥料は茶樹の畝間に施用されるが，この茶園は畝間が30cmで畝幅が150cmなので，実質的には堆肥や肥料の施用密度は6倍となり，それぞれ18t/ha，60t/haとなる。

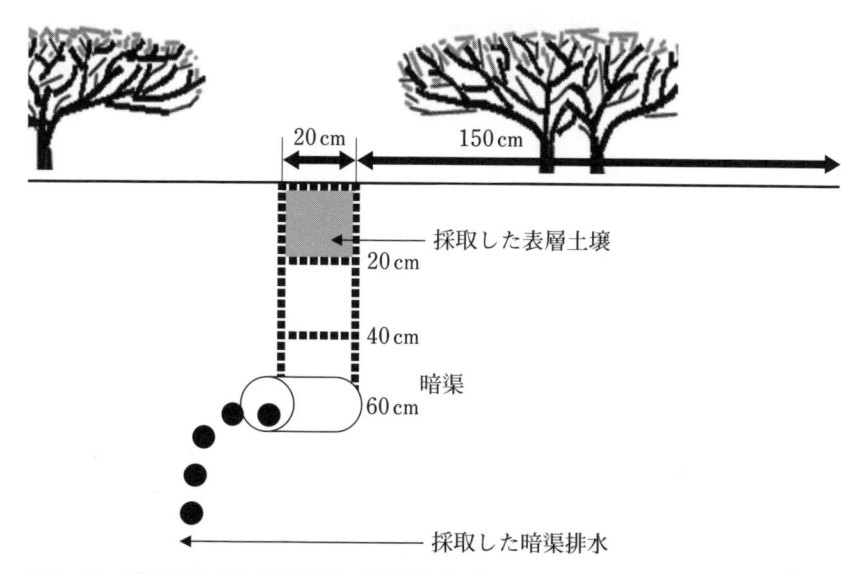

図3－33 茶園土壌（化学肥料区と有機物多量区）での窒素の動きを観察するために採取した表層（0〜20cm）土壌と下層（60cm）の暗渠の位置（三浦，2010から）

　両者の表層土壌（0〜20cm）と下層土壌（60cm）から排出される暗渠排水の無機態窒素量の推移を見た。図3－33には茶園のようす（畝間，畝幅）と，土壌および地下水の採取位置を示した。図3－34aに，表層土壌の無機態窒素（ほとんどが硝酸態窒素である）の推移を示した。有機物多量区では，高いC/N比のため無機化がおくれ，無機態窒素はごく少量しか検出されなかった。それに対して，化学肥料区では，有機物多量区よりはるかに多く無機態窒素量が検出された。
　しかし，下層土壌からの暗渠水についてみると，表層では無機態窒素の少ない有機物多量区で，硝酸態窒素が溶脱しており，その量は化学肥料区よりも多かった（図3－34b）。これは，表層土壌での結果と，それから類推される現象とまったく逆の反応である。

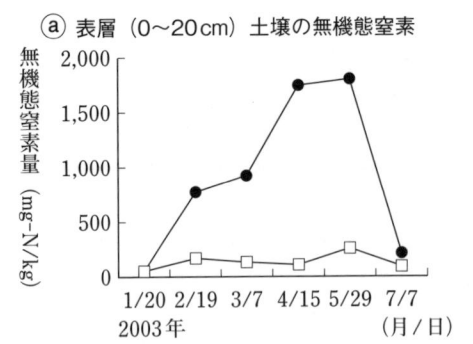

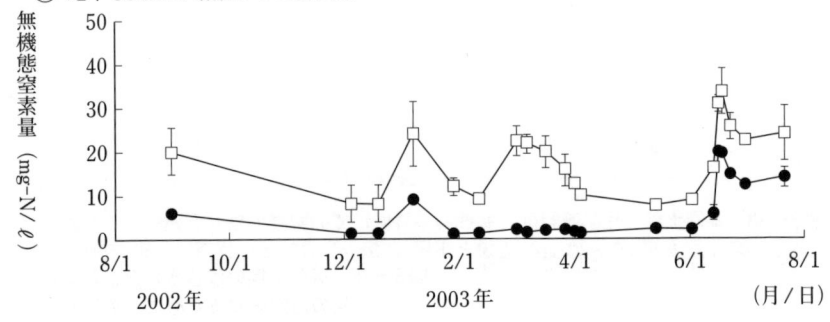

ⓐ 表層（0～20cm）土壌の無機態窒素

ⓑ 地下60cmの暗渠からの排出水

―●―：化学肥料区　―□―：有機物多量施用区

図3-34　茶園の表層土壌（0～20cm）と暗渠（地下60cm）排水中の無機態窒素量
（三浦，2010）
注）化学肥料区：鹿児島県基準施肥（50 kg-N/kg）を化学肥料で施用＋堆肥3 t/ha。
　　有機物多量肥料区：ナタネ油脂，骨粉などで窒素100 kg-N/kg＋堆肥10 t/haを施用

②硝酸態窒素だけでなくPEONも溶脱する

　この一見矛盾する現象は，PEONも溶脱するという仮説を立てれば，容易に理解できる。すなわち，大量の有機物が長期にわたり施用されると，表層土壌ではPEONと結合できる鉄やアルミニウムの結合部位がPEONで飽和されるため，さらに生成したPEONは下層へ溶脱する。下層でのPEONはそこで速やかに無機化され，硝酸となって暗渠へ流れ出る。

　それでは，暗渠から流出した褐色の溶液はなんであろうか？　その溶液がPEONであるかどうかを確認するために，つぎの試験を行なった。直径10 cmで長さ20 cmと60 cmのプラスチック製の円筒を作成した。長さ20 cmの円筒

は表層土壌を想定し，長さ60cmの円筒は地下60cmからの暗渠排水が採取できると想定したのである．この円筒それぞれに，①有機物の施用歴のない土壌（化成土壌，全炭素：41g-C/kg），②2年間堆肥を40t/ha施用した土壌（堆肥2年土壌，全炭素：54g-C/kg），③大量の堆肥が投入されている茶園土壌（全炭素：293g-C/kg），を充填した．さらに，この円筒の表層5cmの土壌には，市販の有機物（発酵鶏糞とナタネ油粕の混合物）を200g/kgの割合で混合し，培養した．（図3-35）．

降雨を模して，培養後5日目と10日目に，円筒の上部から散水し，下部から流れてきた土壌から

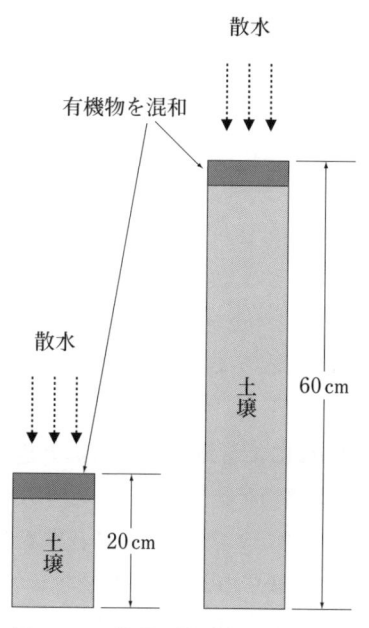

図3-35 茶園土壌の浸透水に含まれる窒素の形態を知るために，茶園の表層土壌（0~20cm）および暗渠（地下60cm）までの土壌を想定して作成した土壌円筒

の浸透水を採取し，窒素（有機態，アンモニア態，硝酸態窒素）を測定した．図3-36は，1回目の散水試験の結果である．

化成土壌では，円筒の長さに関係なく，浸透水中の窒素のほとんどが硝酸態窒素であった．堆肥2年土壌では，20cmの短い円筒からの浸透水には硝酸態窒素とともに水溶性の有機態窒素も検出されたが，60cmの円筒からは有機態窒素は検出されなかった．20cmでは分解されない有機態窒素が残っている．60cmの深さまで浸透水が流れてくるあいだに，ほとんどの有機態窒素は無機化し硝酸態窒素へと変化したと想像できる．

有機物含量を多く含む茶園土壌では，20cmの円筒で有機態窒素が全窒素の4分の1，60cmでも約1/5をしめていた．有機態窒素量が多いため，60cmの長い円筒でも浸透水の無機化能力が追いつかず，有機態窒素がそのまま浸出し

第3章 有機態窒素の吸収

たと考えられる。過剰に有機物を施用すると，表層土壌では有機態窒素の溶脱が頻繁に起こり，それが無機化されず下層まで流亡する可能性のあることが判明したのである。

採取した浸透水を，分子篩高速液体クロマトグラフィー（HP-SEC，検出はUV280nm）で分析したのが，図3－37である。各土壌円筒からの浸透水は，PEONと同様にピークが一つで，保持時間も同じであった。そして，有機物が大量に施用されている茶園土壌では，このピークが高く，20cm円筒のほうが60cm円筒よりピーク面積や高さが大きく，有機物の施用来歴と相関しており，PEONあるいはPEON様物質が溶脱していることが確認できた。

③PEONによる地下水汚染の考慮も必要

大量の有機物が施用されたとき，PEONが土壌中の活性なミネラル（すなわち，鉄やアルミニウム）と結合することなく，溶脱する可能性ある。したがって，これまでのように硝酸態窒素だけを対象にするのではなく，有機態窒素であるPEONも含めた地下水への汚染を考慮して，有機物施用量の上限が

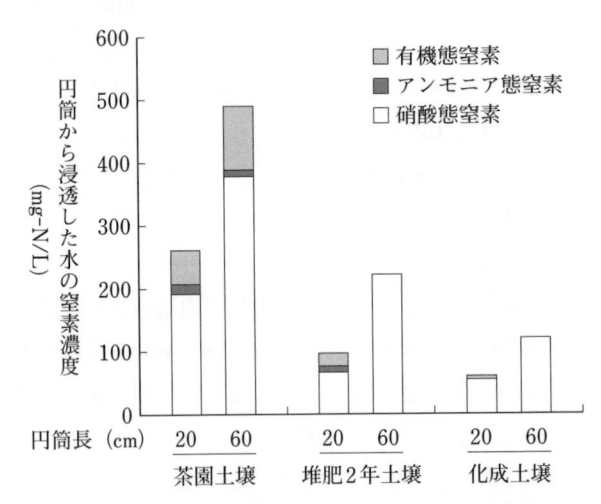

図3－36　茶園土壌，堆肥2年土壌，化成土壌を充填した円筒（長さ20cm，60cm）からの浸透水に含まれる窒素濃度（三浦，2010から作成）
培養から5日目に行なった1回目の散水の結果

設けられなければならない。そのための基準づくりには，土壌のリン酸吸収係数が参考になると思われる。
　「有機農業」においても，硝酸態窒素だけでなくPEONによる地下水汚染を引き起こすことを念頭に置かなければならない。

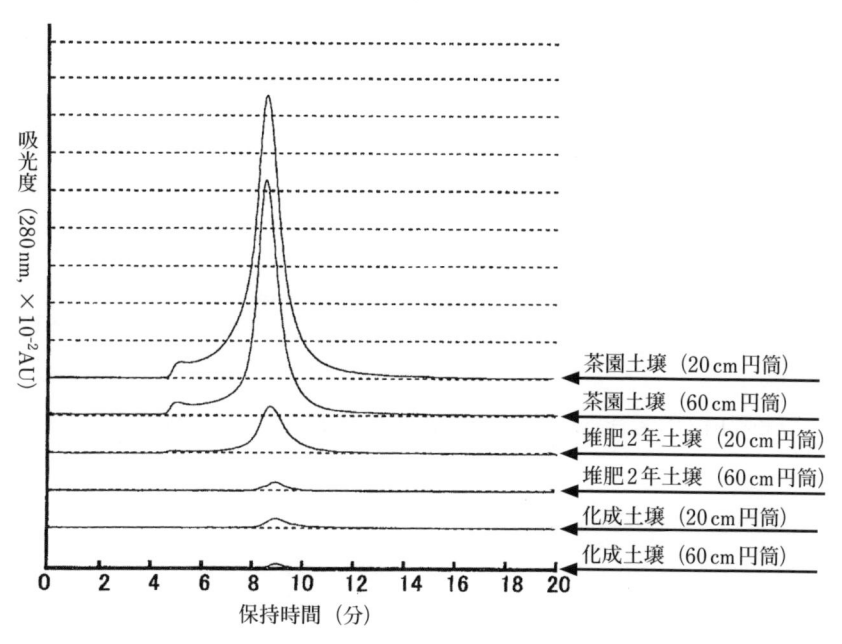

図3－37　有機物を添加した土壌円筒（20cm，60cm）に散水し，浸透水の分子篩高速体液クロマトグラフィーでの分析（HP-SEC，検出はUV280nm）
（三浦，2010から作成）

第4章

作物のカリウム吸収能力
――作物による鉱物からの溶解と吸収

1. 大きな問題のないカリウムだが……

(1) まだ,理解されていないカリウムの働き

①窒素やリンと違うところは?

　カリウム (K) は,窒素 (N),リン (P) とともに,植物の3大栄養素である。窒素は植物体のタンパク質や葉緑素,遺伝子の元となる核酸の主要元素であり,リンは核酸やATPなどエネルギー物質を構成している要素であるが,カリウムは植物体の構成要素ではない。

　カリウムは,土壌から無機イオンの形 (K^+) で吸収されるが,植物体内に入ってからも有機物の形に変化することなく,大部分が水溶性の無機塩・有機

酸塩の形で存在している。そして，細胞液の浸透圧維持，pHの調整，あるいは酵素作用の調整などの作用をしている。

　たとえば，植物は光合成によって炭酸ガスからデンプンをつくるが，カリウムがないと炭酸同化作用は進まない。また，植物が窒素からタンパク質をつくるときにも，カリウムがないと反応がとどこおる。植物は合成したデンプンを分解し，糖にして体内を移動させるが，この変換反応にもカリウムが関与している。糖からさまざまな生理活性物質（ビタミン類，抗酸化物質類）をつくるが，この合成にもカリウムが関与している。

　今日まで，植物にとって重要な，カリウムを構成元素とする有機態の化合物は見つかっていない。すなわち，カリウムは，自ら植物体の構成に参加することはないが，諸物質の合成がスムーズに行なわれるための体内環境づくりという重要な働きをしていることになる。そして，植物のカリウム要求量や含有率は，窒素と同程度かそれ以上である。

②資源量は安心？　研究も少ないが……

　この重要なカリウムの肥料の原料は，硫酸カリウムや塩化カリウムであり，日本ではほとんどを輸入にたよっている。しかし，リン鉱石と異なり，その資源は200年以上も枯渇しないと想定されている。また，日本での肥料消費量は，2007年の統計では窒素542,000t（N）でリン酸380,000t（P_2O_5），カリ569,000t（K_2O）で，カリは窒素よりも多い。

　にもかかわらず，日本でのカリウムの研究例は非常に少ない。また，施肥に関わっている研究者からも，「本当にカリ肥料は必要なのか？」との疑問をよく耳にする。しかし，それに対する答えがないのも実態である。

　持続型の農業を考えるうえでも，カリウムの適切な利用からも，カリウムの吸収と土壌との関係が明らかにされなければならない。本章では，その意味も含めて検討しよう。

（2）カリを施さなくても米が穫れるのはなぜ？

①80年に及ぶカリウム欠如試験の結果から

各地にある農業の試験場や研究所では，三要素の長期連用試験が行なわれている。そのうち，古くから継続されている試験について紹介しよう。

愛知県農業総合試験場では，窒素，リン酸，カリ（以下，肥料要素P_2O_5，K_2Oの場合はリン酸，カリとした）に石灰を加えた，四要素の天然供給量を把握する目的で，1926年から長期連用試験が実施され，2008年の日本土壌肥料学会愛知大会にその要約が報告された。

その施肥設計を表4－1に示した。施肥成分量は，窒素100 kg-N/ha，リン酸86 kg-P_2O_5/ha，カリ56 kg-K_2O/ha，石灰840 kg-CaO/haの割合で連年施用されており，さらに堆肥が現物で7.5 t/ha施用区（M1と略記）とその3倍量の22.5 t/ha施用区（M3）も設けられている。

80年以上にわたって栽培された水稲の玄米収量の平均値を図4－1示した。四要素の化学肥料を施用した区の玄米収量を100とすると，無肥料区（0），石灰のみ区（Ca（－NPK）），無窒素区（－N（PKCa）），無リン酸区（－P（NKCa））では，31～41の収量しか得られなかった。連用試験が実施されて

表4－1　愛知県での長期連用試験の施肥設計（塩田ら，1980のデータから作成）

試験区	表示	施用量（kg/ha）					
		窒素(N)	リン酸(P_2O_5)	カリ(K_2O)	石灰(CaO)	苦土(MgO)	堆肥
無施用	0	0	0	0	0	0	0
石灰のみ	Ca（－NPK）	0	0	0	840	0	0
無窒素	－N（PKCa）	0	86	56	840	0	0
無リン酸	－P（NKCa）	100	0	56	840	0	0
無カリ	－K（NPCa）	100	86	0	840	0	0
無石灰	－Ca（NPK）	100	86	56	0	0	0
四要素	NPKCa	100	86	56	840	0	0
堆肥	NPKCa+M1	100（+48）	56（+18）	56（+72）	540（+18）	（+6）	7,500
堆肥3倍量	NPKCa+M3	100（+144）	56（+55）	56（+215）	840（+55）	（+18）	22,500

注）1. 堆肥施用区では堆肥（M）からの養分を（+数字）で示した。堆肥施用量は現物で7,500 kg/ha，3倍量区は22,500 kg/ha

第4章　作物のカリウム吸収能力　169

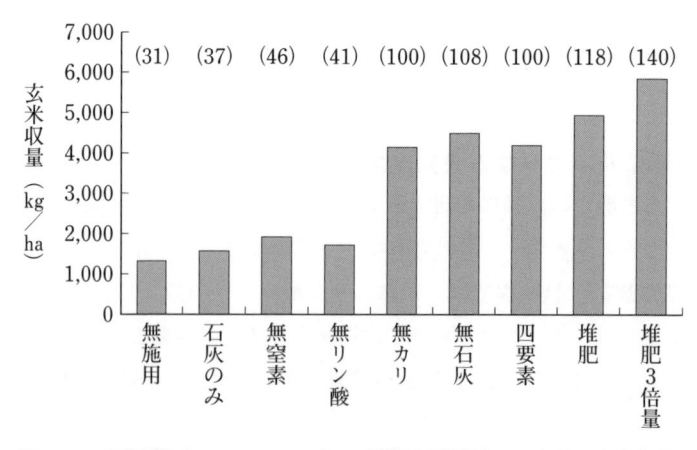

図4-1 四要素（N, P, K, Ca）の長期連用試験での水稲の玄米収量の平均値（1926年から2008年）
　　　　　　　　　　　　　（2008年の愛知県農業総合センターの発表から作成）
注）1. 図の括弧内の数字は四要素の化学肥料施用区の収量を100としたときの指数
　　2. 堆肥は7.5t/ha，堆肥3倍量は22.5t/ha

いる土壌は，安城市の洪積世に堆積した黄色土の水田土壌であるが，持続的な水稲作付けには窒素とリン酸の施用が重要であることがわかる。

しかし，無カリ区の玄米収量は4.15t/haもあり，これは4要素区の収量（4.17t/ha）とほとんど同じである。1926年からの継続試験の結果であるから，少なくとも80年以上もカリの施用がなくても，4t/ha以上もの収穫が充分確保されている。これは，カリウムの天然供給能が非常に高いことを示している。

堆肥の効果は大きく，3培量区では四要素区の収量の40%増になった。しかし，堆肥中の養分量についてはすべてが明らかではないので，これからの議論の対象からはずす。

②灌漑水からの供給量では足りない──一次鉱物からの供給も

水稲でのカリウムの天然供給源として，まず考えられることは，灌漑水からである。塩田ら（1980）は，灌漑水である愛知用水のカリウム濃度の測定も行なっており，1979年6月19日と同8月21日に灌漑水が採取されて分析され，その結果は1.00〜1.52mg-K/Lであった。日本の河川水中のカリウム濃度の

平均は1.2 mg-K/L程度であり，愛知用水のカリウム濃度は特に高い値ではない。水稲生育期間中の灌漑水量は1,000～1,500 tであり，ここからカリウムの供給量は15～22.5 kg-K/ha，カリに換算して18～27 kg-K₂O/haと算出される。試験区のカリ施用量が56 kg-K₂O/haであり，水稲は約半分の量を灌漑水以外から吸収していることになる（施肥効率が100％と仮定して）。

また，1979年には，収穫されたイネの無機成分の吸収量が測定されている（表4－2）。これによると，無カリ区のカリウム吸収量は64 kg-K/haであり，灌漑水からの供給量を差し引くと，40 kg-K/ha以上ものカリウムは灌漑水以外から供給されることになる。中西ら（1970）が推察したように，灌漑水からの供給による不足分は，土壌のカリウムを含む一次鉱物から供給されていると考えなければならない。これについて証明しよう。

③無カリ区のイネが最も多くカリウムを吸収

そこで改めて，表4－2で，イネが吸収した窒素，リンとカリウムをくらべてみよう。窒素吸収量については，窒素欠如区が31 kg-N/haで，無肥料区や石灰のみ区を除き，試験区のなかで最も少なかった。リン吸収量は，無リン酸区が3.8 kg-P/haで，すべての区の中で最も少なかった。すなわち，肥料成分の欠如は当然その成分の吸収量の低下を引き起こすはずであり，無窒素区と無リン酸区では，それぞれの養分欠如処理に対応して，吸収量は少なかった。

ところが，無カリ区のイネのカリウム吸収量は64 kg-K/haであり，カリを施用した無窒素区の45 kg-K/haや，無リン酸区の50 kg-K/haよりもカリウム

表4－2　イネの無機成分の吸収量（1979年の試験結果）（塩田ら，1980から）

試験区	表示	窒素(N)	リン(P)	カリウム(K)	カルシウム(Ca)	マグネシウム(Mg)	ケイ素(Si)
無施用	O	23	5.2	27	6.0	2.6	152
石灰のみ	Ca（－NPK）	25	5.5	29	7.6	3.1	177
無窒素	－N（PKCa）	31	6.6	45	8.4	4.2	256
無リン酸	－P（NKCa）	49	3.8	50	11.8	4.0	234
無カリ	－K（NPCa）	75	16.9	64	19.6	7.3	293
無石灰	－Ca（NPK）	74	17.9	80	21.5	6.3	237
四要素	NPKCa	70	16.4	86	19.3	6.8	268

表4-3 跡地土壌（0～15cm）の表層の理化学性（1976年の試験結果）

(塩田ら，1980から)

試験区	pH (H₂O)	CEC (cmol(+)/kg)	交換性塩基 (cmol(+)/kg)		
			カルシウム (Ca)	マグネシウム (Mg)	カリウム (K)
無施用	5.3	6.9	2.8	0.40	0.14
石灰のみ	6.6	8.9	7.7	0.70	0.14
無窒素	6.1	8.9	6.0	0.90	0.23
無リン酸	6.0	7.9	5.4	0.90	0.25
無カリ	6.2	9.4	5.1	0.50	0.10
無石灰	4.6	8.4	2.4	0.30	0.20
四要素	5.8	8.7	4.7	0.70	0.16

の吸収量は多かった。

さらに，跡地土壌の交換性塩基（表4-3）をみると，交換態カリウムは，無カリ区が0.10cmol(+)/kgで，他の試験区の交換態カリウム（0.14～0.25cmol(+)/kg）よりも低く，9試験区のなかで最も低い値を示していた。すなわち，無カリ区は土壌のカリウム供給量が最も少ないと推測されたにもかかわらず，カリウム吸収量はカリを施用している無リン酸区や無窒素区よりも多い値を示したのである（表4-2, 3）。

④無カリ区のケイ素吸収量が多いことへの着目

カリウムから離れて，ケイ素（Si）に注目しよう。玄米収量の指数は無カリ区で100，無石灰区で108，四要素区は100であり，これら3区の収量レベルはほぼ同等であり，さまざまな養分吸収量もこの3区はほぼ同様な傾向を示すと思われる（例えば，窒素は70～75kg-N/ha，リンは16.4～17.9kg-P/ha）。もちろん，無カリ区ではカリウムが欠如しているので，カリリウム吸収量は3区のなかで少ないのは当然である。ところが，無カリ区のケイ素吸収量が293kg-Si/haと，この3区だけでなく，堆肥施用区を除く7試験区で最も多かった（表4-2参照）。無カリ区のカリウムの給源は土壌鉱物に由来すると考えられるが，ケイ素の吸収が多いことは，ケイ酸塩鉱物からのカリウムの放出と関連していることを示唆する。

2. 土壌中のカリウムの形態と可給態カリウムの評価法

(1) カリウムの供給源とは

①交換態カリウムと非交換態カリウム

土壌中のカリウムは無機の形態で存在しており，そのうちの10%に満たないものが交換態カリウムとして存在している。交換態カリウムは，粘土（土壌粒子）が持つCEC（陽イオン交換容量）の負荷電（－）に電気的に吸着しているカリウムイオン（K^+）のことである。土壌中のカリウムイオンの量的な測定は，土壌に酢酸アンモニウム溶液を添加して，アンモニウムイオン（NH_4^+）と交換して溶出してきたカリウムイオンを測定する。この交換態カリウムが，作物に利用される主要な「可給態」であると考えられている。

土壌中に存在する残りの90%以上が，一次鉱物の結晶格子中や粘土の層間に存在する（表4－4の固定カリウムと構造性カリウム）。これらは非交換態カリウムといい，植物が直接利用できないとされている。

非交換態カリウムである固定カリウムは，粘土鉱物の結晶格子間の近縁部に

表4－4 土壌中に存在するカリウムの形態とそのカリウムイオンへの溶解反応

土壌カリウム	カリウムの存在状態	土壌溶液（K^+として）への変換速度
交換態カリウム	粘土鉱物表面に位置している非特異的な交換基に保持されている	瞬間的から数時間にかけて
非交換態カリウム 固定カリウム （イライト）	結晶格子間の近縁部にあって，カリウムやアンモニウムイオンと特異的な結合をしている	数時間から数週間
構造性カリウム （長石，雲母など）	結晶格子内の奥深く位置し，強固に結合している	ゆっくり，地質的過程（年単位）

注）この反応は逆反応も起こる可能性があり，その速度はほぼ同じと思われる

第4章 作物のカリウム吸収能力 173

あって，カリウムイオンやアンモニウムイオンと特異的な結合をする交換基に強く保持されている。代表的なものに粘土鉱物のイライトがある。一般に，交換態カリウムは前記抽出法によって数時間の範囲で土壌溶液に溶け出してくるが，固定カリウムは数時間から数週間かけて溶出する。

構造性カリウムは，一次鉱物（長石，雲母などのカリウム鉱物）中に存在するカリウムである。これは，地質学的変化を通して（すなわち風化作用を通じて）数年という長い時間をかけて，カリウムイオンとして溶出してくるといわれている。

②無カリ区イネのカリウム供給源は鉱物

前述した愛知県の長期連用試験で，80年の長期にわたり供給し続けているカリウム源は，構造性カリウムの一次鉱物と考えられる。鉱物は風化作用によって崩壊し，含まれていたカリウムは交換態カリウムとして土壌へ供給され，粘土のCECに保持される。表4-5には，代表的なカリウム鉱物を示しているが，重要なことは，これらはすべてケイ素とアルミニウムで構成されていることである。これが，風化することによって，カリウムイオンが溶出されるのである。

ちなみに，代表的なカリウム鉱物である黒雲母，白雲母，カリ長石の3種類の粘土を粉砕し，酢酸アンモニウムで20回も抽出し，カリウムイオンの溶解のようすを観察した（図4-2）。溶解したカリウム量は，黒雲母＞白雲母＞カ

表4-5 カリウムを保持している重要な一次鉱物の例

鉱物	化学組成	カリウム含有量 (g/kg)
長石 Feldspar		
正長石 Orthclase	$(K,Na) Al Si_3O_8$	
微斜長石 Microline	$(Na,K) Al SiO_4$	110—150
瑠璃長石 Sanidine	$KAlSi_3O_6$	
雲母 Micas		
白雲母 Muscovite	$KAl_2 (AlSi_3) O_{10} (OH)_2$	80
黒雲母 Biotite	$K (Mg,Fe)_3 (AlSi_3) O_{10} (OH)_2$	70
金雲母 Phlogopite	$KMg_3 (AlSi_3) O_{10} (OH)_2$	70

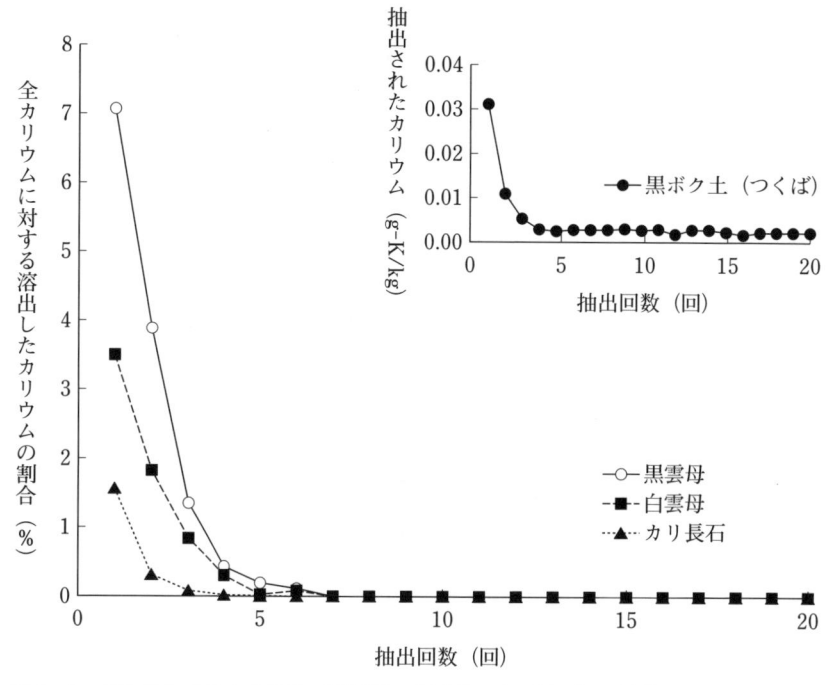

図4-2 代表的なカリウム鉱物（黒雲母，白雲母，カリ長石）の酢酸アンモニウムによる溶解

注）1. pH7.0の1M-酢酸アンモニウム溶液で逐次的に鉱物からカリウムを溶解した
2. 右上の図は黒ボク土（茨城県つくば市）からのカリウム抽出の様子

リ長石の順となり，鉱物の種類によって風化する速度が異なることを示している。すなわち母材の種類によって，土壌から交換態カリウムとして供給されるカリウムの量やスピードは異なることになる。

図4-2には，黒ボク土（茨城県つくば市）から抽出されるカリウムのようすも示したが，愛知県での長期連用の圃場でも，このように土壌を構成している母材からカリウムが供給されていると思われる。

（2）さまざまな可給態カリの評価法

①酢酸アンモニウム抽出と熱硝酸抽出

　土壌のカリウム供給量は，前述のように，酢酸アンモニウムを用いて，粘土表面のCECに電気的に吸着しているカリウムイオンを溶出し，その量を測定することによって評価するが，この方法では評価できない部分があることを示そう。

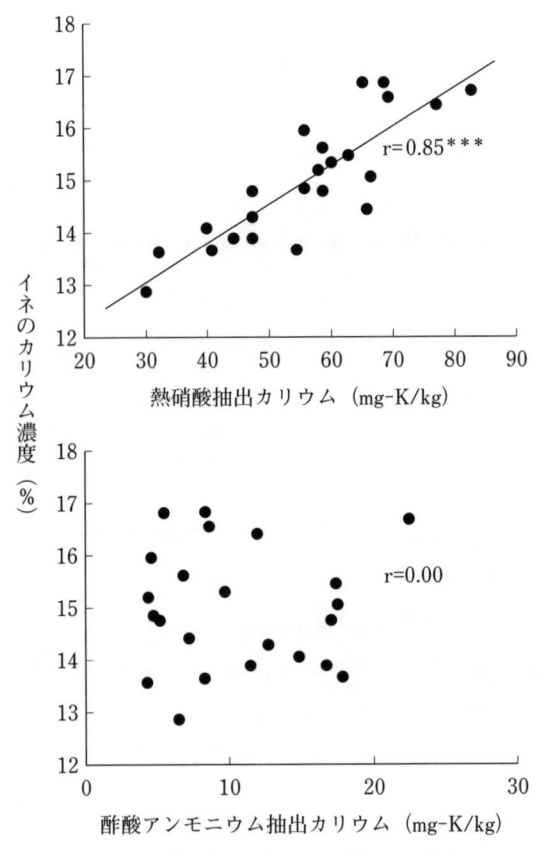

図4-3　イネ（水稲）のカリウム濃度と土壌抽出カリウム濃度との相関

（富山県農業試験場の結果から）

かりにこの評価法が万全であれば，イネのカリウム濃度と，さまざまな土壌から酢酸アンモニウムによって抽出したカリウム濃度との間には，高い正の相関が期待されるはずである。富山県農業試験場で行なわれた，水稲のカリウム濃度と土壌の酢酸アンモニウムによる抽出カリウム濃度，あるいは熱硝酸抽出カリウム濃度との相関を図4－3に示した。水稲のカリウム濃度は，土壌の酢酸アンモニウムによる抽出より，熱硝酸抽出カリウム濃度とより高い相関があった。

②イネが吸収しているのは非交換態（熱硝酸抽出）カリウム

熱硝酸による抽出では，表4－4の固定カリウム，すなわち結晶格子間の近縁部にあって，カリウムイオンやアンモニウムイオンと特異的な結合をする交換基に強く保持されているカリウムだけでなく，一次鉱物からのカリウム（構造性カリウム）も溶出される。

したがって，イネは，固定カリウムと構造性カリウムの両方の，非交換態カリウムを吸収・利用していると予想できる。

3. 作物による鉱物からのカリウムの溶解・吸収

（1）作物のカリウム吸収能力の違いはどこから

①カリウムを土壌から吸える作物と吸えない作物

北海道農業研究センター（芽室町）では，1976年から畑作物の輪作体系における施肥技術の確立のために窒素，リン酸，カリの三要素の長期連用試験が行われている。三要素は，化学肥料のみの施用が行なわれている。

ここでは，土壌からのカリウムの供給量を考察するため，つぎの3試験区について検討しよう。三要素の施用区（NPK），カリ欠如区（－K：NP），および無施肥区（0）区の3区である。この試験では，窒素（N）を硫安，リン酸

(P_2O_5) を過リン酸石灰，そしてカリ（K_2O）は硫酸カリウムが施用されている。

畑作物として，テンサイ，トウモロコシ，ジャガイモ，コムギ，ダイズなどが用いられた。テンサイには，硫安の他に硝酸ソーダが混和されるなど，すべての試験区に硫酸マグネシウムや苦土消石灰などが施用され，三要素以外の養分については不足のないように適宜土壌管理が行なわれた。そして，三要素施肥量についても，作物の特性にあわせて施用量を変えている。たとえば，テン

表4－6　畑輪作での長期連用試験における畑作物の無肥料区，カリ肥料欠如区，三要素区のカリウム吸収量

年次	作物	無肥料区 0	カリ欠如区 －K（NP）	三要素区 NPK
1976	インゲン	7	26	32
1977	冬コムギ	13	52	46
1978	テンサイ	49	159	231
1979	インゲン	3	19	33
1980	冬コムギ	10	49	43
1981	テンサイ	8	95	296
1982	ダイズ	30	119	182
1983	ジャガイモ	17	24	126
1984	冬コムギ	8	60	68
1985	テンサイ	30	80	296
1986	トウモロコシ	38	45	210
1987	ダイズ	30	82	157
1988	ジャガイモ	17	19	113
1989	冬コムギ	8	60	68
1990	テンサイ	17	89	288
1991	トウモロコシ	42	100	237
1992	ダイズ	44	57	148
1993	ジャガイモ	14	16	72
1994	春コムギ	18	18	41
1995	テンサイ	38	76	167
1996	トウモロコシ	26	86	160
1997	ダイズ	69	49	152
1998	ジャガイモ	16	14	76
1999	テンサイ	15	62	173

カリウム吸収量（kg-K/ha）

サイではN-P$_2$O$_5$-K$_2$Oが160-250-180 kg/ha、ダイズでは30-150-90 kg/ha、冬コムギでは100-150-100 kg/haである。

　表4-6には、この長期連用試験について、1976年から1999年までの、各年の輪作作物の3試験区のカリウム吸収量を示した。それぞれの作物のカリウム吸収量は、収量と高い相関があるので、収量は記載していない。

　作物生産量すなわち収穫量が多い、三要素施用区のカリウム吸収量の平均値をその作物のカリウム要求量とみなすと、テンサイのカリウム要求量は約241 kg-K/ha、トウモロコシは202 kg-K/haである。カリ欠如区のカリウム吸収量は、テンサイは約94 kg-K/ha、トウモロコシは77 kg-K/haであり、それを土壌から吸収していることになる。したがって、土壌からのカリウム供給量は、約77～94 kg-K/haとなる。

　いっぽう、ジャガイモのカリウム要求量は約97 kg-K/ha程度と、テンサイやトウモロコシよりも少ない。また、カリ欠如区では平均で約18 kg-K/haしか吸収していない。カリ欠如区に焦点を当てると、土壌は、テンサイやトウモロコシへは77～94 kg-K/haのカリウムを供給できる能力があるが、ジャガイモには18 kg-K/ha程度のカリウムしか供給できなかったのである。

　冬コムギの場合はどうであろうか？　三要素区の冬コムギの穀実収量は平均3,200 kg/haで、カリウム要求量（吸収量）は約56 kg-K/haであった。これに対し、カリ欠如区の冬コムギの収量は約3,400 kg/haと三要素区と同等かそれ以上であり、土壌から約55 kg-K/haのカリウムを吸収していた。

　以上の結果は、作物によって土壌からのカリウム吸収量、すなわちカリウムの吸収能力が異なることを示している。とりわけ、施肥カリウムからでなく、土壌由来のカリウム吸収能力が、作物の種類によって異なることが確認できた。

②作物の種類でカリウム溶解能力が違う
——溶解能力と吸収能力は異なる

　作物によるカリウム吸収能力が異なることを、具体的に表4-6から観察していこう。一般に、土壌の鉱物中に含まれる非交換態カリウム、すなわちカリウム鉱物から風化によって供給されるカリウムイオンは、気候などによる年次

間変動はあるものの,ほぼ毎年,同じ量が供給されるという前提がある。

1983年に作付けされたジャガイモでは,三要素区ではカリが150 kg-K₂O/ha施用され,カリウムを126 kg-K/ha吸収した。カリ欠如区のジャガイモは24 kg-K/haのカリウムを吸収しており,土壌からの天然供給量は24 kg-K/haと推定できる(畑条件なので,灌漑水からのカリウム供給量は無視できる)。

翌年度の1984年に作付けされたカリ欠如区の冬コムギは,60 kg-K/haのカリウムを土壌から吸収している。前年のジャガイモ栽培では24 kg-K/haしか供給できなかった土壌が,次年度には60 kg-K/haも供給できたことになる。また,1990年のテンサイには,89 kg-K/haのカリウムを土壌から供給されている。

すなわち,単なる風化によってカリウムが土壌から供給されるだけでなく,作物が積極的にカリウム含有鉱物からカリウムを溶解して吸収する能力があることを示している。言い換えれば,植物の種類によって,鉱物の風化を促進させる能力に差がある。

カリ欠如区を観察すると,ジャガイモはこの6作物のなかで,カリウムの吸収能力が最も劣っている(1983年だけでなく,1988,1993,1998年も参照)。また,冬コムギはカリウムの吸収量は少ないが,土壌からのカリウムの利用能力はそれほど劣っていないこともわかる。ここで重要なことは,カリウムの吸収・体内蓄積能力と,土壌からカリウムを溶解・利用する能力とは異なることである。

(2) 鉱物の風化・崩壊にともなうカリウムの溶解

①カリウムの放出にはケイ素の放出もともなう

土壌に存在するカリウム含有鉱物の種類を,表4-5に示した。粘土鉱物であるイライトに含まれる固定カリウム(表4-4参照)を除いて,一次鉱物や火山ガラスに含まれるカリウム(K)は酸素原子を介してケイ素原子(Si)やアルミニウム原子(Al)と結合し,3次元的に安定したケイ酸塩鉱物としての構造を保っている。

この一次鉱物からカリウムイオンが風化によって放出されるとき，単にカリウムイオンだけが放出されることはあり得ない。カリウムを含む一次鉱物にはケイ素だけでなく，アルミニウムをも含んでおり，風化によるカリウムの放出にはケイ素の放出も必然的に伴っている。
　作物のカリウム吸収能力を論議する前に，カリウム含有鉱物が溶解しカリウムが放出される過程を検討しよう。

②加水分解でカリウムとケイ酸が生成

　カリウムを含む鉱物のカリ長石（瑠璃長石，$KAlSi_3O_8$）が風化あるいは，作物によって加水分解されると考えられる化学反応を以下に示した。
　①式について説明すると，カリ長石の表面にあるカリウムは，水（炭酸ガスが飽和すると，酸性に傾く）の水素イオンによって置換する。この反応で水酸化カリウム（KOH）が生じる。カリ長石の微粉末を水と反応させるとアルカリ性を示すことからも，この反応が証明される。

$$K長石 + HOH \rightarrow H長石 + K^+ + OH^- \quad \cdots\cdots ①$$

カリ長石中のカリウム元素の存在状態を考慮すると以下のような式で示される

$$\equiv Si-\underset{K}{O}-Al\equiv \ + \ H^+ \rightarrow \ \equiv Si-\underset{H}{O}-Al\equiv \ + \ K^+ \quad \cdots\cdots ②$$

アルミニウム（Al）は三価のカチオンとして存在し，その配位数は8面体を形成する6配位であるが，土壌の母材を形成しているアルミニウムは4配位として存在することが多く，この母材が風化を受けた後に生じるアルミニウムは6配位である。1：1型や2：1型の粘土鉱物を形成しているアルミニウムはすべて6配位である。上記の式のアルミニウムはそれを考慮して4配位として描いてある。

---

　②式の生成物は，③式のように水（H_2O）と反応し，ケイ素（Si）とアルミニ

ウムとの間が切断される。

$$\equiv \text{Si} - \text{O} - \text{Al} \equiv \ + \ \text{H}_2\text{O} \ \rightarrow \ \equiv \text{Si} - \text{OH} \ + \ \text{H}_2\text{O} - \text{Al} \equiv \quad \cdots\cdots ③$$
$$\phantom{\equiv \text{Si} - \text{O} - \text{Al} \equiv}\ \ |$$
$$\phantom{\equiv \text{Si} - \text{O} -}\ \text{H}$$

また、長石の中にあるSi－O－Si結合も水と反応し、④式のように切断され分解する。

$$\equiv \text{Si} - \text{O} - \text{Si} \equiv \ + \ \text{HOH} \ \rightarrow \ \equiv \text{Si} - \text{O} - \text{Si} \equiv \ + \ \text{H}^+ \ \rightarrow$$
$$\phantom{\equiv \text{Si} - \text{O} - \text{Si} \equiv + \text{HOH} \rightarrow \equiv \text{Si} - \text{O}}\ |$$
$$\phantom{\equiv \text{Si} - \text{O} - \text{Si} \equiv + \text{HOH} \rightarrow \equiv \text{Si} -}\text{OH}$$
$$\equiv \text{Si} - \text{OH} \ + \ \text{HO} - \text{Si} \equiv \quad \cdots\cdots ④$$

以上のような経過をたどり、⑤式のようになる。すなわち、カリ長石は加水分解作用を受けたのち、最終的生産物としては、ケイ酸（H_4SiO_4）、カリウム（水酸化カリウムKOH）、水酸化アルミニウム（$Al(OH)_3$）を生成する。

$$\text{KAlSi}_3\text{O}_8 \ + \ 8\text{H}_2\text{O} \ \rightarrow \ \text{Al(OH)}_3 \ + \ 3\text{H}_4\text{SiO}_4 \ + \ \text{KOH} \quad \cdots\cdots ⑤$$

また、生成した水酸化アルミニウム（$Al(OH)_3$）とケイ酸（H_4SiO_4）が再結合して、アルミノケイ酸塩が生成する。アルミノケイ酸塩としては、カオリナイト（$Al_2Si_2O_5(OH)_4$）のような粘土鉱物が生成可能であるし、場合によってはアロフェンやイモゴライトのような非晶質粘土が生成されているかもしれない。⑥式はカリ長石が加水分解して生じた水酸化アルミニウムとケイ酸が反応して最終生産物であるカオリナイトが生成する反応である。⑦式は、カリ長石が風化してカオリナイトが生成したときの全反応式である。

$$2\text{Al(OH)}_3 \ + \ 2\text{H}_4\text{SiO}_4 \ \rightarrow \ \text{Al}_2\text{Si}_2\text{O}_5\text{(OH)} \ + \ 5\text{H}_2\text{O} \quad \cdots\cdots ⑥$$

$$2\text{KAlSi}_3\text{O}_8 \ + \ 11\text{H}_2\text{O} \ \rightarrow \ \text{Al}_2\text{Si}_2\text{O}_5\text{(OH)}_4 \ + \ 4\text{H}_4\text{SiO}_4 \ + \ 2\text{KOH}$$
$$\cdots\cdots ⑦$$

以上の過程で重要なことは，⑤式に示すように，一次鉱物の風化によってカリウムとケイ酸が同時の生成されることである。

③挙動をともにするカリウムとケイ酸

　ケイ素とカリウムが密接につながっている例を示したい。小林（1971）の『水の健康診断』（岩波書店）によると，火山岩の影響を受けた河川水中のケイ酸濃度は高く，水成岩の影響を受けた河川水中のケイ酸濃度は低い。さらに，これらの河川水のケイ酸濃度の分布と，稲ワラ中のケイ濃度の分布との間にも

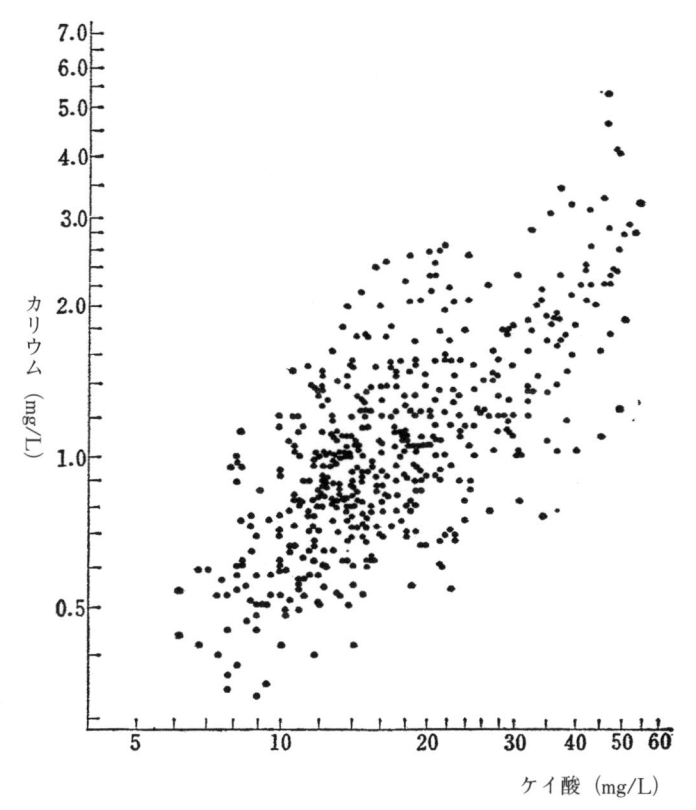

図4-4　河川水中のカリウムとケイ酸濃度の相関関係
　　　　（小林『水の健康診断』1971　岩波書店から）

きわめて高い相関のあることを見いだしている。さらに，日本国内の河川水中のカリウム濃度の分布とケイ酸濃度の分布とは，きわめて類似していると指摘している。

言い換えれば，降雨によって土壌へ浸透した水は，①〜⑤式に示したように，土壌中の鉱物の風化過程で加水分解作用に関与し，一定量のケイ酸とカリウムを含んだ地下水として下層に達し，最終的には河川水中へ流れていくと考えられる。したがって，河川水中のカリウムとケイ酸の含有率とのあいだには，きわめて高い相関が認められるのである（図4－4）。

（3）作物のカリウム溶解能力がケイ酸吸収量に連動

①三要素区よりカリ欠除区のケイ酸吸収量が多い

これまでに，鉱物の風化によるカリウムの放出には，ケイ酸の溶解も伴なうことを示した。表4－6で紹介した長期連用試験のデータ中から，各畑作物が吸収したケイ酸を表4－7に示した（1976年から1999年の平均値）。イネ科作物の冬コムギやトウモロコシのケイ酸吸収量が多いが，三要素区よりカリ欠如区でケイ酸吸収量が多いことが注目される。この現象は，非イネ科植物であるマメ科のダイズやインゲンでも同様で，カリ欠如区でのケイ酸吸収が増加している。カリ欠如区でのケイ酸吸収量の増加は，土壌鉱物中のカリウムとケイ酸の溶解が連動していることを示唆しており，⑤式あるいは⑦式が妥当であることを示している。

表4－8に，1976年から1999年までに吸収された，全カリウム量とケイ酸量を示した。ここで注目されるのは，カリ欠如区のほうが三要素区よりもケイ酸吸収量が多かったことである。この事実は，カリ欠如による作付けが，鉱物の崩壊（風化）を促進させ，その結果生じるケイ酸を作物がより多く吸収していることを示唆する。特にトウモロコシと冬コムギによるカリ欠如区のケイ酸の吸収は顕著である（表4－7）。三要素区では，化学肥料からのカリウムの吸収があり，鉱物を風化させる作用は少ないことを示している。

表4－6で土壌からのカリウムの溶解・吸収能力が劣ると考えられたジャガイモは，カリ欠如区では全作物の中でケイ酸の吸収は最も少なかった（表4－7）。

表4－7 長期連用試験において，畑作物によって吸収された粗ケイ酸

作物	ケイ酸吸収量（kg-SiO₂/ha）		
	無肥料区	カリ欠如区	三要素区
冬コムギ（イネ科）	114	574	447
春コムギ（イネ科）	80	169	170
トウモロコシ（イネ科）	111	313	277
テンサイ（アカザ科）	15	46	49
ダイズ（マメ科）	21	80	59
インゲン（マメ科）	5	36	25
ジャガイモ（ナス科）	9	17	31

注）表4－6の連用試験参照

表4－8 1976年から1999年にかけて栽培された全作物によって吸収されたカリウムとケイ酸

明らかにカリ欠如区のケイ酸吸収が多い

養分の吸収	無肥料区 0	カリ欠如区 －K（NP）	三要素区＊ NPK
カリウム（kg-K/ha）	470	1,320	2,860
ケイ酸（kg-SiO₂/ha）	1,040	3,860	3,440

注）＊：1976～1999年までに施用されたカリウムの合計量は2,450 kg-K/haであった

②水稲でも無カリ区のケイ酸吸収量が多い

愛知県農業総合試験場で行なわれた水稲の長期連用試験について，もう一度見てみよう。表4－2には，1979年に栽培された水稲の養分吸収量を示しているが，堆肥区を除く試験区について，無カリ区（－K（NPCa））のケイ酸の吸収量は293 kg-Si/haであり，すべての区の中で最もケイ素吸収量が多かった。ここでも，カリウム欠乏条件とケイ酸吸収量の増加とが深く関連していることが示されている。

以上のように，水稲での4要素（N，P，K，Ca）長期連用試験，および畑作での三要素（N，P，K）の長期連用試験で，化学肥料としてカリウム施用を行なわなかった時のケイ酸吸収の増加は，土壌鉱物の崩壊（風化）によるカリウムの供給を反映していることが明らかになった。

4. 鉱物中のカリウム，ケイ酸の利用と輪作

（1）イネ——マメ科の輪作の意義

①溶解力と吸収力——作物の個性に注目

　土壌鉱物の風化にともない溶出してくるカリウム量は，植物の根が持つ鉱物の風化促進能力に依存する。イネ科植物は体内へ大量のケイ酸を吸収・蓄積するが，いっぽうマメ科植物のケイ酸吸収能力は低い。マメ科作物のようにケイ酸の吸収が少ない植物では，カリ欠如条件で土壌中の可給態ケイ酸量が増加すれば，その植物が鉱物を溶解させる能力が高いことがわかる。しかし，イネ科植物の場合，鉱物から溶解するケイ酸を大量に吸収するため，土壌中の可給態ケイ酸量を測定しても，その植物のカリ鉱物の溶解能力は評価できない。

　火山灰土壌（黒ボク土，この土壌のカリウムの溶解のようすは図4－2の上図に示している）を500mLポットに充填し，カリを施用しない条件で，ダイズ，イネ（畑条件），トウモロコシ，ヒマワリを栽培した。約2カ月栽培後，各作物のケイ酸吸収量と栽培跡地土壌の可給態ケイ酸（2.5％酢酸抽出による）を測定した（表4－9）。4作物のカリウム吸収量はほぼ12～13mg-K/ポット

表4－9　カリ欠如条件での各種作物のカリウム，ケイ酸吸収量と栽培跡地土壌の可給態ケイ酸含量

	無栽培	ダイズ	イネ（畑作）	トウモロコシ	ヒマワリ
カリウム吸収量 (mg-K/ポット)	0	13.1	13.1	12.5	12.7
ケイ酸吸収 (mg-SiO_2/ポット)	0	32	521	62	13
跡地土壌の可給態ケイ酸* (mg-SiO_2/ポット)	682	778	618	710	730

注）＊：2.5％の酢酸で抽出した

であり，ポットに充填した土壌の容量が少ないため，可給態カリウムの総量で生育が決まってしまった。

イネ（陸稲）のケイ酸吸収量は521 mg-SiO₂/ポットと4作物中最も多く，イネは土壌から可溶化（溶解）したケイ酸を大量に吸収している。そのため，跡地土壌の可給態ケイ酸量（618 mg-SiO₂/ポット）は無栽培土壌の可給態ケイ酸量（682 mg-SiO₂/ポット）よりも少なくなった。

イネ科のトウモロコシもケイ酸を吸収するが，その量は少なく，土壌から溶解したケイ酸を吸収し残している。トウモロコシ跡地の可給態ケイ酸の量は710 mg-SiO₂/ポットと，無栽培区の682 mg-SiO₂/ポットより若干ながら多くなり，可給態ケイ酸の富化が認められた。

ダイズも，カリウムを13.1 mg-K/ポットと限界量まで吸収したが，ケイ酸については積極的に吸収することはなく，土壌中の可給態ケイ酸は778 mg-SiO₂/ポットとなり，無栽培区より増加した。これから，ダイズは土壌中のカリ鉱物を崩壊させる能力を持つことが，間接的に証明された。

②ケイ酸を多量に吸うイネと，土に貯めるダイズの組み合わせ

イネーマメ科の輪作体系の利点として，マメ科に着生する根粒菌によって固定された窒素が，イネ科作物に与えられることが指摘されている。しかし，ダイズが吸収する全窒素量のうち，窒素固定（窒素ガス）によってまかなわれているのは半分にすぎない。残りの約半分は土壌中の有機物から放出される窒素である。したがって，ダイズの連作栽培は土壌有機物の消耗を早める。

イネーマメ科の輪作体系の利点は，マメ科によって土壌の可給態ケイ酸が増え，それを吸収してイネがより健全な生育を示すことではないかと思われる。

なお，ヒマワリもケイ酸吸収が少なく土壌に蓄積するタイプと考えられるので，マメ科同様，イネとの組み合わせに適していると思われる。

（2）鉱物からのカリウム溶解機構の解明に向けて

①接触溶解反応の研究に期待

第2章（リン酸）や第3章（窒素）で，植物が難溶性の形態の養分を吸収す

る能力として，根分泌物および根細胞壁によるものの2種類の溶解機構を提示してきた。

　本章ではカリウムの溶解・吸収について検討してきた。そして，これまで見てきたように，一次鉱物を崩壊させカリウムを溶解・吸収する能力が最も高い作物にイネがある。しかし，イネは，根から分泌される有機酸量はきわめて少ない。海外の研究者によっても，そのことが明らかにされている。したがって，イネによるカリウム鉱物の溶解は，難溶性リン酸の吸収機構のところで示した，細胞壁に存在する「接触溶解反応」が関与していると予想している。この点の解明はこれからの課題で，今後の研究に期待したい。

②ともに溶解されるアルミニウムについての疑問

　さらにもう一つの課題として，アルミニウムの溶解についての疑問がある。カリウム鉱物の風化・崩壊の化学式⑤を再度示そう。

$$KAlSi_3O_8 + 8H_2O \rightarrow Al(OH)_3 + 3H_4SiO_4 + KOH \quad \cdots\cdots ⑤$$

　一次鉱物は，植物によって積極的に風化され吸収されるが，一般の風化作用ではケイ酸とカリウムは河川水中に溶脱される。その結果，小林（1970）が示したように，河川水中のカリウムとケイ酸には高い相関がある（図4-4）。しかし，⑤式に示すカリ長石の風化（加水分解作用）では，アルミニウムもともに溶出されるはずである。⑦式にもケイ酸が出現するが，カオリナイトの生成にはかなり時間の経過が必要であり，まず⑤式が出現し，その後，条件が整ったときに⑦式の反応が起こる。したがって基本的に⑤式を考える必要がある。

　河川水中のアルミニウムについては，越川・高松（2004）が報告しているように，渓流水中に$0.2 \sim 0.45\,\mu$M-Al（イオン性，有機錯体および鉱物粒子態アルミニウムのすべて含めて），琵琶湖表層水中に$0.3\,\mu$M-Al（反応性アルミニウム）の存在が確認されている。また，小林によると，河川水中のケイ酸濃度は$7 \sim 50$ ppm，カリウム濃度は$0.5 \sim 6.0$ ppmの範囲であるが，アルミニウムは15 ppb（パーツ・パー・ビリオン，1 ppm=1,000 ppb）以下の範囲であ

る。モル比で河川水中のケイ酸とアルミニウムを換算すると，アルミニウムはケイ酸の1/200〜1/1,500であり，アルミニウム濃度は著しく低い。

　上記⑤の式からは，鉱物から放出されるケイ酸，カリウム，アルミニウムの三者の溶解量は同程度と思われるにもかかわらず，アルミニウム濃度は非常に少ない。溶解されたアルミニウムはどこにいってしまったのか，第5章では，これについて検証しよう。

第5章

アルミニウムと腐植の蓄積
―― イネ科植物の働き

1. 腐植の今日的意義,火山灰土壌における蓄積

(1) 今なぜ炭素＝土壌有機物(腐植)が問題か?

①土壌はCO₂発散を防ぐ炭素の貯蔵庫

近年,特に関心が高い「地球温暖化」は,環境問題だけでなく,社会問題としても世界的な関心が向けられている。大気中の二酸化炭素(CO_2)濃度は化石燃料の使用や熱帯雨林の消失によって,産業革命以前の280ppmから376ppm(2003年現在)まで上昇した。

そうしたとき,地球規模の生態系から土壌をとらえると,そこは二酸化炭素(炭素)の重要な貯蔵庫である。CO_2に分解される前の有機物,すなわち土

壌の炭素量は非常に多く，地球全体で1.5×10^{18} gにもなる。大気中のCO_2濃度を下げるためにも，土壌に蓄積する有機物の炭素を増やそうとする試みがある。

土壌に蓄積した有機態の炭素が「腐植」である。腐植は，土壌に添加された有機物が微生物によって分解され，最終的にすべて二酸化炭素として消滅する前に，一連の分解反応が阻害されることによって，土壌中に蓄積した難分解性の有機物である。

②土壌に蓄積する有機物＝腐植とは

◇腐植の定義

腐植とは，動植物遺体が土壌生物によって分解・再合成された暗色無定形（コロイド状）の高分子化合物（腐植物質）をさす。土壌有機物と同じ意味で用いられることもある。厳密な定義は国際腐植物質学会で定められている。

腐植物質とは，土壌を水酸化ナトリウム（NaOH）などのアルカリで抽出した物質，あるいは天然水でXAD樹脂に吸着し希アルカリ水溶液で溶出される物質である。この腐植物質のなかで酸により沈殿する物質をフミン酸，沈殿しない物質をフルボ酸と呼んでいる。

このように定義は「厳密」ではあるが，水酸化ナトリウムなどのアルカリ分解で抽出が行なわれており，水酸化ナトリウムによる加水分解反応はきわめて非選択的な破壊反応である。腐植と新鮮な有機物との違いがこの操作では区別ができない。したがって，「厳密」な定義に「乱雑」な実験操作が伴なっているといえよう。

◇腐植の機能

腐植を機能的にみると，比較的分解されやすいものは，分解過程で窒素などの養分を補給したり，微生物の増殖をうながす結果，土壌団粒の形成を促進する。土壌微生物に分解されにくい腐植は，土壌の物理性を保つだけでなく，腐植が持つ陽イオン交換（CEC）機能によって，肥料成分などのミネラル成分の保持機能がある。さらに，その結果として土壌のpHや，養分の補給や欠乏に対する緩衝作用が大きくなり，営農の持続性を高めることになる。

第3章で述べたように，火山灰土壌（茨城県つくば市）で，無窒素区でも小

麦の収量が23年間を通して平均で約3,000kg/haもあるのは，腐植として蓄積している窒素が供給されたことによる（101ページ表3-1参照）。これからも腐植の持つ持続的な養分供給力の高さがうかがえる。

③有機物が土壌に蓄積する要因

有機物の分解が阻害されて腐植が形成される主要な要因としては，①有機物量，②温度，③水分，④酸素などがあげられよう。

有機物の蓄積で有名な土壌として「チェルノーゼム」や「パンパ」があるが，これらは，比較的冷涼で乾燥したステップ気候（ケッペンの気候区分による）に位置しており，有機物の生産よりも分解が少ないことによると考えられる。また，日本にも各地に存在する泥炭土壌での炭素の蓄積は，過剰な水分による酸素不足が，微生物による有機物の分解を阻害しているためである。

④腐植の蓄積機構の解明は「地球温暖化」抑制にも貢献

いっぽう，日本の火山灰土壌地帯には，有機物の分解が早く進む温暖湿潤気候にもかかわらず，大量の土壌有機物を含み，炭素量が5％から多い場合は15％にも達する黒ボク土がある。さらに高温の熱帯湿潤地域に属するフィリピンには，多腐植質の火山灰土壌が分布している。

こうした，腐植すなわち安定な難分解性有機物の蓄積機構が解明されれば，作物生産を高く持続させることが容易になるだけでなく，世界的に関心の高い「地球温暖化」の抑制に貢献できるかもしれない。

（2）黒ボク土での土壌有機物（腐植）蓄積の仕組み
——これまでの議論の検証

日本の代表的火山灰土壌である黒ボク土は，非常に厚い暗褐色のA層（土壌の最上層）を持ち，そこに多量の未分解有機物を含んでおり，大量の炭素を土壌に蓄積している。この土壌有機物＝炭素の蓄積機構として，以下の2つの議論がなされている（山口・平舘，2007）。

①火山灰から供給されるアルミニウム（Al）や鉄（Fe）が，安定な有機物

を形成する。

②ススキ草原を維持するために行なわれた，人工的な野焼きによって生成した燃焼炭の蓄積。

この2つの議論について検証しよう。

①火山灰由来のアルミニウムと鉄の作用説

多くの研究成果から，土壌有機物の集積にはアルミニウムが関与していると指摘されている。これを確認するため，土壌の中のどのようなアルミニウムが腐植（土壌有機物）と結合しているのか，アルミニウムの形態別分析を試みた。

表5-1には，用いたアルミニウムの抽出溶液とその特性を示した。アルミニウムの抽出剤として，塩化カリ（KCl），塩化銅（CuCl₂），ピロリン酸ナトリウム（NaPPi），シュウ酸（C₂H₂O₄），苛性ソーダ（NaOH）の5種類の溶液を使用した。黒ボク土を含む15種類の土壌について，全炭素量（T-C（％））と，抽出したアルミニウム濃度との相関を調べた。その結果，ピロリン酸ナトリウム（注1）で抽出したアルミニウム量と土壌の炭素との間に最も高い正の相関（r=0.87＊＊＊，n=15）が確認できた（表5-2，図5-1）（なお，水田土壌では，アルミニウムよりも鉄と土壌炭素との相関が高いことが認められている）。

(注1) ピロリン酸（PPi）とピロリン酸ナトリウム（NaPPi）：ピロリン酸（pyrophosphoric acid）は，正しくは二リン酸（diphosphoric acid）と呼ばれ，化学式$H_4P_2O_7$

表5-1　土壌中のアルミニウム（Al）の形態を調べるための抽出方法

名称	抽出溶液	抽出できるアルミニウムの形態
塩化カリ	1M-KCl	交換態，粘土のCECに吸着
塩化銅	0.5M-CuCl₂（pH2.8）	有機物と弱く結合したアルミニウム
ピロリン酸	0.1M-ピロリン酸ナトリウム	有機物と強固に結合したアルミニウム
シュウ酸	0.2M-シュウ酸アンモニウム	非結晶性鉱物中のアルミニウム（アロフェンやイモゴライトなど）
苛性ソーダ	0.5M-NaOH	結晶性鉱物の中のアルミニウム（カオリナイトやギブサイトなど）

で表される無機化合物である。リン酸が2つ縮合したもので，その水素（H）がすべてナトリウム（Na）に置き換わったものがピロリン酸ナトリウム（$Na_2P_2O_7$）である。鉄（Fe^{3+}）やアルミニウム（Al^{3+}）と強く反応し錯体を形成する。いっぽう，リン酸もピロリン酸と同様に鉄やアルミニウムと反応するが，反応生成物は溶解性が低いリン酸鉄（$FePO_4$）やリン酸アルミニウム（$AlPO_4$）なので，塩として沈殿する。

　アルミニウム，とくにそのイオン（Al^{3+}）は毒性が強いといわれている。例えば，5μM（0.14ppm）の塩化アルミニウム（$AlCl_3$）溶液に根を浸積すると伸張阻害が観察される。これは，アルミニウムイオンが細胞壁や細胞膜と強く結合し，養分吸収阻害などを引き起こすことによる。

　酸性耐性あるいはアルミニウム耐性のある植物は，リンゴ酸やクエン酸などのキレート性有機酸を根から分泌し，あるいは体内で分泌して細胞内の液胞に蓄え，これら有機酸がアルミニウムと結合して，その毒性を消去する機構をもっている。このキレート結合により，有機物が持っている官能基であるカルボキシル基やフェノール性水酸基，あるいはアルコール性水酸基の1個あるいは2個以上と，土壌中のアルミニウムとが錯体を形成して安定するためである（鉄やアルミニウムと有機酸が含有する官能基とのキレート結合については，2章，79ページ参照）。

　土壌へ投入された有機物は微生物によって分解されるが，その分解とは有機物の持つ官能基をとおして微生物から攻撃を受けることである（官能基のないポリエチレンなどは微生物分解に対して抵抗性が高い）が，この

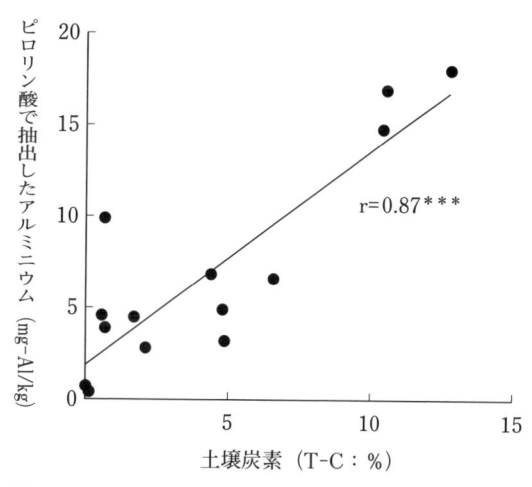

図5-1　土壌の炭素含量とピロリン酸抽出によるアルミニウム濃度との相関

注）表5-1，2参照　●：表5-2の各土壌を示す

表5-2　土壌の炭素量と各種抽出溶媒で抽出されたアルミニウム量との関係

土壌名	採取地	pH (H₂O)	全炭素 (T-C：%)	リン酸吸収係数 (mg-P₂O₅/100g)
つくば	茨城県つくば市	6.6	4.41	1962
赤玉土	栃木県鹿沼市	5.9	1.68	2392
西根	岩手県八幡平市	6.6	4.87	1519
黒磯	栃木県那須塩原市	6.9	4.81	1591
滝沢	岩手県滝沢村	5.8	0.64	2108
川渡	宮城県大崎市	5.4	0.68	1535
遠野	岩手県遠野市	6.1	6.57	1138
川渡	宮城県大崎市	6.0	10.42	1828
川渡	宮城県大崎市	4.6	10.52	1468
砥峰	兵庫県神河町	4.4	12.75	1871
石炭灰	火力発電	8.8	0.10	133
真砂土	兵庫県六甲山系	6.6	0.04	418
国頭マージ	沖縄県国頭村	4.6	0.09	306
本庄（水田）	島根県松江市	5.0	2.09	690
本庄（畑）	島根県松江市	5.1	0.57	1024
土壌の炭素量との相関（n=15）				0.43

注）5種類の抽出溶液については表5-1を参照

官能基がアルミニウムと反応してマスクされて安定化するのである。

　図5-2に，土壌粒子表面に存在するアルミニウム，および有機物と有機物とを結合させているアルミニウムなどによって，土壌有機物が腐植として蓄積しているようすを模式的に示した。

②ススキ草原での野焼きによる燃焼炭説

　黒ボク土が含む植物ケイ酸体（プラント・オパール，Phytolithともいわれる）の分析が行なわれ，有機物蓄積の仕組みが検討されている。

　プラント・オパールとは，植物体内でつくられるケイ化細胞（植物の細胞組織に充填されている非結晶含水ケイ酸体（$SiO_2 \cdot nH_2O$））の総称であり，単子葉類のイネ目では双子葉類よりも10倍以上多く含んでいる。その他に，蘚苔植物，シダ植物のヒゲノカズラ綱，トクサ綱，シダ綱の一部などにも多く含

塩化カリ	塩化銅	ピロリン酸	シュウ酸	苛性ソーダ	全アルミニウム含量
		(g-Al/kg)			Al₂O₃ (%)
0.013	1.75	6.86	52.9	41.1	32.5
0.009	4.21	4.52	64.8	49.9	32.5
0.015	0.39	3.21	14.5	11	25.2
0.004	0.98	4.97	25.0	14.6	25.9
0.006	1.77	9.91	35.9	21.2	21.7
0.063	1.75	3.92	17.2	15.6	22.0
0.004	1.55	6.62	12.8	7.5	22.3
0.168	3.65	14.69	18.2	14.7	20.4
0.455	4.10	16.89	18.2	15.1	18.8
0.554	4.03	17.95	18.1	21.4	20.9
0.005	0.14	0.55	0.9	1.1	17.5
0.037	0.15	0.84	1.0	1.3	20.4
0.117	0.28	0.76	0.6	1.5	20.9
0.093	0.31	2.88	2.5	3.6	20.9
0.348	0.77	4.56	4.9	12.8	22.0
0.62*	0.69**	0.87***	0.10	0.15	0.09

まれている。

　黒ボク土の腐植の給源としてイネ科草本植生の重要性が指摘され，本州では主としてススキ，北海道ではササが腐植の蓄積に関与しているといわれている。加藤（1958）は，火山灰土壌を粒径組成（細砂，粗粒シルト，中粒シルト）に分け，さまざまな形状のプラント・オパールの出現頻度（粒数％）を計測した結果，プラント・オパールの含有量と土壌の腐植含量との間に正の高い相関を見つけ出していた。その結果を図5-3に示したが，多くの調査からも同様の結果が報告されている（菅野，1961；佐瀬・近藤，1974）。

　また，フィリピンの火山灰土壌の黒色を呈するA層では，イネ科起源のプラント・オパールが卓越していることを，佐瀬ら（1993）が観察している。同じくフィリピンのピナツボ火山の爆発で覆われたラハールに，イネ科のサトウキビ野生種（*Saccharum spontaneum*，和名：ワセオバナ）が侵入しているの

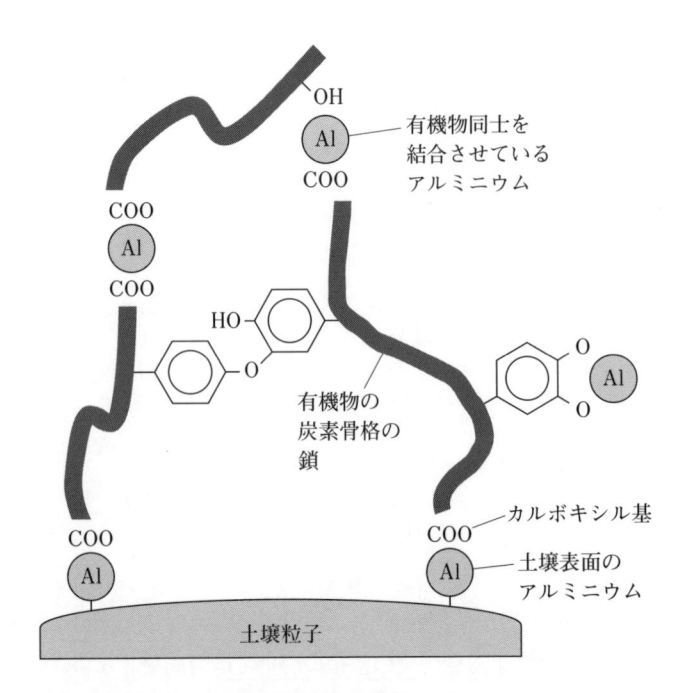

図5-2 土壌に蓄積している有機物の蓄積モデル
土壌粒子表面にあるアルミニウム（Al）と有機物同士を結合させているアルミニウム

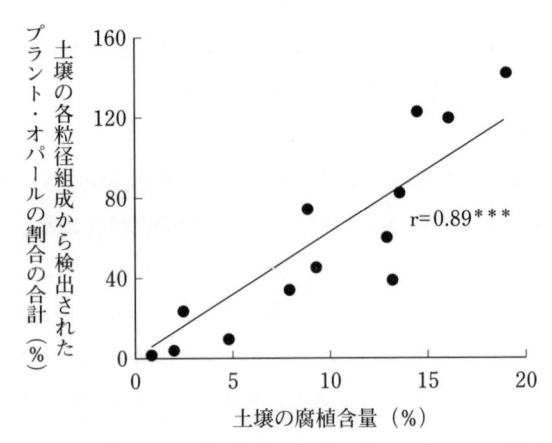

図5-3 火山灰土壌の腐植含量とプラント・オパールの出現との相関
(加藤，1958から作成)

を，水野・木村（1996）が観察している。そして，フィリピンの火山灰土壌の腐植は，このサトウキビ野生種が炭素源といわれている。

ニュージーランドの火山灰土壌の腐植についての記述（佐瀬ら，1988）はきわめて重要な事実を呈示しており，これを引用しよう。「森林植生の下で生成した土壌には，イネ科起源のプラント・オパールを含まず，土壌の腐植の集積がきわめて少なかった。ところが，そこへポリネシア人が移住し，森林破壊が進み，イネ科やシダ植物で構成されるようになった植生には，腐植の蓄積した土壌の生成が認められた」。シダ植物にはプラント・オパールを含むものが多いことを，再度，つけ加えておく。

このプラント・オパールによる分析結果からは，「腐植中の炭素の給源はイネ科植物やシダ植物などであり，森林植生下の樹木由来の炭素は腐植の給源となり得ない」という結論が導き出される，ススキ草原の維持は腐植の鍵となる。

したがって，ススキ草原の維持については194ページの②の議論に同意するが，人工的な野焼きによる燃焼炭の蓄積については賛同できない。

③イネ科植生のもとで有機物とアルミニウムが結合

腐植の給源に関しては，炭素安定同位体比（$\delta^{13}C$値）を用いて，日本各地から集めた火山灰土壌の腐植の給源が検討された（ヒラダテ〈Hiradate〉ら，2004）。植物の光合成システムは，大気中の二酸化炭素（CO_2）の炭素2種，12Cと13Cを区別し吸収するC3植物と，区別しないC4植物（ススキ，トウモロコシなど）があり，この違いを利用して，火山灰土壌の腐植の給源を検討した（C3植物とC4植物の識別法は囲み参照）。

その結果，ススキなどC4植物に由来する炭素が，腐植酸中に占める割合は18～52％であり，ススキ以外のC3植物も土壌炭素の給源になっていた。ススキ以外のイネ科のC3植物も火山灰土壌の腐植の給源になりうるのである。

反対に，ススキ草原に森林植生が侵入したときには，土壌の腐植含量が減少することも確認されている。これは，ニュージーランドの例にもあるように，森林植生の下では腐植の蓄積が認められないからである。言い換えれば，森林樹木の持つ「難分解性」のリグニン質を多く含む木本植物組織よりも，イネの

> **C3植物とC4植物の識別法**
>
> そのひとつとして，植物体を構成している炭素成分中の安定同位元素（^{13}C）の含量から判定する方法が行なわれている。大気CO_2中には約1％の割合で^{13}Cを含む分子量45の重いCO_2（通常は分子量44）が含まれているが，C3植物の炭酸固定酵素（Rubisco）は，CO_2－酵素複合体を生成するさいに，分子量44の軽いCO_2を選択する傾向がある。その結果，C3植物体の^{13}C比率は大気組成より若干低くなる。いっぽう，C4植物の炭酸固定酵素（PEPC）は^{13}C分別作用を示さないので，C4植物体中の^{13}C含量はC3植物よりも大気中（－8～－7‰）の炭素安定同位体比（$\delta^{13}C$値）に近くなる。精密な質量分析計により，この差を検出して識別する。
>
> $$\delta^{13}C = \left(\frac{\left(\frac{^{13}C}{^{12}C}\right)_{試料}}{\left(\frac{^{13}C}{^{12}C}\right)_{標準試料}} - 1 \right) \times 1,000‰$$
>
> $\delta^{13}C$値で表すとC3植物は－35～－24‰で，C4植物では－17～－11‰に分布する。

ような軟らかく比較的「易分解性」の草本植物組織のほうが，安定な腐植の給源になっているということである。これは，腐植が蓄積するための必要条件に，有機物の分解の難易さは関与しないことを示している。

さらに，腐植は難分解性といわれているが，森林植生では分解の方へと平衡がずれ，イネ科植生では生成する方向にある。腐植は固定されたものではなく，ある植生の下で生成と分解がたえず起こっている，動的平衡にあるものと理解すべきであろう。

なぜ火山灰でなければ腐植の形成が起こらないかについては，火山灰は微細な粒子からなり表面積が大きく，風化されやすく，その主要鉱物であるケイ酸塩鉱物からアルミニウムが放出されやすいためである。アルミニウムは，193ページの①の議論のように，有機物の分解阻害に働くからである。

（3）腐植蓄積になぜイネ科（ケイ酸集積植物）が重要か？

イネ科の草本類が腐植の給源であるが，その必然性はいまだ明らかでない。そこで，極端であるが，マメ科植物ではなぜ腐植が形成しないのか……？とい

う問いを立てて，イネと比べてみよう。

①鉱物からのカリウム吸収と同時に起こるケイ酸吸収

　第4章での，カリウム鉱物の溶解・吸収をめぐるイネ，トウモロコシとダイズの違いを思い出していただきたい。イネ，トウモロコシはカリ肥料の欠如条件で，土壌中の一次鉱物中のカリウムをよく溶解・吸収し，同時にケイ酸も吸収した。いっぽう，ダイズはケイ酸吸収が少なく，栽培跡地土壌には可給態ケイ酸が富化した（186ページ表4−9参照）。

　カリウム鉱物の一種であるカリ長石は加水分解されて，水酸化アルミニウムとケイ酸および水酸化カリウムにまで溶解される（4章3．(2) 182ページの反応式⑤参照）。この三つの溶解物のうち，ダイズはカリウムを吸収・体内蓄積し，イネはカリウムとケイ酸を吸収・体内に蓄積する。以下に，再度化学反応式を示す。

　◆ダイズの場合

$$KAlSi_3O_8 + 8H_2O = Al(OH)_3 + 3H_4SiO_4 + K^+ + OH^-$$
（カリ長石）　　　　　　（水酸化アルミニウム）（ケイ酸）　（カリウム）
　　　　　　　　　　　　　　　　　　　　　　　　　　　　　ダイズ体へ

生成した，アルミニウムとケイ酸は以下のように反応できる。

$$2Al(OH)_3 + 2H_4SiO_4 = Al_2Si_2O_5(OH)_4 + 5H_2O$$
（水酸化アルミニウム）（ケイ酸）　　（カオリナイト*）

　　　　　（*カオリナイト以外にその他のアルミノケイ酸塩が生成される）

また，上の2式を結合して

$$2KAlSi_3O_8 + 11H_2O = Al_2Si_2O_5(OH)_4 + 4H_4SiO_4 + 2K^+ + OH^-$$
（カリ長石）　　　　　（カオリナイト）　　（可給態ケイ酸）（カリウム）
　　　　　　　　　　　　　　　　　　　　　　　　　　　　　ダイズ体へ

このように，いずれの結果でも，土壌にはケイ酸肥沃度が高まる。さらにアルミニウムとケイ酸とが反応して，カオリナイトやその他の二次鉱物を形成していると思われる。

◆イネの場合

これに対して，イネの場合は，カオリナイトなどの粘土を形成することはあり得ない。なぜなら，イネ科植物はケイ酸を大量に吸収してしまうからである。ケイ酸はイネ科植物の体内ではプラント・オパールとして蓄積する。また，黒ボク土にプラント・オパールが残っていることは，植物遺体として土壌へ還元されても，再利用されにくいことを示している。

リン酸緩衝液を用いてイネやススキの葉を粉砕し，可給態ケイ酸を測定したところ，イネの体内のケイ酸の5%が溶解したにすぎなかった。また，ススキでは14%，トウモロコシでは9%であった。つまり，体内に蓄積したケイ酸は，あまり利用されやすい形態ではないらしい。イネ科植物のケイ酸体として，植物根系の外に隔離され，循環利用されることはない。すなわち，ケイ酸吸収できるイネ科植物がカリ長石を溶解し，ケイ酸とカリウムを吸収した場合は，以下の式になる。

$$KAlSi_3O_8 + 8H_2O = Al(OH)_3 + 3H_4SiO_4 + K^+ + OH^-$$
（カリ長石）　　　　　　　（水酸化アルミニウム）（ケイ酸）　（カリウム）
　　　　　　　　　　　　　　　　　　　　　　　　イネ体へ　イネ体へ

②イネのケイ酸吸収のあとに活性アルミニウム生成

大量に生成されたケイ酸がイネなどに吸収・体内蓄積されると，土壌には水酸化アルミニウムと水が残る。イネが吸収するケイ酸は分子状の形態であり，いっぽうカリウムの吸収形態は陽イオン（K^+）である。カリウムイオン（K^+）が吸収されると，電荷のつり合いが補正されるため，根圏では水素イオン（H^+）が出現し，上の式に現われた水酸化物イオン（OH^-）と反応しpH7.0の水が生成する。

水酸化アルミニウム（$Al(OH)_3$）の存在形態について考察しよう。植物の根圏pHについては，第2章の2 (2)（50ページ）で論議した。寒天にpH指

示薬を添加して，新鮮な根を貼り付けて測定して得られた，根面のpHは少なくとも5.6程度と想像される。

さて，水酸化アルミニウムは塩酸などの強い酸性溶液に溶けると，活性のアルミニウムイオン（Al^{3+}）として存在しているが，pHが上昇するにつれて塩基性アルミニウムとしての平均的な組成である［$Al(OH)_{2.5}$］$^{0.5+}$として存在する（図5－4）。塩基性アルミニウムはアルミニウムイオンよりも粘土やイオン交換樹脂によく吸着される（吉田・川畑，1970）だけでなく，この塩基性アルミニウムは重合体[$Al_2(OH)_nCl_{6-n}$]$_m$を形成しやすい。

塩基性アルミニウムやさらに重合体の塩基性アルミニウムも，有機物のカルボキシル基など官能基と強いキレート結合を形成し，これら官能基を保護し，有機物への土壌微生物からの攻撃に対して抵抗性を示す。すなわち，難分解性の有機物が形成される。これら一連の反応は，C3植物であるイネであろうとC4植物のススキであろうと，有機物としては同じである。上記の反応は，イネ科植物の根圏域で活性アルミニウムが生成する現象である。

活性アルミニウムが結合する相手は，カルボキシル基（－COOH），アルコール性水酸基（－OH），フェノール性基水酸基（Phe－OH）のような反応基であり，無作為（非選択的）に結合する。したがって，有機物の特性は問わない。イネ科が植生として生育しているから，イネやササやススキの遺体と反応するのは当然であろう。しかし，根圏には，微生物がかなりの密度で生存していることを忘れないでほしい。活性アルミニウムと植物の遺体との反応よりも，微生物遺体との反応が腐植形成に大きく関与しているはずである。

さて，イネ科の植物遺体が分解されても，プラント・オパールは容易に溶けない形で土壌に残されると述べたが，そのケイ酸は再利用されない。そのために，イネ科の植生がさらに旺盛になると，新たに鉱物からの溶解・吸収が増

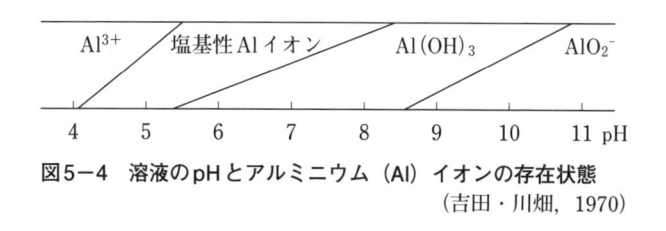

図5－4　溶液のpHとアルミニウム（Al）イオンの存在状態
（吉田・川畑，1970）

第5章　アルミニウムと腐植の蓄積　203

え，さらに活性アルミニウムも土壌に付与されることになる。

しかし，自然植生としてクズやハギなどのマメ科（双子葉）植物を主体とする植生下では，活性アルミニウムの生成はあっても，大量のケイ酸も根圏域に残されているため，これと反応しケイ酸塩鉱物が生成し，アルミニウムの持つ活性は急速に消失する。

③有機物が活性アルミニウムと結合して難分解性に

活性アルミニウム，とくに活性な塩基性アルミニウムが有機物と反応して，微生物による分解を抑制できている好例を示そう。

堆肥施用は，土壌の物理性を改善するのに非常に役に立つが，5～6年で分解するために物理性の持続がむずかしい。堆肥の持つ肥料養分の供給は期待しないが，土壌物理性を持続させる目的で，難分解性の堆肥の製造が試みられた（久保田ら，1986）。実験では，塩基性アルミニウム（別名，ここでは塩化ヒドロキシアルミニウム（Al(OH)$_{2.45}$Cl$_{0.55}$）の形態として）および塩化アルミニウム（AlCl$_3$）を，稲ワラ堆肥製造過程の中間産物に処理してできた堆肥を土壌へ添加し，その分解特性を炭酸ガスの発生で調べた。アルミニウム資材は，堆肥の持つ陽イオン交換容量と結合すると予想される量をそれぞれ添加している。すなわち，これまで述べたように，堆肥中のカルボキシル基とアルミニウムが反応し，堆肥の分解が抑制されることを期待したのである。

塩化ヒドロキシアルミニウムおよび塩化アルミニウムを処理した堆肥と，無処理堆肥の土壌での分解反応の結果を図5－5に示した。塩化ヒドロキシアルミニウム処理した堆肥の分解は抑制された。さらに，塩化ヒドロキシアルミニウムを2倍量添加した堆肥の分解はいっそう遅くなった。なお，塩化アルミニウムを処理した堆肥では，分解の抑制は認められなかった。

同様な実験が，吉川（2004）によって行なわれた。暗渠埋設資材として，モミガラが使われているが，モミガラの分解にともなって暗渠の修復工事が必要になる。そこで，この暗渠資材の長期維持のため，高塩基性塩化アルミニウム（上記の塩基性アルミニウムである）溶液をモミガラに混合することにより，モミガラの分解を遅らせることができた。このように，塩基性アルミニウム（Al(OH)$_{2～3}$）はアルミニウムイオン（Al^{3+}）よりも有機物と強く結合す

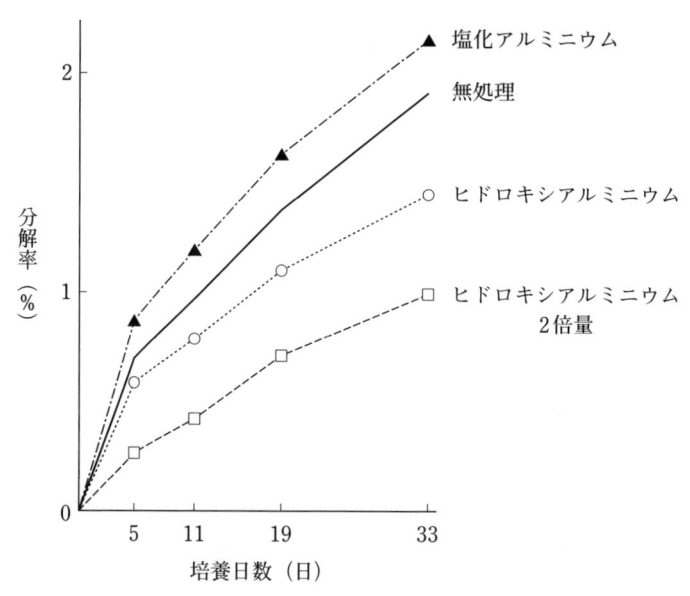

図5-5 ヒドロキシアルミニウム処理した堆肥の分解抑制効果
(久保田ら，1986より)

塩化アルミニウム(AlCl$_3$)あるいはヒドロキシアルミニウム(Al(OH)$_{2.5}$：塩基性アルミニウムのこと）処理した堆肥を土壌に添加して培養し、堆肥の分解抑制を観察するため、土壌からの炭酸ガス発生を測定した
注）分解率：施用した全炭素量に対する炭酸ガス発生量の割合

ることが明らかになった。

④森林土壌ではどうか？

イネ科植物，あるいはプラント・オパールを大量に蓄積する植物が生育しているかぎり，その根圏土壌では活性アルミニウム（すなわち、塩基性アルミニウム）が富化し，腐植が生成・維持される。

森林植生下では，鉱物の風化で遊離したケイ酸を吸収できる樹木は限られており，活性アルミニウムの富化もないため，腐植（炭素）の蓄積は期待できない。ニュージーランドにも火山灰土壌が分布しているが，森林植生下で生成した土壌では腐植の集積が少ない（佐瀬ら，1988）ことは，すでに述べた。

ツバキ科の樹木，とくに茶樹などはアルミニウムを体内に高濃度に蓄積する

ことが知られている。土壌中の交換態アルミニウム（Al^{3+}）濃度はきわめて低いが，ツバキや茶樹の古い葉には3000 mg-Al/kgものアルミニウムが集積している。

　これまで取り上げてきた「つくば」火山灰土壌に，アルミニウムを集積する樹木であるヒサカキ（ツバキ科：*Eurya japonica* Thunb.）とアルミニウムの集積がないトベラ（*Pittosporum tobira*）の苗を植え，約9カ月栽培した。栽培後，根圏土壌を採取し土壌のアルミニウムの形態を逐次抽出によって測定した。抽出には，表5−1に示した5つの抽出液を順次用いた。表5−3に，栽培した2種類の樹木の葉に含まれるアルミニウム濃度と，根圏土壌のアルミニウムの形態を示した。

　ヒサカキはアルミニウムを葉に集積しており，トベラはアルミニウムの集積がなかった。おもしろいことに，交換態アルミニウムは2種類の樹木の栽培で増加した。また体内にアルミニウムを集積するか否かにかかわらず，ピロリン酸で抽出されるアルミニウムは無植栽土壌より減少していた。ピロリン酸で抽出されるアルミニウムの結合相手は，土壌有機物であることはすでに述べた。遊離した土壌有機物は，土壌微生物の攻撃を受けやすい。これら樹木が，腐植と結合しているアルミニウムを引きはがし，交換態へと変化させていることを意味している。言い換えれば，腐植からアルミニウムを溶解させ，腐植を分解し減少させることを示唆している。アルミニウムの体内蓄積能の有無にかかわらず，樹木植生では腐植（土壌有機物）の蓄積は期待できない。ニュージーランドの森林植生下では腐植が少ないのはこのためである。

表5−3　「つくば」土壌で栽培したツバキ科樹木（ヒサカキ）とトベラ科樹木（トベラ）の根圏土壌のアルミニウムの存在形態

樹種	葉中のアルミニウム (mg-Al/kg)	逐次抽出により測定した土壌中のアルミニウム (mg-Al/kg)					
		交換態	塩化銅	ピロリン酸	シュウ酸	苛性ソーダ
無植栽	—	0.09	1.4	7.1	34.0	17.3
ヒサカキ	1606	0.23	1.4	5.7	35.2	16.1
トベラ	9	0.19	1.3	5.4	40.2	17.3

注）1.「つくば」土壌で約9カ月間栽培した。無植栽土壌も9カ月間灌水処理をした
　　2. 抽出液は表5−1参照

2. イネ科のケイ酸吸収によるアルミニウム出現
――仮説の証明

（1）マメ科とイネ科によるカリウム欠土壌への対応の違い

①根圏の劇的反応を見る「ライゾボックス」試験

　イネ科植物であるササやススキが生育し，その植生が数百年にわたって維持されて，はじめて腐植すなわち炭素の蓄積となる。ここでは，炭素の蓄積よりも，活性アルミニウムの出現に的をしぼって検討する。

　「植物のケイ酸吸収が土壌への活性アルミニウムの出現を促す」，この命題を検証しよう。前述した反応式（202ページ）は，植物の根圏で起こる。この反応をより増幅させた状態で再現し，活性アルミニウムの生成を観察するために，「ライゾボックス」を作成した。「ライゾボックス」とは，「根箱」とも呼ばれ，根からの距離に応じて土壌を採取できる栽培装置である。普通は，根面から1～4mmの距離範囲の，根分泌物による影響を観察するために利用する装置である。

　この試験では，図5－6に示したように，根からの距離で土壌区分を設けた。
　CC：根に接する部分　幅=3.0mm
　OC：その両外側の部分　幅=1.0mm
　OCの両外側には，水分の保持のために石英砂（幅=50mm）を設置した。
　植物の種子あるいは発芽した幼植物をCCに播種・植え付けて試験を行なうが，CCでは根密度が高く，根表面での反応が劇的に起こるので，栽培後のCCの土壌を分析することによって，上記の命題を検証しようとしたのである。CCやOCの間には，水や養分の移動は可能であるが，根を貫通させない20μmのナイロンメッシュを挟んである。

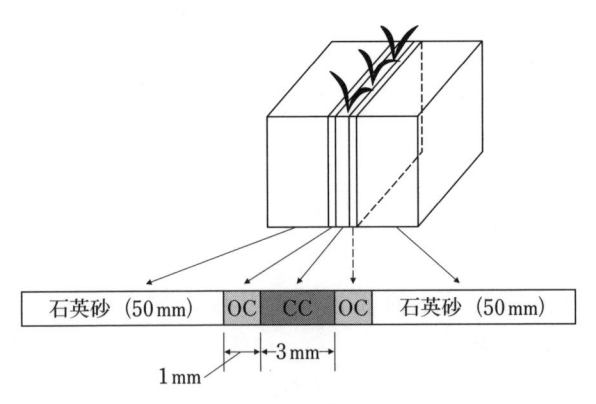

図5-6 ライゾボックスの模式図

（Youssef and Chino, 1988より作成）

注）1. CCは3mmの厚さに火山灰を充填。OCの厚さは1mmの厚さに火山灰を充填。合計7mmに火山灰を充填した
2. CCとOCを仕切る膜には20μmのナイロンメッシュを用いた。CCに植物根が密生し根圏における反応が凝縮される

　使用した土壌は，桜島の新鮮な火山灰である。噴火して道路に積もった新鮮な火山灰を採取し，1.0mm目で篩い，CCおよびOCに充填した。化学的性質を表5-4に示したが，桜島火山灰は強い酸性（pH4.9）を示した。この火山灰に，カリウムを欠如させた培養液を与えて約3カ月間栽培した。カリウムを欠如させたのは，土壌の風化・崩壊を促進させて，カリウム鉱物からのカリウム，ケイ酸，アルミニウムの溶解を促すためである。

　1回目の試験では，イネ科の2植物（イネ〈品種：'トヨハタモチ'〉，ススキ），マメ科の3植物（ダイズ，ハギ，クズ）の計5植物を用いた。2回目の試験では，1回目と同じイネ科の2植物と，マメ科のシロツメグサ，キク科のヨモギ，ナス科のトマトの5植物を用いた。

②ケイ酸吸収ではイネとススキが優位，鉱物も溶解して吸収

　栽培した後，CCの土壌の根から火山灰を注意深く除去し，これを根圏土壌とした。この土壌には根あるいは根から脱落した組織も含むため，CC土壌の

有機物の蓄積については考慮しなかった。

　地上部の乾物重，カリウム吸収量，粗ケイ酸吸収量，および跡地土壌のフッ化ナトリウムによるpH（NaF）を，表5－5に示した。イネのケイ酸吸収量は5植物中最も多く（314mg），次いでススキ（162mg）＞ハギ＞ダイズの順であった。カリウム吸収量に対する粗ケイ酸吸収量の比（粗ケイ酸/カリウム）については，イネ科（イネ，ススキ）が7前後であり，マメ科のダイズやクズはそれぞれ1.8と2.8で小さかった。ハギはカリウム吸収に対してケイ酸の吸収割合が高かった。

　表5－4には，土壌中の交換態カリウムの値（19mg/kg）を示したが，CCの土壌量（約160g）からの交換態カリウムの供給量は最大で3mgである。試験に供した5植物すべて，桜島の火山灰から吸収したカリウム量（16〜47mg-K）は，交換態カリウムの値を超えていた。

　このことからも，植物が鉱物の崩壊によってカリウムを吸収していることが

表5－4　ライゾボックスでの栽培試験に用いた新鮮な火山灰の化学的性質

火山灰	pH (H₂O)	元素組成（%）						交換態陽イオン (mg/kg)			
		Al_2O_3	SiO_2	P_2O_5	K_2O	CaO	Ca	K	Na	Mg
桜島	4.9	14.6	52.9	0.1	1.9	9.6	145	19	22	38

注）火山灰には，桜島から噴火し，植生の影響を受けていないものを使用

表5－5　新鮮火山灰（桜島）充填ライゾボックスで3カ月間栽培した植物の乾物重，およびカリウム，粗ケイ酸の吸収量，跡地土壌のpH（NaF）*

植物	乾物重 (g/箱)	カリウム吸収量 (mg-K/箱)	粗ケイ酸吸収量 (mg-SiO₂/箱)	粗ケイ酸/カリウム	跡地土壌 pH (NaF)*
イネ	9.7	47	314	6.7	7.55
ススキ	6.8	22	162	7.3	7.40
ダイズ	8.3	46	81	1.8	7.36
ハギ	5.9	16	97	6.1	7.36
クズ	4.4	38	106	2.8	7.41
無植栽	—	—	—	—	(7.41)

注）＊：pH（NaF）：1M-フッ化ナトリウムで土壌のpHを測定する。pH（NaF）の値が高いほど，活性アルミニウム（Al-OH）基が多いことを示す

明らかである。また，酢酸アンモニウム抽出による交換態カリウム量だけで，土壌のカリウム可給性を測定したのでは，過小評価となることを示している。

③ケイ酸吸収が多いイネ科植物ほど活性アルミニウムを蓄積

つぎに検討すべきは，ケイ酸の吸収がアルミニウムの存在とどう関連しているかである。表5-5には，栽培跡のCC土壌を1M-フッ化ナトリウム (NaF) 溶液で測定した土壌pHを示した。フッ素イオンは有機物中のアルミニウムイオンを遊離させてフッ化アルミニウムイオン（AlF_6^{3-}）を生成し，あるいは鉱物表面のアルミニウムイオンにフッ素が結合し，溶液中には水酸化物イオンが形成され溶液はアルカリ性となる。したがって，1M-フッ化ナトリウム溶液のpHの上昇は活性アルミニウムの指標となる。

$$Al(OH)_n^{(3-n)+} + 6F^- \rightarrow AlF_6^{3-} + nOH^-$$

表5-5によると，桜島の火山灰で，大量のカリウムを吸収し，かつ大量のケイ酸を吸収した植物はイネであり，そのpH (NaF) は5植物のうちで最も高い値を示した。イネはpH7.55であり，その他の植物はクズ (pH7.41)，次いでススキ (pH7.40) の順になった。ススキのpHはもっと高くなると予想されたが，桜島火山灰の風化速度が遅いため，この試験のような短期間では明確にならなかった。しかし，植物のケイ酸吸収量とpH (NaF) との間には，高い相関 (r=0.97**, n=5) が認められた。

2回目のライゾボックス試験でも，同様に粗ケイ酸の吸収量と跡地土壌の活性アルミニウムとの関係（pH(NaF)法による）が調査された。おもしろいことに，キク科のヨモギの粗ケイ酸吸収量は43.4mg-SiO_2/箱で，イネ科のイネとススキの51〜71mg-SiO_2/箱よりは少なかったが，ナス科のトマト (10.9mg-SiO_2/箱) やマメ科のシロツメグサ (5.4mg-SiO_2/箱) よりも多い値を示した。キク科は案外，ケイ酸を吸収するようである。この5植物のそれぞれの跡地土壌の活性アルミニウムをpH(NaF)で測定し，植物が吸収した粗ケイ素量との関係を図5-7に示した。これによると，ケイ酸吸収量と跡地土壌の活性アルミニウムとの間には正の高い相関 (r=0.66**, n=25) が認めら

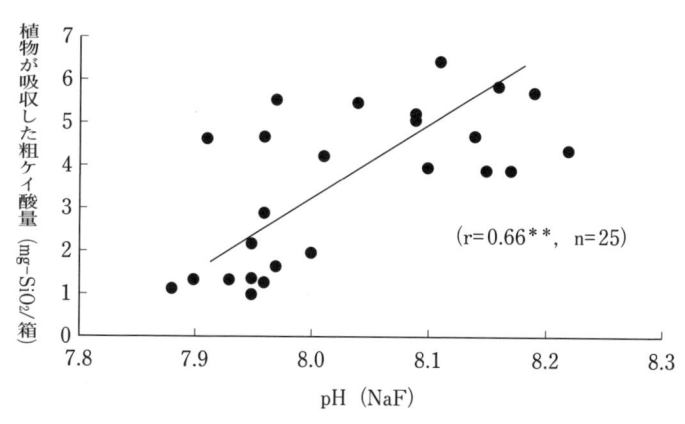

図5−7 イネ，ススキ，シロツメクサ，ヨモギ，トマトが吸収した粗ケイ酸量と栽培跡地の土壌pH（NaF）との関係

れた。

　以上の結果から，イネ科植物が土壌に活性アルミニウムを付与する能力は，カリウム鉱物の風化・崩壊の促進と，それに次いでケイ酸の大量吸収と不溶性化（植物体内への蓄積とプラントオパールとして物質循環系から除外されること）が関連することが証明された。

（2）ケイ酸を吸わない変異種ではアルミニウムの出現が少ない──イネ品種'オオチカラ'とその突然変異種'LSi1'による証明

　イネ品種の'オオチカラ（大力）'から，突然変異によってケイ酸吸収トランスポーター（輸送）が欠損している，低ケイ酸吸収品種'LSi1'が発見された（ヤジマとマ〈Yajima and Ma〉，2007）。このLSi1はケイ酸吸収能力が欠けており，その他の能力は基本的にはオオチカラと同じである。この二つを用いて，ケイ酸吸収が土壌の活性アルミニウムを増やすことを証明する試験を行なった。

　土壌は前の試験と同じ桜島火山灰を用い，ライゾボックスでオオチカラと

表5－6 イネ品種'オオチカラ'とその変異種'LSi1'による桜島火山灰からのカリウム，粗ケイ酸の吸収，および跡地土壌のアルミニウム特性

'LSi1'は，ケイ酸の吸収能力が欠損していることに注目

品種	植物体			跡地土壌のアルミニウムの指標			
	乾物重 (g/箱)	カリウム吸収量 (mg-K/箱)	粗ケイ酸吸収量 (mg-SiO$_2$/箱)	pH (H$_2$O)	pH (KCl)	pH (NaF)	ピロリン酸抽出アルミニウム (mg-Al/g)
オオチカラ	16.9	118	377	7.2	6.6	8.2	156
LSi1	17.0	125	70	7.4	7.0	8.0	106

LSi1を栽培した。表5－6には，この2品種が吸収した乾物重とカリウムおよびケイ酸量を示した。両者のカリウム吸収はほぼ同じ118mg-Kと125mg-Kであり，カリウム鉱物の風化量も同程度であると判断できた。しかし粗ケイ酸については，オオチカラ（377mg-SiO$_2$）はLSi1（70mg-SiO$_2$）より多く吸収した。すなわち，この2品種は，火山灰を風化させる力に違いがないのである。

跡地土壌のpH（H$_2$O）やpH（KCl）は，LSi1の方が若干高い値を示したが，活性アルミニウム量を示すpH（NaF）は，オオチカラは8.2，LSi1は8.0で，オオチカラの活性アルミニウムが多かった。0.1M-ピロリン酸で抽出される火山灰のアルミニウム含量は，ケイ酸吸収量が多いオオチカラ（156mg-Al/g）がLSi1（106mg-Al/g）よりも多かった。

すなわち，ケイ酸吸収能力だけが異なるイネ品種とその突然変異種を用いた試験から，本項で掲げた命題「植物のケイ酸吸収が土壌への活性アルミニウムの出現を促す」ことが証明された。

3. 活性アルミニウムが結合する有機物とは？

（1）可給態窒素PEONとの結合による安定腐植化も

　活性アルミニウムはどのような有機物と結合するのであろうか？　活性アルミニウムは，有機物（原材料）の種類を選ばず反応することをすでに述べた。脱落した新鮮な植物根であり，また根圏微生物の死骸（すなわち細胞壁）や腐植などの分解産物など，いろいろな物質があげられる。

　土壌に新鮮有機物（硫安＋グルコース，ナタネ油粕など）を施用すると，おおよそ2週間で可給態窒素のPEON（タンパク様窒素）が生成する，言い換えれば，土壌からリン酸緩衝液で抽出される，準安定な有機態窒素が大量に生成することを第3章で述べた（125ページ）。この有機物（に相当する物質）が，活性アルミニウムと結合して，さらに安定なPEONに変換され，腐植へと変化していくと考えてもおかしくない。

（2）PEONと土壌菌類で，アミノ酸や糖が共通

　堆肥を投入し2年間経過した黒ボク土（つくば市）から，PEONをリン酸緩衝液で抽出・透析し，さらにPEONの分子量8,000付近に相当する部分を分取して，6M-塩酸で加水分解した。その後，アミノ酸，アミノ糖，中性糖を分析し，その結果を表5－7に示した。

　精製PEONの窒素の濃度は2.0％程度である。土壌の窒素の形態はアミド態であるということからアミノ酸に着目すると，その含量は精製PEON中の7％程度であった。タンパク質の一般的な窒素含量が16％であることから，全PEON中の窒素の約半分（55％）はアミノ酸由来である。全アミノ酸含量（70.8 μg/mg）のうち，トリプトファンが12.5％（8.9 μg/mg）を占め，グル

表5-7 黒ボク土から抽出し精製したPEON[*]のアミノ酸,アミノ糖,中性糖の組成

L-型アミノ酸だけでなく,D-型アミノ酸を含むことに着目

		PEON (μg/mg)	D/L比
アミノ酸	アスパラギン酸	6.2	
	トレオニン	4.1	
	セリン	3.5	
	グルタミン酸	7.4	0.154
	グリシン	4.2	
	アラニン	4.8	0.120
	バリン	3.2	
	1/2シスチン	0.0	
	メチオニン	0.6	
	イソロイシン	2.2	
	ロイシン	3.0	
	チロシン	1.6	
	フェニルアラニン	2.0	
	リシン	3.5	
	ヒスチジン	1.4	
	アルギニン	2.1	0.252
	トリプトファン	8.9	
	プロリン	2.1	
	(計)	(60.8)	
アミノ糖	ムラミン酸	0.5	
	グルコサミン	10.7	
	ガラクトサミン	8.8	
	マンノサミン	n.d.	
	(計)	(20.0)	
中性糖	ラムノース	20.3	
	リボース	1.1	
	マンノース	29.8	
	フルクトース	n.d.	
	フコース	23.7	
	ガラクトース	24.9	
	キシロース	11.6	
	グルコース	51.8	
	アラビノース	n.d.	
	(計)	(163.2)	

注) [*]:リン酸緩衝液で抽出したPEONを塩酸で加水分解

タミン酸は10%（7.4 μg/mg）と多く，次いでアスパラギン酸，アラニン，グリシンと続いた。注目すべきは，グラム陽性菌細胞壁の主要な構成成分であるペプチドグリカンには，グルタミン酸，アラニンのD体およびL体，グリシン，リシンが含まれているが，PEONにもこれらのD-型アミノ酸（細胞壁の構成成分や老化組織に存在している）の存在が確認されたことである。

　アミノ酸以外に含まれる窒素としてアミノ糖がある。細菌細胞壁のペプチドグリカンは，N-アセチルムラミン酸とN-アセチルグルコサミンが1：1の割合で重合した物質であるが，グルコサミンと少量のムラミン酸が含まれていた。しかし，1：1の割合は認められなかった。ムラミン酸にかわりガラクトサミンが含まれていた。とくに，窒素をその化学構造に含有する複素環態化合物は非常に少ないことからも（森泉・松永，2009），アミノ酸およびアミノ糖以外の窒素源については，いまだ不明である。

　真菌類は，細胞壁にキチンやセルロースを含むものが多く，細胞壁の80〜90%は多糖類であることが知られている。真菌類に普遍的に含まれる糖類としては，N-アセチルグルコサミン，D-ガラクトース，D-ガラクトサミン，D-グルクロン酸があり，精製PEONには，ガラクトサミンが検出された。このことから，PEONには真菌類（酵母や糸状菌など）の成分も少量ではあるが含まれていることがわかる。この表には示していないが，ウロン酸（グルクロン酸は代表的なウロン酸）も検出され，これも真菌類が普遍的に持つ物質である。

　また，中性糖分析から，グルコースおよびマンノースの含量が50〜30 μg/mgという高い値を示した。次いで，ガラクトース，フコース，ラムノースが20 μg/mg前後の含量を示した。D-マンノースおよびD-グルコースは，糸状菌細胞壁のグルカン・マンナンの主要構成成分として存在し，また，D-マンノース，D-グルコース，L-フコースは真菌類の細胞壁に普遍的に存在している。木材の木質部に広く存在するグルコマンナンは，D-グルコースとD-マンノースが1：2の割合で重合した物質である。

　科学的に明らかになっているPEONの組成は表5-7に示したのみで，まだ84%に相当する部分は不明である。PEONはこれまでの実験結果から，細菌由来の物質であると述べてきたが，詳細に検討すると，糸状菌細胞壁由来の成

分，あるいは植物木質部由来の成分も少量ではあるが，含んでいる。

　以上のような物質を含んでいるPEONは，根圏に存在する微生物遺体や植物遺体などによる有機物と，根圏で生成された活性アルミニウムが法則性もなく反応した結果であり，さらにその後，繰り返し微生物の分解を受けながら，また植物由来のフェノール性物質との間で重合や架橋反応をしながら，腐植が熟成されてきたものといえよう。

（3）クラスター分析からみえる土壌有機物の起源
——作物や樹木よりも土壌生物

　土壌に蓄積した有機物に含まれるアミノ酸組成，あるいは可給態窒素に含まれるアミノ酸組成について，これまでの報告された試験例から土壌有機物の起源を探ってみよう。

　土壌をリン酸緩衝液で抽出したPEONを加水分解して得たアミノ酸組成（樋口，1982；アエ〈Ae〉, et al., 2006）と，土壌を直接塩酸で加水分解して得たアミノ酸組成（丸本ら，1974；フリーデル〈Friedel〉, et al., 2002），土壌を5M-フッ化水素（HF）と0.1M-塩酸（HCl）溶液で抽出した後に加水分解して得たアミノ酸組成，およびさまざまな生物体のアミノ酸組成の類似性を知るために，クラスター分析を行なった。

　図5-8はデンドログラム図といい，クラスター分析により得られた結果である。図中の数字は，各物質の類似性の距離を示しており，小さいほど似ている。これを見ると，土壌から抽出したものは基本的にはよく似ているが，同じリン酸緩衝液で抽出したPEONでも，若干は異なっていることも明らかになった。土壌有機物中の窒素を動植物，微生物の窒素と比べると，大腸菌のような細菌類やシイタケなどの真菌類のアミノ酸組成にきわめて類似している。また，興味深いことはイエシロアリのアミノ酸組成にも似ていることであり，コムギなど植物組織のアミノ酸組成とはあまり類似性がないこともおもしろい。

　この分析によって，土壌に蓄積している窒素含有の有機物の起源は，微生物細胞壁からなる物質が主体であり，真菌類のキノコや一部は土壌動物に由来す

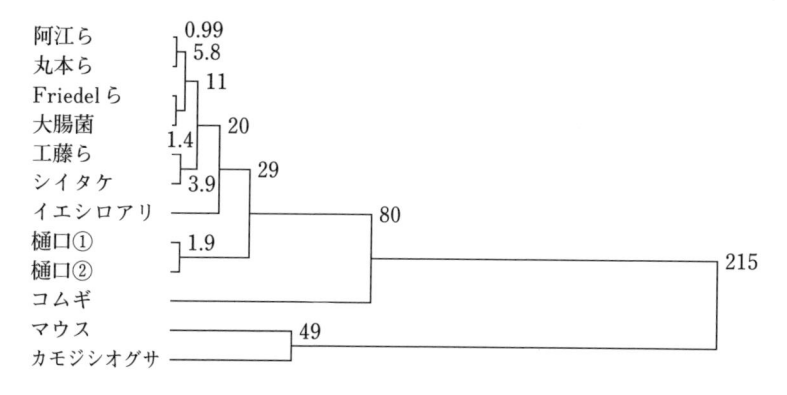

```
阿江ら     ┐0.99
丸本ら     ┘ ┐5.8
Friedelら    ┘  ┐11
大腸菌         ┐ ┤
工藤ら     ┐1.4┘ ┤20
シイタケ    ┘ ┐3.9┘  ┐29
イエシロアリ    ┘     │     ┐80
樋口①     ┐1.9      │     │
樋口②     ┘         │     │
コムギ              ┘     │                    ┐215
マウス     ┐                 │
カモジシオグサ┘49              ┘
```

研究者	用いた土壌の種類	土壌有機物の抽出方法，材料と方法
阿江ら（2006）	黒ボク土	PEON（リン酸緩衝液で抽出）を加水分解
Friedelら（2002）	ドイツ干拓地など8種類	バイオマス（クロロフォルム燻蒸後，0.5M-K_2SO_4で抽出）を加水分解
樋口①（1982）	火山灰（畑）	PEON（リン酸緩衝液で抽出）を加水分解
樋口②（1982）	鉱質畑（表土）	PEON（リン酸緩衝液で抽出）を加水分解
丸本ら（1974）	水田（作土）	土壌を6M-HClで加水分解
工藤ら（2003）	腐葉土	5M-HF＋0.1M-HClで抽出後，HClで加水分解

図5−8　PEONなど土壌抽出有機物に含まれる8種類の動植物，微生物のアミノ酸組成の類似性（クラスター分析）
注）数字は各物質の類似性の距離を示しており，小さいほど似ている

る物質も存在することが示された。そして，従来いわれてきたような，植物のリグニンが腐植の起源というような痕跡は見つけられなかった。森林植生下では，腐植の蓄積が認められないという報告からも，リグニン説は見直されるべきであろう。

第5章　アルミニウムと腐植の蓄積　　217

4. イネ科作物の輪作体系での土壌有機物（炭素）の蓄積

　イネ科のように植物体内に難溶解性のケイ酸（プラント・オパール）を蓄積する種類であれば，栽培中に活性アルミニウムが生成し，その活性アルミニウムが有機物と結合し，難溶性の有機物，結果的には腐植が生成すると考察した。有機物（腐植）の蓄積を示す証拠をさがそう。

（1）50年におよぶ米麦2毛作の試験田から

　活性アルミニウムの生成については，ライゾボックスの試験で証明した。しかし，ライゾボックスでの3～4カ月の短い栽培では，腐植の蓄積についての証明には至らない。さいわい，日本では，50～100年間も水稲での長期の三要素試験が行なわれている。そのうち，兵庫県農林水産技術総合センターで行なわれている長期連用試験について，小河ら（2004）の報告を紹介しよう。

　試験は，1951年から三要素肥料および稲ワラ堆肥施用試験が，水稲—コムギの二毛作体系で，継続して現在まで行なわれている（途中1～2作の休耕があった）。兵庫県明石市北王子町の灰色低地土で実施され，1986年に兵庫県加西市に移転した時には，当初からの作土を客土して水田を造成し，試験は続行されている。

　肥料区は，三要素（NPK），無カリ（−K：NP），無リン酸（−P：NK），無窒素（−N：PK），無肥料（0）の5区が設定されている。施用する肥料は，硫酸，過リン酸石灰，塩化カリで，堆肥は5区すべてに施用区と無施用区を設けてある。堆肥として，稲ワラ堆肥を水稲の田植え前，およびムギの播種前に，それぞれ現物で0.75 kg/m^2（年間では1.5 kg/m^2）施用している。

　この堆肥からの養分の補給量は，窒素で51 kg-N/ha，リン酸は20 kg-P$_2$O$_5$/ha，カリは92 kg-K$_2$O/haと算出できた。収穫後の稲ワラ，ムギわらは圃場への還元はせず，全量持ち出しとした。50年間の肥料の施用量についてイネ，

ムギを合わせて年間で窒素が17.8kg-N/ha/年, リン酸は20kg-P$_2$O$_5$/ha/年, カリは162kg-K$_2$O/ha/年であった.

(2) 堆肥の大きな効果——無リン酸区の成績から

表5-8には, この50年間の水稲とムギの平均収量の比を示した. 水稲とコムギのそれぞれについて, 堆肥施用の三要素施用区の収量 (水稲5,100g/ha, コムギ5,400kg/ha) を100としたときの指数で示している.

堆肥の施用の効果には目を見はるものがある. 供試した稲ワラ堆肥 (石灰窒素を混入して堆積・発酵させたもの) の年間施用量は1,500kg/haであり, この堆肥から供給されるリン酸量は20kg-P$_2$O$_5$/haにすぎない. しかし, その効果は大である. たとえば, ムギの堆肥無施用区の無リン酸区の収量指数は20 (収量1,080kg/ha) とごく低いが, 堆肥由来のリン酸 (20kg-P$_2$O$_5$/ha) が供給されることで, 収量指数は77 (4,150kg/ha) へとはね上がった.

いっぽう, 三要素区には, 年間100kg-P$_2$O$_5$/haの化学肥料リン酸を施用しているが, 堆肥無施用だとムギの収量指数は56 (3,020kg/ha) と低い. 堆肥無施用の無リン酸区 (指数20) より指数36の増であるが, リン酸が約20kg/haしか含まれていない堆肥を施用した無リン酸区 (指数77) におよばない. 堆肥の効果については, 有機態窒素の動向だけでなく, リン酸についても, まだまだ検討すべき課題は多い.

表5-8 兵庫県農林水産総合研究センターにおける「水稲—コムギ」輪作体系での50年継続の三要素試験の平均収量 (小河ら, 2004年から作成)

作物	堆肥の有無	三要素(NPK)	無カリ(−K：NP)	無リン酸(−P：NK)	無窒素(−N：PK)	無肥料(0)
水稲	有り	100	106	100	81	80
	無し	96	85	85	48	26
コムギ	有り	100	96	77	35	32
	無し	56	38	20	19	18

注) 堆肥 (稲ワラ堆肥) 施用・三要素区の収量を100とした. 堆肥施用・三要素区の50年にわたる平均収量は, 水稲5,100kg/ha, コムギ5,400kg/haであった

表5-9　兵庫県農林水産総合研究センターによる「水稲―コムギ」輪作体系での50年無カリ区の土壌の全炭素量（g-C/kg）が高く，またCECの値も高いことに着目

(小河ら，2004年から作成)

堆肥施用の有無	試験区	pH(H₂O)	全炭素 (g-C/kg)	全窒素 (g-N/kg)
有り	無肥料（0）	5.8	12.4	1.3
	無窒素（－N：PK）	6.0	14.6	1.5
	無リン酸（－P：NK）	5.1	14.5	1.5
	無カリ（－K：NP）	5.3	15.4	1.6
	三要素（NPK）	5.2	14.7	1.5
無し	無肥料（0）	6.6	7.5	0.7
	無窒素（－N：PK）	6.2	8.9	0.9
	無リン酸（－P：NK）	5.1	9.0	0.9
	無カリ（－K：NP）	5.2	10.0	1.0
	三要素（NPK）	5.2	9.3	1.0

（3）カリウム欠でも収量がとれるイネ，とれないムギ

　カリウムについての話にもどそう。50年間の試験が継続された，跡地土壌の化学的性質を表5-9に示した。

　堆肥無施用・無カリ区の水稲の収量は指数85（収量4,340 kg/ha）で，灌漑水からのカリウムの供給があったにしても，水稲による土壌からのカリウム溶解・吸収能力は高い（第4章171ページで詳述）。

　しかし，コムギの場合，堆肥無施用・無カリ区の収量は指数38（2,050 kg/ha）で，イネとは異なり，カリウム欠乏はかなり深刻である。コムギはイネに比べ，鉱物からのカリウム吸収能力が劣っていると考えられる。また，カリ肥料を施用しても堆肥無施用・三要素区で指数56（3,020 kg/ha）と，堆肥施用区よりかなり低かった。この収量の違いはどこにあるのか，化学肥料のカリと堆肥のカリの効果が異なるのか，あるいは堆肥中の三要素以外の養分についても検討する必要があるかもしれない。

継続の三要素試験の跡地土壌の化学的性質

CEC (cmol(+)/kg)	交換態塩基 (mg/kg) カルシウム (Ca)	マグネシウム (Mg)	カリウム (K)	可給態リン酸 (mg-P/kg) トルオーグ法 (Truog)	ブレイ2法 (Bray2)
9.9	1,163	140	41	4	33
11.2	1,289	111	120	52	283
10.2	565	95	74	1	14
11.5	989	94	31	30	250
11.0	831	90	61	29	271
8.6	1,152	165	38	0	14
8.6	1,045	110	105	49	255
7.8	314	65	83	0	13
8.7	593	72	30	30	307
8.7	533	64	50	30	288

（4）イネのケイ酸吸収力がアルミニウムを増やし炭素を増やす

50年間栽培した跡地土壌の化学性について検討しよう（表5－9参照）。

無カリ区の土壌中の交換態カリウムは、堆肥施用の有無にかかわらず、30～31mg-K₂O/kgと最も少なかった。そして、おもしろいことに、土壌の全炭素（T-C）は、堆肥施用・無カリ区15.4g-C/kg、堆肥無施用・無カリ区が10.0g-C/kgと、堆肥の施用と無施用にかかわらず、各5区の中で最も多かった。この長期連用試験は1連で行われており、その信頼性については、疑問が持たれるかもしれないが、堆肥施用および無施用の2連の試験とも考えると、両試験区の間には正の高い相関があり（r=0.98＊＊，n=5）、カリ欠如区の土壌炭素の増加が確認できる。

さらに、この5区のうち、無窒素区、無カリ区、三要素区の土壌のアルミニウムの存在状態を検討するため、有機物と強固に結合したアルミニウムを溶解する能力を持つピロリン酸（0.001M）溶液で連続的に3回抽出した。その結

果を表5-10に示す。

　無カリ区では，無窒素区や三要素区よりも多くのアルミニウムが溶解してきた。すなわち，このように水稲―コムギとどちらもケイ酸を大量に吸収する作物が，長年カリウム欠乏で栽培され続けると，アルミニウムの富化とともに土壌炭素の蓄積も起こることを示している。

（5）イネ栽培で炭素とともにCECが高まる
——沖積土水田で実証

　兵庫県と同様に，長期連用試験が福島県でも行なわれている。猪苗代の試験

表5-10 「水稲―コムギ」輪作体系における三要素試験区のアルミニウム量

堆肥の有無	試験区	全炭素 T-C (g-C/kg)	ピロリン酸で溶解したアルミニウム (mg-Al/kg) 1回目	2回目	3回目	計
有り	三要素（NPK）	14.7	0.90	0.69	0.56	2.15
	無カリ（-K：NP）	15.4	0.90	0.73	0.59	2.22
	無窒素（-N：PK）	14.6	0.66	0.65	0.62	1.93
無し	三要素（NPK）	9.3	1.05	0.77	0.56	2.38
	無カリ（-K：NP）	10.0	1.08	0.81	0.59	2.48
	無窒素（-N：PK）	8.9	0.72	0.68	0.57	1.97

注）表5-9の試験区の土壌から，1.0mM-ピロリン酸（pH7.0）で繰り返し抽出したアルミニウム量

表5-11　福島県農試による水田での50年継続三要素試験の跡地土壌の化学性
（福島県農業試験場のデータからの作成）
カリウム欠如試験区でのCECの増加に注目

試験区	玄米重 (kg/ha)	CEC (cmol(+)/kg)	交換性塩基 (mg/kg) カルシウム (Ca)	マグネシウム (Mg)	カリウム (K)
無窒素（-N：PK）	3,670	19.4	1,990	223	158
無リン酸（-P：NK）	4,650	17.4	1,690	301	83
無カリ（-K：NP）	5,380	21.1	2,270	283	50
三要素（NPK）	6,040	19.2	2,150	241	100

注）圃場は「猪苗代」の試験地

地で，50年間水稲が栽培された跡地土壌の化学的性質が分析された（表5－11）。この試験では土壌炭素量は記載されていないので，土壌の塩基交換容量（CEC）から判断しよう。CECには，粘土だけでなく，土壌有機物（腐植）もかかわっている。兵庫県の試験結果（表5－9）にもあるように，無カリでは土壌炭素量が多いのと同時にCECが大きい。50年間で粘土の量が変化することは考えにくいので，50年間の試験でCECの増減があったとすると，土壌有機物（腐植）の増減を反映していると考えられる。実際に堆肥の有無にかかわらず，土壌の炭素量とCECとの間には正の高い相関がある（$r=0.94**$, $n=10$）。

猪苗代の無カリ区のCECは21.1と4試験区のうち最も大きく，次いで無窒素区の19.4，三要素区の19.2であった。無リン酸区のCECは最も低く17.4であった。

福島県では，水稲栽培による三要素の長期連用試験が「郡山」の試験地で21年間，「会津坂下」の試験地で69年間行なわれているが，この猪苗代でのカリウム欠乏条件で，最も顕著な炭素の蓄積を示唆するCECのデータが得られた。これは土壌中の一次鉱物の風化のしやすさ（土壌粒子の大きさ，一次鉱物の種類，火山灰の混入など）に関連していると思われる。

本章では，おもに火山灰土の畑土壌での試験・研究から，腐植の形成と土壌炭素の蓄積，それに働く活性アルミニウムの作用，そのもととなるイネ科植物による鉱物の風化・崩壊とケイ酸の吸収・固定についてみてきた。しかし，火山灰土だけでなく，兵庫県の試験例から，沖積土壌，すなわち水田条件でも，カリウム欠乏でケイ酸を大量に体内に取り込むことができるイネ科植物の連続的な栽培が，土壌炭素すなわち腐植の蓄積を促進させる。

愛知県での長期連用試験の結果（図4－3）においても，無カリ区のCECは9.4cmol(+)/kgと7区のうち最も大きい値を示した。カリウム欠乏条件とイネ（水稲）の栽培が，結果的には土壌炭素の富化を促したのである。

可給態リン酸 (mg-P/kg)	
トルオーグ法 (Truog)	ブレイ2法 (Bray2)
8.8	471
1.6	38
5.2	262
9.3	515

イネが一次鉱物を崩壊する機構

イネ科植物，とくにイネが持つ一次鉱物を崩壊する機構について触れておこう。

イネ，とくに陸稲は酸性土壌でも旺盛な生育を示す，耐酸性の植物である。コロンビア国の東部に広がるジャノス（Llanos）平原の酸性土壌には，陸稲が大規模に栽培されている。陸稲の耐酸性およびアルミニウム耐性（土壌の酸性が約pH 4.5以下になれば，必然的にアルミニウムイオンが出現する）の機構は，いまだ解明されていない。アルミニウム耐性機構として根からキレート性有機酸の分泌が考えられるが，その量は非常に少ない。このことからも，一次鉱物から「根分泌物」を介したカリウムの溶解・吸収は，ありえない。

第2章でも提案したように，根の表面には鉄（Fe^{3+}）やアルミニウム（Al^{3+}）とキレート結合ができる部位が存在することを指摘した（「接触溶解反応説」を参照）。イネの持つカリウム溶解反応を検証した。

酢酸緩衝液（pH 5.6）に，イネ（品種：オオチカラ）の根細胞壁30 mg（5 mmに切断したもの）およびカリ長石の微粉末10 mgを加えて2時間ゆっくりと振とうさせた後，ろ過した溶液中のカリウムを測定したところ，カリウムの溶解が認められた。また，同様に調製したイネの根細胞壁を塩化カルシウム（$CaCl_2$），塩化マグネシウム（$MgCl_2$）および塩化アルミニウム（$AlCl_3$）に浸した後，洗浄した根を作製し，カリ長石からのカリウムの溶解を観察した。その比較を表5-12に示す。

表5-12 イネ（品種：オオチカラ）から調製した根細胞壁のカリ長石からのカリウム溶解能力

細胞壁に処理した溶液	カリ長石からの遊離したカリウム (mg-K/g-根細胞壁)
無処理	0.49
塩化カルシウム（$CaCl_2$）	0.19
塩化マグネシウム（$MgCl_2$）	0.48
塩化アルミニウム（$AlCl_3$）	0.33

注）あらかじめ，各種の陽イオンで細胞壁表面の陽イオン交換基を吸着させ，その影響を観察した

無処理の根細胞壁では，根細胞壁1 g当たりカリウム0.49 mg-Kが溶解した（カリ長石1 mg当たりカリウム1.47 μg-Kの溶解量）。塩化カルシウムで処理した根細胞壁1 g当たりの溶解量は0.19 mg-K，塩化アルミニウム処理では0.33 mg-Kであり，それぞれ61％，33％カリ長石からの溶解が阻害された。しかし，塩化マグネシウム処理では，根細胞壁1 g当たりの溶解量は0.48 mg-Kとなり，溶解の阻害は認められなかった。

処置した3種類の金属イオン溶液（Ca^{2+}，Mg^{2+}，Al^{3+}）それぞれに，細胞壁表面は異なった反応を示した。細胞壁表面のキレート部位には，イオン種の区別ができるように思われるが，詳しい反応は今後の研究にゆだねたい。

第6章

カドミウムの吸収
——重金属汚染土壌の作物栽培による修復

1. カドミウムによる健康被害と安全基準

(1) 日本でのカドミウム汚染

　カドミウム (Cd) は，原子番号48，原子量112の金属元素で，鉱物や土壌などに普遍的に存在する亜鉛族元素である。カドミウムは亜鉛精錬のさいに回収され，塩化ビニールの安定剤や，顔料，メッキ，二次電池（ニッカド電池）の電極，などさまざまな工業製品に利用されてきた。
　いっぽう，鉱山での採掘や精錬時に回収できなかったカドミウムは，鉱山の坑内水，精錬所の排水・排煙，廃石の堆積場などからの排水中に含まれることになる。これらのカドミウムに汚染された排水が流れ込んだ河川水が灌漑水と

して利用された結果，カドミウム汚染米による「イタイイタイ病」の発生を招いた。

また，亜鉛精錬所からの排煙に曝された水田はカドミウム汚染土壌となった。最近では，廃棄されたニッカド電池がゴミ焼却場から排煙として放出され，その粉塵が落下した地域が汚染されることもあるが，現在ではフィルターが設けられており，その心配はない。

（2）玄米の基準値と吸収抑制対策

我国ではイタイイタイ病の発生を契機に，食品衛生法に基づき玄米中カドミウム1mg/kgという基準値が設定された（1970年）。1mg/kg以上のカドミウム含有米は，今日にいたるまで販売や加工は禁止され，すべて焼却処分されている。

また，農用地土壌汚染防止法の政令（1971年）によって，1mg/kg以上のカドミウムを含む玄米を産出する農地を汚染農用地と指定し，客土による恒久対策が実施されてきた。

さらに，0.4〜1.0mg/kgのカドミウムを含む玄米（準汚染米）は非食用として処理され，食品としての流通が防止されている。0.4〜1.0mg/kgのカドミウムを含む玄米の生産を抑制する方法としては，アルカリ資材を施用し土壌pHを上げる，また出穂前後3週間に湛水処理を行ないカドミウムの吸収を抑制する対策が実施されてきた。

（3）新たなカドミウムの基準値と対応策の必要

1993年，世界保健機関（WHO）の下部機関である国際がん研究機関（International Agency for Research on Cancer : IARC）が，「ヒトに対して発がん性が認められる」と勧告したことから，カドミウムとその化合物の工業製品としての利用が回避されている。とくに，ヨーロッパでは，カドミウムの人体への蓄積を防ぐため，カドミウムを含む製品の製造・輸入についても厳しい制限が課せられている。

このような現状で，国連食糧農業機関（FAO）と世界保健機関の合同食品規格委員会であるコーデックス委員会（Codex Alimentarius Commission）が，米に含まれるカドミウムの国際基準値を0.4 mg/kgと制定した（コーデックス〈Codex〉，2006）.

　また，日本国内では，内閣府の食品安全委員会が，食品を通じて一生涯摂取し続けても健康に悪影響が生じないカドミウムの摂取量として，暫定的な週間耐用摂取量（PTWI）を7 μg/kg体重/週とする評価結果を厚生労働省に答申した（現在，新たに耐用摂取量として25 μg/kg体重/月が提案され，今後この値が使われる）．この結果を受けて，現在（2010年12月），厚生労働省が玄米中カドミウムの国内基準値の改正を検討している．それにより，現在（2010年10月）の国内基準値（1 mg/kg）は，国際基準値（0.4 mg/kg）と同じ値に引き下げられる予定である．

　国内基準値が，コーデックス委員会による国際基準値の0.4 mg/kgに改正された場合，数万ha規模の農地が，新たにカドミウム汚染農地として指定される可能性がある．また，これまでの抑制技術であるアルカリ資材の施用や出穂前後3週間湛水管理では，米のカドミウム低減効果が不充分となるケースや，収穫時に必要な地耐力（収穫直前まで湛水するため，コンバインなど収穫機械が水田に入ることができない．圃場で機械の重さに耐える能力のこと）の確保が困難になると予想される．

　いっぽう，恒久対策技術である客土法は，米のカドミウム低減効果は高いが，大量の非汚染土壌を必要とするうえ，コストが高い土木工事である．したがって，数万haといった大規模なカドミウム汚染農地の修復技術として，客土を採用することはむずかしい．

2. 植物を用いた汚染土壌の修復＝「ファイトレメディエーション」

（1）浄化植物による重金属吸収と蓄積

　低コストで，かつ周辺環境に与える影響が少ない汚染土壌の修復技術として，植物を利用する手法がある。「ファイトレメディエーション（Phytoremediation）」と呼ばれ，有害物質を吸収・体内蓄積することができる植物＝「浄化植物」を汚染土壌で栽培し，その地上部を刈り取って圃場外へ搬出することにより，土壌中の有害物質を除去する方法である。

　これまで有望とされている浄化植物は，非常に高濃度に汚染された場所で生育可能な，超集積植物（Hyperaccumulator）と呼ばれる植物である。それらは，有害物質に対する耐性が高く，カドミウムの場合，葉中に100 mg/kg以上の高濃度で蓄積しても生育可能である（ベイカー〈Baker〉ら，2000）。

　最も有名なカドミウム超集積植物は，アブラナ科グンバイナズナ属の*Thlaspi caerulescens*である。グンバイナズナは葉中に1,800 mg/kgものカドミウムを蓄積するだけなく，亜鉛（Zn）51,600 mg/kg，銅（Cu）や鉛（Pb）をも高濃度に蓄積する。カラシナ（*Brassica Jucea*）も品種によっては，体内カドミウム濃度が200～1,200 mg/kgまで高まることが知られている。また，ミゾソバは2,000 mg/kgのカドミウムを，インドカラシナは鉛や銅を，モエジマシダなどはヒ素（As）を集積する植物としてよく知られている。

　これら重金属の超集積植物は，ファイトレメディエーションに利用できるのだろうか？　以下，低カドミウム米や，イネによるファイトレメディエーションの可能性とあわせて検討していこう。

（2）低カドミウム米を生産できる系統・品種の探索

　われわれは，当初，玄米カドミウム濃度が0.4mg/kgよりもさらに低い米を生産する方策として，玄米にカドミウムを蓄積しない品種系統の選抜を試みた。

　先に述べたように，玄米のカドミウム吸収は，湛水（還元）条件では抑制され，畑（落水あるいは節水）条件では増える。カドミウムを吸収しやすい畑条件で栽培して，玄米のカドミウム吸収量が低い品種であるなら，水田条件ではさらに低くなるはずである。

　茨城県農業総合センター内の隣接する水田と畑で，同じイネ品種を栽培して，玄米のカドミウム濃度を調べた。その2年間の結果を図6－1に示す。湛水処理によって，玄米カドミウム濃度は急激に低下しており，これまでの玄米カドミウム低減技術の有効性が裏付けされている。ただし，この2年間の栽培結果では，同一イネ品種，また畑条件にあっても，年次間の玄米カドミウム濃度の間でも，相関がきわめて低いことがわかる。言い換えれば，玄米中のカドミウム濃度を予測して，系統（個体）の選抜をすることはきわめてむずかしい。

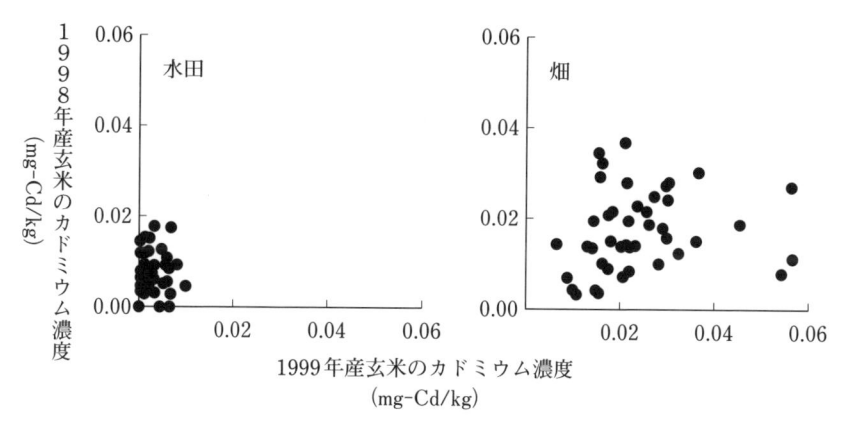

図6－1　隣接した水田と畑で栽培したイネ（同一品種）の玄米中のカドミウム濃度
2年間の結果であるが，同じ品種でも年次変動が激しく，玄米カドミウム濃度の予測が困難である

しかし，この選抜試験を通じて，カドミウムの集積しやすい品種と，しにくい品種のあることは明らかになった。これらイネ品種の中から約20品種に絞って，2種類の汚染土壌，すなわちA：灰色低地土，全Cd濃度=0.74ppm，B：黒ボク土，全Cd濃度=7.4ppmを用いてポット栽培し，どちらの汚染土壌でも玄米カドミウム含量が低い品種を検索した。その結果を図6－2に示した。

　'コシヒカリ'や'日本晴'など代表的なジャポニカ型は，玄米カドミウム濃度の低いグループに入った。いっぽう，インディカ型ではわずか'Hu-Lo-Tao'という品種が'日本晴'よりも若干低い玄米カドミウム濃度を示したが，インディカ型あるいは日印交雑種（たとえば'IR-8'や'密陽23'など）の玄米カドミウム濃度は，はるかに高い値を示した。この結果は，在来の日本型品種の玄米カドミウム濃度は元来低いこと，これ以上低い濃度の品種を検索するには，'Hu-Lo-Tao'などインディカ型を利用する手はあるものの，日本

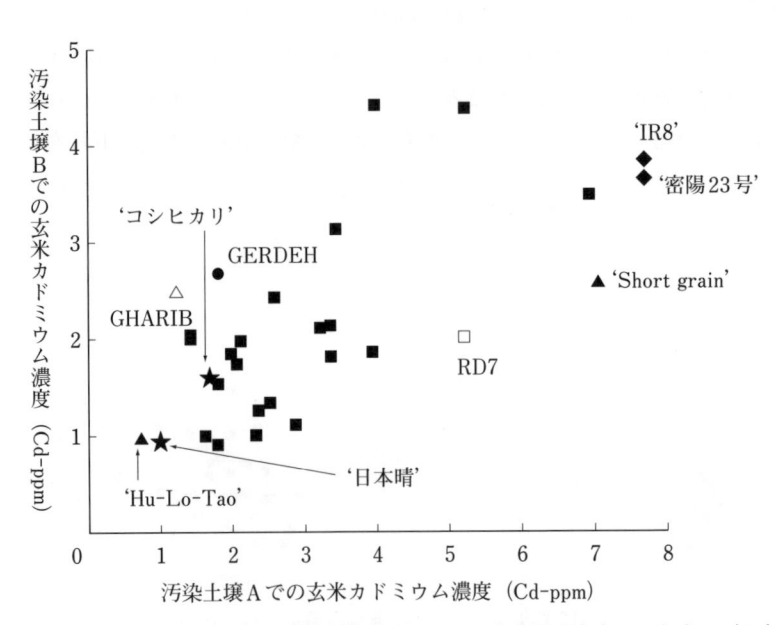

図6－2　異なる汚染土壌で栽培（畑条件）したイネ品種の玄米カドミウム（Cd）濃度
注）1．汚染土壌A：灰色低地土，全Cd=0.74ppm，汚染土壌B：黒ボク土，全Cd=7.4ppm
　　2．玄米カドミウム濃度が低い品種は常に低く，高い品種は常に高い
　　3．ジャポニカ：'コシヒカリ''日本晴'，インディカ：'Hu-Lo-Tao''Short grain'，
　　　日印交雑：'IR8''密陽23号'

人が好む品種をすばやくつくりあげることはむずかしいと判断した（アラオとアエ〈Arao and Ae〉, 2003）。

（3）カドミウムを大量吸収するイネ品種を浄化植物に

この図6−2から'RD-7'や'密陽23号', 'IR-8'などの品種は、ファイトレメディエーションの浄化植物として利用できることを示唆している。'密陽23号'を汚染土壌Aで栽培した場合の茎葉のカドミウム濃度は8.0 mg-Cd/kg, 汚染土壌Bでは20 mg-Cd/kgとなった。このカドミウム吸収力は、どの程度有効なのだろうか？

日本でのカドミウム非汚染土壌の平均カドミウム濃度は、0.1M-塩酸で抽出される測定値が0.25 mg-Cd/kgである。単純な計算であるが、'密陽23号'を、カドミウム濃度0.8 mg-Cd/kgの汚染土壌Aで畑（節水）条件で栽培すると、約3〜4年（あるいは3〜4作）で0.25 mg-Cd/kg以下となり、土壌のカドミウム汚染が修復されることになる。

その概算を表6−1に示した。この概算では、'密陽23号'の茎葉収量を約8,000 kg/haと、若干低く見積もっており、穂のカドミウム濃度は無視した。実際には、修復のための栽培に3年以上要するということは、営農という点から考えるとむずかしいと思われる。

表6−1　'密陽23号'の栽培によってカドミウム汚染土壌の浄化をするのに要する年数の試算

汚染土壌*のカドミウム濃度（0.1M-塩酸（HCl）抽出法による）	0.8 mg-Cd/kg
日本における非汚染土壌の平均のカドミウム濃度	0.25 mg-Cd/kg
汚染土壌のカドミウム濃度を非汚染土壌まで下げるのに必要なカドミウム収奪量	550 g/ha
畑条件で栽培した'密陽23号'の茎葉中のカドミウム濃度	20 mg-Cd/kg
'密陽23号'の乾物重（玄米は除く）	8,000 kg/ha
'密陽23号'の茎葉中のCd吸収量	160 g/ha
'密陽23号'の栽培年数（推定値）	550/160＝3.4年

注）＊：図6−2の汚染土壌Aを想定している

3. イネを用いたファイトレメディエーションの研究

（1）超集積植物カラシナの有効性と限界

　期待の超集積植物であるカラシナ（*Brassica juncea*）は，カドミウム汚染土壌の修復に利用できるのか？　これについて，先に示したカドミウム汚染土壌A（灰色低地土）とB（黒ボク土）を用いて，約1カ月間のポット栽培実験を行なった。

　カラシナについては，あらかじめ2品種を用いてカドミウムを含んだ溶液による水耕栽培を行ない，体内のカドミウム濃度が高かった品種'Daulal'を採用した。その他に実験に供した作物は，トウモロコシ（品種'ゴールドデント'）とイネ（品種'密陽23号'）の3作物である。同時に，カドミウムを含む水耕液（硫酸カドミウム（$CdSO_4$）の形態で0.05 mg-Cd/L）を用いて，4週間栽培した区も設けた。汚染土壌で栽培後の，地上部のカドミウム濃度を図6－3に示した。

　水耕栽培したカラシナ（品種'Daulal'）の体内カドミウム濃度は15 mg-Cd/kgで，'密陽23号'の約18 mg-Cd/kgと同程度であった。しかし，汚染土壌で栽培したカラシナの体内カドミウム濃度は，水耕で栽培した時よりも一層低下し，土壌Aでは8 mg-Cd/kg，土壌Bでは3 mg-Cd/kgとなった。これに対して，'密陽23号'の茎葉は水耕あるいは土耕条件によっても変わらず，13～16 mg-Cd/kgであった。

　トウモロコシの地上部のカドミウム濃度1～3 mg-Cd/kgは低く，ファイトレメディエーションに用いることができないことは明かである。トウモロコシの根のカドミウム濃度は100 mg-Cd/kg（水耕の場合）と高く，根にカドミウムを蓄積し，地上部への移行を強固に抑制していることがわかる。

　以上から，超集積植物とされるカラシナは，水溶性で与えられたカドミウム

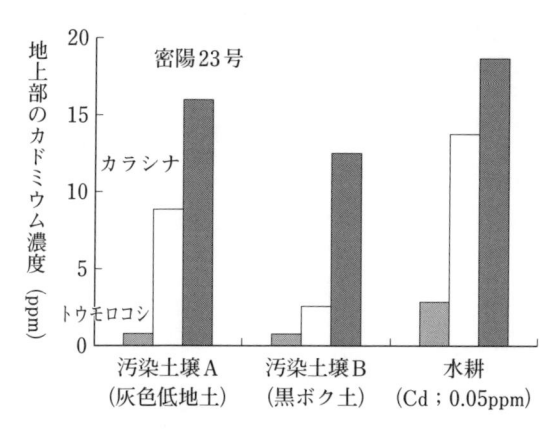

図6-3 カドミウム汚染土壌A, Bおよび水耕で栽培したトウモロコシ（'ゴールドデント'），カラシナ（'Daulal'），およびイネ（'密陽23号'）の茎葉カドミウム濃度

の吸収能力は高いが，土壌中でさまざまに結合しているカドミウムの吸収能力はイネよりも劣ることが明らかになった。

（2）実際土壌ではカラシナよりイネ '密陽23号' が強い

　表6-2には，栽培跡地のカドミウムの形態別含有量も示した。これは逐次抽出による分析結果で，栽培前の数値も示している。

　灰色低地土（汚染土壌A）についてみると，カラシナの栽培後では，交換態，無機結合態，有機結合態までのカドミウムが減少している。しかし，'密陽23号' は，カラシナよりもカドミウムの減少幅が大きい。それも，交換態だけでなく，より難溶解性である有機結合態のカドミウムを，栽培前の0.66 mg-Cd/kgから0.32 mg-Cd/kgへと大きく減少させており，有機結合態カドミウムをも吸収していた。さらに，有機結合態より難溶性の酸化物吸蔵態からも吸収していた。カラシナのカドミウム吸収能力よりも，イネ（'密陽23号'）の吸収能力が高いことが明らかである。

　土壌有機物（腐植）含量が多い黒ボク土（汚染土壌B）は，灰色低地土（汚染土壌A）より，無機結合体と有機物結合体と酸化物吸蔵態のカドミウムが

第6章　カドミウムの吸収　　233

表6−2 カドミウム汚染土壌で栽培したトウモロコシ，カラシナおよびイネのカドミウム吸収量と跡地土壌のカドミウムの形態別分析

汚染土壌A：灰色低地土

植物種	品種	乾物重 (g/ポット)	カドミウム吸収量 (µg-Cd/ポット)	交換態	無機結合態	有機結合態	酸化物吸蔵態
栽培前		—	—	0.92	0.95	0.66	0.84
トウモロコシ	ゴールドデント	3.22	1.85	0.74	0.77	0.51	0.81
カラシナ	Daulal	1.63	13.5	0.80	0.76	0.51	0.84
イネ	蜜陽23	2.72	43.3	0.60	0.46	0.32	0.71

跡地土壌のカドミウム形態別含量（mg-Cd/kg）

汚染土壌B：黒ボク土

植物種	品種	乾物重 (g/ポット)	カドミウム吸収量 (µg-Cd/ポット)	交換態	無機結合態	有機結合態	酸化物吸蔵態
栽培前		—	—	0.48	2.74	2.06	2.44
トウモロコシ	ゴールドデント	2.37	1.35	0.40	2.56	2.04	2.59
カラシナ	Daulal	1.70	4.21	0.44	2.60	2.10	2.28
イネ	蜜陽23	1.96	23.60	0.39	2.50	2.01	2.45

跡地土壌のカドミウム形態別含量（mg-Cd/kg）

多く蓄積していた。この火山灰土壌で，'密陽23号'はポット当たり23.6 µg-Cdカドミウムを吸収しており，カラシナの4.21 µg-Cdやトウモロコシの1.35 µg-Cdに比べて圧倒的に多く，カドミウムの吸収能力の高いことが証明された。

（3）イネは難溶性カドミウムを溶解・吸収できる

　これまで重金属超集積植物として評判の高かったカラシナは，なぜその能力を発揮できなかったのか？
　超集積植物であると評価された実験は，主として重金属が過剰に集積した条件で行なわれたものである。また，カラシナが土壌の浄化植物に有望であると評価された能力は，逐次抽出による，水溶性や交換態といった吸収しやすい形

態のカドミニウムを吸収できる能力である。さらに，吸収し体内に集積した重金属に対する耐性機構をもっていることも上げられる。

要約すると，
① 水溶性のカドミウムを吸収できる能力
② 体内でのカドミウム毒性に対する耐性機構を持つ
の2点が，カラシナがカドミウム浄化能力である。

耐性機構に関しては，たとえば体内にファイトケラチンを合成し，カドミウムとのキレートを形成することによって毒性を低減させることが知られている。

それに対してイネ品種'密陽23号'は，上記の2能力に加えて，土壌中の難溶解性カドミウムを溶解する能力に優れており，有機結合態や酸化物吸蔵態のカドミウムを溶解し吸収できることである。

この溶解能力は，鉱物からカリウムを吸収できる能力（第4章，第5章参照）と関連する。難溶性カドミウムの溶解機構は，①根分泌物，②根細胞壁にある溶解能力，に起因するものと思われるが，この解明には今後の検討を待ちたい。

（4）さらに高い吸収・浄化能力を持つイネ'長香穀'

これまで，イネ品種として'密陽23号'について述べてきたが，現在，日本各地でそれぞれの地域の気象条件に合わせた，カドミウム吸収・浄化能力の高い品種の選抜研究がされている。こうした中で，秋田県では，インディカ型イネの'長香穀'は，'密陽23号'よりはるかに高いカドミウムを吸収・蓄積能力があることを明らかにした（松本ら，2005）。

作土のカドミウム濃度（0.1M-塩酸（HCl）による抽出）が1.49～1.46mg-Cd/kgの汚染水田土壌で，節水栽培した'長香穀'の茎葉のカドミウム濃度は20mg-Cd/kgで，'密陽23号'の8.4mg-Cd/kgと比べて，非常に高い濃度であった。'長香穀'の優れた能力を利用して，効率的なファイトレメディエーションの実用試験が各地で行なわれている。表6－3は，山形県で実施された，汚染水田でのカドミウム吸収の品種比較試験である。'長香穀'は

表6−3 ファイトレメディエーションに有望と思われるイネ品種によるカドミウム汚染土壌でのカドミウム吸収量（2005年，山形県で実施）

イネ品種	乾物生産 (t/ha)	カドミウム濃度 (mg-Cd/kg)	カドミウム吸収量 (g-Cd/ha)
IR-8	5.6	22.1	123
蜜陽23号	7.3	16.6	121
長香穀	7.9	70.0	550

550 g-Cd/haという大量のカドミウムの吸収が観察された。

汚染水田のファイトレメディエーションとして，イネを利用することの利点は，播種，施肥，除草，収穫などの資材・技術と機械体系がすでに確立していることである。いっぽう，グンバイナズナやカラシナなどの超集積植物をファイトレメディエーションに利用するためには，種子の確保，栽培方法，施肥管理，収穫など，作業機械も含めて周辺技術を新たに確立しなければならない。従来栽培されてきたカラシナの場合でも，食用と廃棄処分用では，播種や収穫システムも異なり，新たに開発する必要がある。

アジア・モンスーン地域にある日本で，イネがファイトレメディエーションに適していることは，本当に幸いと感じざるを得ない。

'長香穀'のカドミウム吸収能力は，難溶性形態のカドミウムの溶解・吸収能力を伴っており，かつ非常に強力である。現在，日本各地のカドミウム汚染圃場では，'長香穀'などのイネ品種を栽培し，浄化・修復試験が実施されている。

終章

要約とまとめ

◆「土壌の肥沃度」の本質は「根による養分抽出能」

作物生産に与える要因は多数あるが，とくに，水と肥料（土壌の肥沃度）が重要である。年間降水量が380 mmの地域（インド）にあっても，適切な肥培管理によって，3t/haものソルガムの収量が得られることを示した。すなわち，水よりも土壌肥沃度（それを補完するのが肥料）が最も影響を及ぼす要因なのである。土壌肥沃度を向上させるため，昔から人々はさまざまな努力をしてきた（堆肥，焼き畑などは，その一例である）。

そこで，第1章では，持続的な農業の母体となる「土壌の肥沃度」について，以下のように定義した。

［肥沃度］＝［生育期間中の養分供給量］×［肥料効果の持続時間］
　［生育期間中の養分供給量］＝［根域が占める土壌量］×［作物根による養分抽出能］

根域が占める土壌量については，これまで研究の対象としてはそれほど重要視されてこなかった。しかし，とくに永年作物の施肥反応については，施肥と生育が一致しない場面に出くわす。造成したナシ園で，ナシ樹の生育は堆肥や肥料の施用区よりも，盛り土の深さに依存していた。最近では，化学肥料をやめたリンゴ栽培の「自然農法」の成功例が「奇跡のりんご」として紹介されている。これは，化学肥料施用で表層近くに分布して浅くなった根域が，「自然農法」によって深くなり，下層（根域が占める土壌量が増大し）からの養水分を利用するようになった結果と考えられる。生育期間の長い作物には，根域が施肥よりも重要な要因になりうる。

　「作物根による養分抽出能」とは，土壌に蓄積している難溶性養分が，根の作用によって溶解し，作物に吸収されやすい形態（可給態）に変換させる能力であると考えた。

　本書では，植物の三大要素のリン酸（第2章），窒素（第3章）について，難溶性の形態が作物根圏で溶解・吸収される反応について議論した。難溶性の一

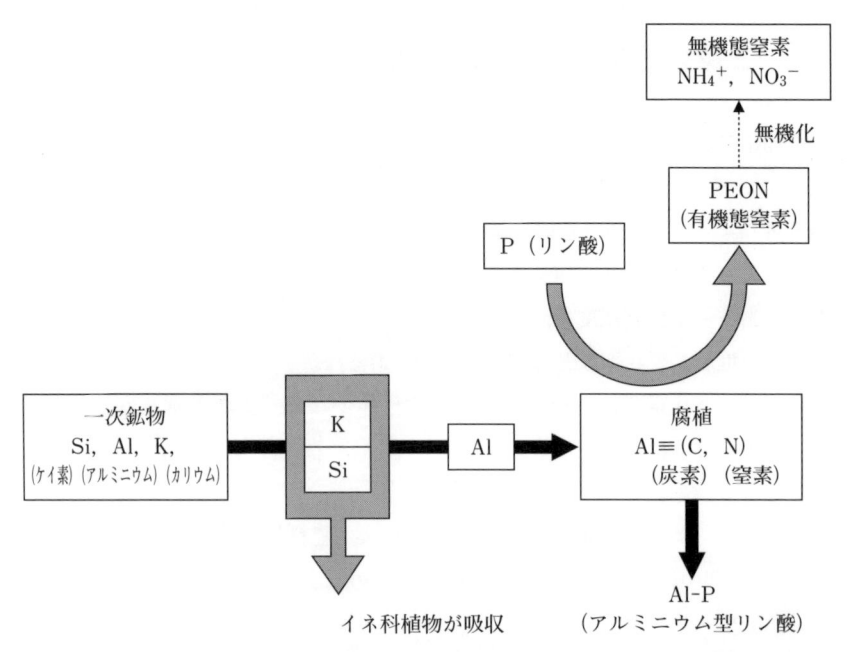

図1　リン酸，窒素，カリウムと炭素（腐植，有機態窒素〈PEON〉）との関連（模式図）

次鉱物からカリウムが溶解・吸収される時，ケイ酸も放出される（第4章）。ケイ酸と同時にアルミニウムも放出されるが，イネ科植物（作物）がケイ酸を吸収すると根圏での遊離アルミニウムはどうなるのか？　これが土壌炭素（腐植，すなわち有機態窒素でもある）の蓄積を促す（第5章）。逆に，リン酸の施用は，蓄積した土壌有機物の分解を促すことも議論した（第3章）。

また，重金属に汚染された土壌について，植物を用いて修復する技術（ファイトレメディエーション）の開発について言及した（第6章）。この技術は，重金属の形態とそれを溶解・吸収する植物の能力を無視しては開発できない。これまで，この溶解能力が軽視されてきた。

地球温暖化で土壌炭素の蓄積に関心が向けられている。これは，長年にわたり議論が続いている土壌の有機物（腐植）問題であるが，これも，カリウムを含む一次鉱物の溶解とイネ科植物という視点から解決が可能である。

窒素，リン酸，カリウム，炭素（腐植）とは，根圏環境下では，それぞれ相互に関連している。その相互の関係を図1に示した。

◆根の細胞壁が「接触溶解反応」で難溶性リン酸を溶解・吸収──第2章

リン酸測定法の再考で施用量の適正化を

土壌の可給態（あるいは有効態）リン酸の測定には，数十種類の方法がある。オルセン法は石灰質のアルカリ性土壌に適応した測定法とされ，世界的に広く使われている。半乾燥熱帯にはバーティソルとアルフィソルの2種類の土壌が分布するが，オルセン法は，この両土壌の可給態リン酸の評価に失敗した。根圏土壌の酸性化を無視した結果，バーティソル中のカルシウム型リン酸を過小評価したのだ。アルカリ土壌でも，ブレイ2法やトルオーグ法のような酸性溶液による抽出法の方が土壌リン酸の肥沃度を正しく評価できる。

ブレイ2法よりも可給態リン酸の値が低く評価されるトルオーグ法が，日本では，公式の可給態リン酸の測定法として用いられている。また，火山灰土壌での「リン酸の固定（不可給態化）」という意識が深く浸透しており，いっそう，リン酸肥料の過剰施用を引き起こす原因になっている。火山灰土壌での土

壌改良は十分に行きわたっているので，可給態リン酸の測定法については，再考する必要がある。

本書では，2章から4章まで窒素，リン酸，カリウムの難溶性養分の作物による溶解吸収について議論しているが，リン酸だけでなく，これら可給態養分の測定法についても，これまでの方法が適応できない例を紹介した。新しい評価法が必要ではあるが，「バイテク研究に志向」されているため，そういう機運が生まれないのが残念である。

ラッカセイは根の表面細胞壁の働きで難溶性リン酸を吸収する

低リン酸耐性作物の検索をポットと圃場で行なった。圃場ではソルガムが検索されたが，低リン酸肥沃度の土壌を充填したポットでは，ラッカセイが検索された。この矛盾する現象は，根域が無制限な圃場と根域が制限されたポットでの，可給態リン酸の総量が異なることに起因する。ポットでは難溶性リン酸を溶解させる能力が顕在化し，圃場では根の伸張能力が卓越する。図2に，ラッカセイとソルガムの関係を示した。

矛盾する農業試験例が多々報告されているが，矛盾の原因についての議論はすっかり抜けている。

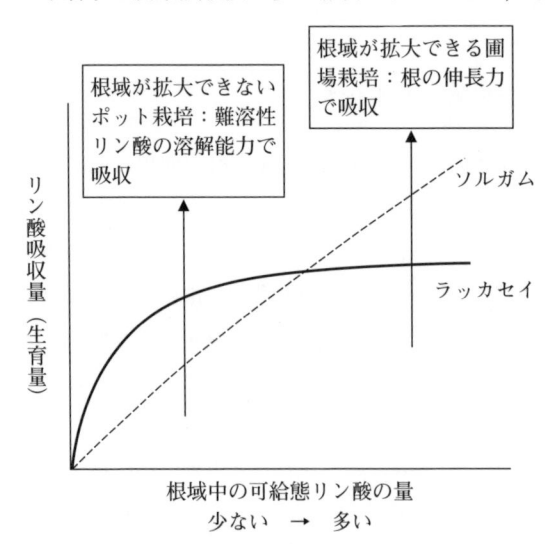

インドの低リン酸土壌のアルフィゾルで，キマメが鉄型リン酸を溶解・吸収できる能力は，根から分泌するピシヂン酸によって説明が可能になった。しかし，根からの分泌物質の能力で，すべての植物の養分溶解・吸収能力を説明できるはずがない。ラッカセイは，低リン酸肥沃度の黒ボ

図2 低リン酸耐性作物の検索のために行なったポットと圃場試験で得られた矛盾する結果（模式図）

ク土でも栽培可能な作物であるが，ラッカセイの根からは，難溶性リン酸を溶解できる顕著な量の根分泌物は検出されなかった。

ラッカセイの難溶性リン酸の溶解能力は何によるのか？ 根表面の細胞壁に，アルミニウムや鉄など，三価の陽イオンと強い結合をするキレート結合部位があることが明らかになった。ラッカセイは，根表面の細胞壁が難溶性リン酸（アルミニウム型リン酸や鉄型リン酸）と接触すると，アルミニウムや鉄とキレート結合して，遊離したリン酸を吸収する。アルミニウムや鉄と結合したラッカセイの根表面細胞は脱落するが，新しい根表面細胞が再生し，新たな結合部位が生成するのでリン酸が次々に溶解する。

1938年に提唱され，今日では否定されている「接触置換説」があるが，ラッカセイによる難溶性リン酸の吸収は，まさにその理論を裏付けるもので，「接触溶解反応」というべきものである。

伝統農法は持続的農業へのヒントの宝庫

インドでは，ほとんど無肥料の条件で，伝統的なキマメ－ソルガム混作体系が，食糧を安定的に供給してきた。また，関東の黒ボク土地帯では，戦後の開拓時代にいろいろな作物が導入されたが，ラッカセイと陸稲のみが安定作物として残ったという。

大量に有機物や肥料を投入する以前の，こうした農法には，作物の積極的な養分吸収能力が生かされており，持続的農業へのヒントの宝庫といえよう。

◆有機態窒素＝PEON（ペオン）はアルミニウムや鉄と結合して生成され，根から直接吸収される──第3章

有機態窒素＝PEONの本体は微生物の分解物質

近代農学では，施用した有機物はいったん硝酸態窒素などに無機化され，土壌溶液中に溶けて作物に吸収されるとされていた。しかし，アミノ酸などの有機態でも吸収されることが証明され，近年では，有機態窒素が菌根菌を通して吸収されることは，一般的に認められるようになっている。われわれは，これを一歩進めて，吸収される有機態の可給態窒素の本体は，施用された有機物を

分解して増殖した微生物菌体が，自己消化して分解した物質が主体であることをつきとめた。微生物菌体の分解物質はただちに無機化されず，土壌中のアルミニウムや鉄によって固定されて蓄積される。この有機態窒素はリン酸緩衝液で抽出されるので，「リン酸緩衝液で抽出される有機態窒素（Phosphate-buffer Extractable Organic Nitrogen）」，略して「PEON（ペオン）」と呼ぶ。

PEONは二つの方法で吸収される

　土壌粒子表面のアルミニウムや鉄と結合し蓄積されたPEONは，結合の弱いところから遊離・分解して作物に吸収される。その遊離には，PEONより強くアルミニウムや鉄と結合する物質が必要である。つまり，難溶解性リン酸の溶解と同様な反応が起こることで，PEONが遊離される。根から分泌される有機酸であるクエン酸（カブ，チンゲンサイ，コマツナなど）やシュウ酸（ホウレンソウ，フダンソウなど）が，鉄やアルミニウムとキレート結合することでPEONが溶解・吸収される。

　しかしそれだけでなく，難溶解性リン酸を吸収するラッカセイのように，ニンジンなどでは，根表面の細胞壁が持っているアルミニウムや鉄とのキレート結合能力によって，PEONを遊離・吸収していると考えられる。ここでも根表面の「接触溶解反応」説が適応できる。PEON抗体を用いて，PEONが根の表皮だけではなく，細胞内にも取り込まれていることが観察された。

　こうした有機態窒素を吸収できる作物があるいっぽう，ピーマンやレタス，オオムギなど，PEONを吸収しない作物もあるので，区別が必要である。

アミノ酸やタンパク質は有機窒素源として考えられない

　ところで，PEON以外の有機態窒素である，アミノ酸や分子量の大きいタンパク質などについても，その存在と吸収について検討した。しかし，アミノ酸量（すなわち，アミノ酸に含まれている窒素量）が少ないので，PEON以外の窒素源として考えられない。

PEON吸収で総合的品質の向上──過剰の害も

　そして，有機態窒素＝PEON吸収を活用することで，①耐冷性の向上，②

生産物の充実や保存性など「生命力」を高める＝総合的品質の向上，などの効果が期待できる。

しかし，有機物が大量に施されると，アルミニウムや鉄との結合部位が飽和してしまい，結合できなかったPEONは溶脱して，下層で無機化されて環境に放出される。したがって，PEONも環境汚染の原因なることを念頭に置かなければならない。

PEONが細菌の細胞壁から由来することはすでに述べたが，その証拠の一つにPEONの本体にD-アミノ酸が存在することである。PEONが作物に吸収され，植物体内で代謝されるには，D-アミノ酸の代謝機構の存在が必須である。すなわち，アミノ酸ラセマーゼ，D-アミノ酸酸化酵素などの酵素が関与するはずであるが，これについては，今後の課題に待ちたい。

◆カリウムは鉱物を溶解して吸収され，同時にケイ素とアルミニウムも溶出──第4章

イネは一次鉱物を溶解してカリウムを吸収する

80年におよぶ水稲の三要素の長期連用試験で，無カリ区の収量は三要素施用区と同程度であっただけでなく，カリを施用した無リン酸区や無窒素区よりも多くのカリウムを吸収していた。つまり，水稲は土壌中の一次鉱物に含まれるカリウムを溶解し，吸収していると考えざるを得ない。まだ解明されていないが，この水稲根の作用は，ラッカセイの難熔性リン酸の吸収と同じ「接触溶解反応」によると思われる。

一次鉱物からのカリウムの溶解・吸収能力は，作物の種類により異なるのは当然である。しかも，土壌鉱物の風化・崩壊能力は高いが，カリウムの吸収量が少ない作物もある。これは，輪作での作物の組み合わせに欠かせない検討要因である。アフリカでは，トウモロコシ──キャッサバの間混作体系が行なわれているが，カリウム吸収能力が低いキャッサバと高いトウモロコシの組み合わせは，理にかなっている。

> **カリウムと放射性セシウムの吸収**
> 　東日本大震災による福島原発の事故では，原子力発電所から放射性セシウムが放出され，これによる農地の汚染が深刻な問題になっている。日本では，ロシア（旧ソ連）の原子爆弾の実験による放射性セシウムについて，農地でモニタリングされていた。カリ欠如区で栽培された作物のセシウム吸収量は，カリ施用区よりも多かったことが確認されている。すなわち，セシウムはカリウムと同じ挙動を示す。水稲によるセシウム吸収は，基本的にはカリウムの溶解・吸収と同じ機構であると考えられる。

ケイ素とアルミニウムも同時に溶解される

　ここで重要なことは，カリウムを含んでいる一次鉱物にはケイ素やアルミニウムも含まれており，カリウムだけでなくケイ素とアルミニウムも同時に溶解・放出されることである。したがって，作物のカリウム溶解能力は，ケイ素の溶解能力と同意語である。このことも，輪作を考えるうえで重要である。

　たとえばイネ—ダイズの輪作について，従来は，マメ科作物に着生する根粒で固定された窒素が，イネ科作物に供給されると指摘されていた。しかし，ダイズは土壌有機物からの窒素も多く吸収し，むしろ有機物（窒素）の消耗を早める。ダイズ跡地に無機態窒素が多いのはこのためである。ダイズは可給態ケイ酸を増やし，それをイネが吸収して健全に育つと考えるほうが妥当であろう。

　ここで問題になるのは，アルミニウムである。カリウムやケイ素と同じようにアルミニウムも溶解されるので，3者の溶解量は変わらないと考えられるが，河川などに溶脱されているアルミニウムの量はカリウムやケイ素に比べてきわめて少ない。アルミニウムの行方について検討したのが，第5章である。

◆土壌に蓄積されたアルミニウムが腐植をつくる——第5章

火山灰土壌での腐植蓄積の秘密はイネ科植物とアルミニウム

　火山灰土壌での腐植の蓄積には，アルミニウムが大きく関与している。本来

であれば，有機物の分解が早くすすむはずの，温暖湿潤気候の日本の火山灰土壌地帯や，熱帯湿潤気候のフィリピンの火山灰土壌地帯でも，大量の有機物＝腐植の蓄積が観察されている。その秘密が，イネ，ススキなどのイネ科植物の養分吸収特性にある。

　イネ科植物の根圏では，一次鉱物を風化・崩壊させ，カリウムとケイ素を吸収するが，同時に溶解されるアルミニウムが土壌に残ることを第4章で述べた。このアルミニウムが有機物と結合して，難溶解性の有機物＝腐植になり，蓄積するのである。しかも腐植の蓄積は，風化されやすいケイ酸塩鉱物である火山灰でなければ起こらないのである。

なぜイネ科植物なのか——マメ科植物では蓄積しない

　なぜ，イネ科植物なのか。たとえばマメ科植物は，カリウムを吸収・蓄積するがケイ素は吸収しない。そのため，マメ科植物では土壌中のケイ素の肥沃度が高まる。残ったアルミニウムとケイ素が反応して，カオリナイトなどのアルミノケイ酸塩などの二次鉱物を形成する。

　しかし，イネ科植物に取り込まれたケイ素は，プラント・オパール（Phytolith）という容易には溶けない形態になって留まるので，土壌中へケイ素が再放出されない。したがって，根圏で生じた活性のアルミニウムは有機物と結合し続けるのである。

森林には腐植は蓄積しない——腐植の主体はリグニンでなく微生物細胞壁

　森林では腐植は蓄積しない。溶解したケイ素を吸収しプラント・オパールを体内の蓄積する樹木もあるが，腐植の蓄積を促すには，これが群落になり長く維持される必要がある。そのため，樹木は限られているうえ，逆に高濃度のアルミニウムを吸収・蓄積する樹木（ツバキ科など）もあり，土壌中に腐植と結合できるアルミニウムの存在が少ないのである。

　そして大事なことは，腐植として蓄積している有機物の起原は，従来いわれていた植物のリグニンなどではなく，主体は微生物細胞壁であり，キノコなどの真菌類や一部は土壌動物に由来している。活性アルミニウムは，イネ科の根圏で生じる。この活性アルミニウムが結合する有機物は，根圏微生物や根圏周

辺の有機物であろう。これは有機態窒素PEONの由来と共通しているのである。つまり，腐植は，微生物遺体などの有機物と，一次鉱物の風化・崩壊で溶解したアルミニウムとが結合してつくられているのである。

水田でも土壌炭素が蓄積

さらに，重要なことは，火山灰土だけでなく水田でも，水稲の長期栽培で，アルミニウムの富化とともに土壌炭素の蓄積が促進されることが明らかになった。水稲の栽培で，化学肥料の施用は土壌を痩せさせると信じられているが，それは逆で，無肥料や無窒素では土壌炭素が消耗し，三要素施用や無カリで土壌の炭素は蓄積傾向にある。

◆カドミウム汚染土壌も根の溶解・吸収能力で浄化可能
　　——第6章

最後の第6章は，今日，大きな問題になっているカドミウム汚染土壌の修復に，植物（作物）の積極的な養分吸収能力の利用（ファイトレメディエーション）の可能性を検討した。

驚くことに，カドミウム超集積植物であるカラシナなどより，イネ（品種'密陽23号''長香穀'など）のカドミウム吸収能力が高いことである。イネは，難溶性形態のカドミウムに対して，非常に高い溶解・吸収能力があるためである。この溶解能力はイネの根分泌物よりも，むしろ根細胞壁表面の「接触溶解反応説」が関与していると思われる。

◆持続可能な農業への展望
　　——土壌の特性と作物の養分獲得能力に依拠した農業の可能性

以上，おもな養分について，作物（植物）根の持つ積極的な養分吸収能力について検討してきたが，それぞれの養分が密接に関連している。

持続的な農業の母体となる「土壌の肥沃度」，すなわち「生育期間中の養分供給量」について「根域が占める土壌量×作物根による養分抽出能」と定義したが，それは，土壌の特徴的な性質と作物の個性的な能力との出会いによってつくられる。それぞれの地域にある土壌の性質と，作物の個性的な能力を，大

切な資源として位置付け活用していくことが，新しい持続可能な農業を可能にしてくれるであろう。

日本では，水稲を中心にした水田農業と，火山灰土壌による畑作が広く行なわれている。それぞれでの可能性について考えよう。

火山灰の畑地土壌の場合

関東地方中心に広がっている火山灰の黒ボク土は，リン酸吸収係数が高く，有機物含量が多い低リン酸土壌である。ところが，大量に蓄積しているリン酸もPEONも，アルミニウムと結合して土壌溶液に溶けにくい形で含まれている。黒ボク土は低生産力土壌ととらえられ，大量のリン酸資材や肥料を投入することで耕地として利用されている。しかし，黒ボク土の特徴的な性質を資源として生かすことができれば，大量のリンやPEONを含んだ肥沃な土壌に転換することができる。

第2章で紹介したアメリカの作物学の教科書（Crop Production=Principles and Practices=, 1988）には，「ラッカセイを組み入れた輪作体系では，ラッカセイの前作の作物に施用された肥料をラッカセイは利用できる。また，ラッカセイは他の作物が利用できないリンを利用できる。ラッカセイは，その前作としてトウモロコシのような大量の肥料を必要とする作物の後に栽培することが望ましい。」と記述されている（91ページ参照）。

また，ラッカセイ―コムギの輪作で，リン酸をコムギに施用するとコムギの増収効果が大きいが，ラッカセイに施用したのではコムギの増収効果は低い。ところがラッカセイは，ラッカセイ，コムギのどちらに施用しても，全作リン酸無施用の場合とほとんどかわらない収量だったという試験も示した（92ページ参照）。

土壌の特徴的な性質と作物の個性的な養分吸収能力をうまく組み合わせることで，土壌の肥沃度を永続的に維持・活用できるのである。ここではラッカセイをあげているが，いろいろな作物の特異的な養分吸収能力を把握することは，作物の多様な組み合わせを見出す端緒となり，新たな作付体系の展開が可能となるはずである。

水田土壌の場合

　第5章で紹介したように，兵庫県で行なわれた水田での水稲―コムギの長期連用試験によると，無カリ区は無窒素区や三要素区よりも多くのアルミニウムを溶解するとともに，炭素の蓄積も多くなっている（222ページ参照）。水稲，コムギともにケイ酸を大量に吸収する作物であるが，こうした作物が長年にわたってカリ欠乏で栽培され続けると，アルミニウムの富化とともに，土壌炭素すなわち腐植を蓄積する。つまり，イネ科作物の栽培によって，水田土壌は基本的には火山灰土と同じような反応をするようになるのである。

　この事実から，水稲―ダイズの水田輪作をとらえるとどうなるだろうか。本書では触れていないが，従来マメ科作物は窒素を増やすといわれているが，ダイズ栽培では土壌の窒素（有機物）を消耗させることが明らかになっている。そして，第5章で示したように，ダイズ跡地では可給態ケイ酸が富化し，上記のようにイネ科作物はアルミニウムと結合した土壌有機物（有機態窒素PEON）を増やす。

　この論理からすると，水稲―ダイズ輪作の有利な点は，ダイズが富化したケイ酸を水稲が利用できることであり，水稲が蓄えた有機物をダイズが利用できるということになる。これは従来の，イネ科―マメ科の作付体系で期待される効果とまったく異なる考え方である。

　すなわち，水田では，水稲栽培によって有機物（有機態窒素PEON）を蓄積させるという効果もあり，水稲がよく吸収するケイ酸などを富化するダイズのような作物と輪作すれば，外部から養分を投入しなくても，持続的な農業生産ができる可能性がある。

　以上が，これまでのわれわれの研究から導き出されたまとめである。もちろん，不十分な点や，誤って把握している点，また今後の研究に残された課題も多いが，持続可能な農業や今後の土壌学の課題についてご理解いただければ幸いである。

参考および引用文献

【第1章】

阿江教治・有原丈二 (2000)「塩集積土壌と農業」日本土壌肥料学会編, pp.39-70. 博友社, 東京.

クライブ・ポンティング (1994) 緑の世界史, (石弘之/京都大学環境史研究会訳) 朝日新聞社, 東京.

Bationo, A., Ndunguru, B. J., Ntare, B. R., Christianson, C. B. and Mokwunye, A. U. (1991) "Phosphorus nutrition of grain legumes in the semi-arid tropics" Johansen, C. et al., (eds.) pp.213-226. ICRISAT, Patancheru, India.

Huda, A. K. S. and Virmani, S. M. (1987) "The impact of climatic varaition on agriculture, Volume 2. Assessment in semi-arid regions", Parr, M. L. et al. (eds.) pp.537-568, United Environment Programme, Reidel, the Netherland.

International Herald Tribune/The Asahi Shimbun (2007) By spurning western advice, Malawi becomes a breadbasket, 12月3日, 朝日新聞社, 東京.

【第2章】

阿江教治・有原丈二・岡田謙介 (1993)「植物の根圏環境制御機能」日本土壌肥料学会編, pp.85-124. 博友社, 東京.

伊藤邦夫・宮田邦夫 (1994) 土肥誌, 65, 569-572

梅谷章人 (2009)「下水汚泥から作成される人工リン鉱石の肥効について」神戸大学大学院農学研究科.

大脇亮介 (2010)「各種リン鉱石の化学的特性とマメ科作物を利用したリン肥料としての効果」神戸大学大学院農学研究科.

辻本涼太・野網よしの・井汲芳夫・鈴木武志・阿江教治 (2007) 土肥誌, 78, 245-272.

松元順・久保田徹・加藤秀孝・遅沢省子・有原丈二・阿江教治 (1992) 土壌の物理性, 64, 3-9.

Ae, N., Arihara, J., Okada, K., Yoshihara, T. and Johansen, C. (1990) *Science*, 248, 469-477.

Ae, N., Otani, T., Makino, T. and Tazawa, J. (1996) *Plant Soil*, 186, 197-204.

Ae, N. and Otani, T. (1997) *Plant Soil*, 196, 265-270.

Aulakh, M. S., Pasricha, N. S., Baddaesa, H. S. and Bahl, G. S. (1991) *Soil Sci.*, 151, 317-322.

Blamey, F. P. C. (2001) "Plant nutrient acquisition -new perspectives-", Ae, N. et al.(eds), pp.201-226. Springer-Verlag, Tokyo

Chapman, S. R., and Carter, L. P. (1976) "Crop production; principles and practices", pp.359-370. W. H. Freeman and Company, San Francisco,.

Conway, L. P. (1975) *New Phytol.*, 75, 563-566.

Gardner, W. K., Barber, D. A. and Parbery, D. G. (1983) *Plant Soil*, 70, 107-124.

Hallock, D. L. (1962) *Agron. J.*, 54, 428-430.

Heatphos法 http://brain.naro.affrc.go.jp/tokyo/gijutu/16saitaku/16ibunnya/rinsigen.htm

Haymann, D. S. and Mosse, B. (1972) *New Phytol.*, 71, 41-47.

Ishikawa, S., Adu-Gyamfi, J. J., Nakamura, T., Yoshihara, T., Watanabe, T., and Wagatsuma, T. (2002) *Plant Soil*, 245, 71-81.

Itoh, S. and Barber, S. A. (1983) *Agronomy Journal*, 75, 457-461.

Jenny, H. and Overstreet, R. *Soil Sci.*, 47, 257-272.

Lascano, C. E. (1994) "Biology and agronomy of forage *Arachis*", Kerridge, P. C. and Hardy, B. (eds.) pp.109-121. CIAT, Cali, Colombia,

Marschner, H. (1995) "Mineral nutrition of higher plants", Academic Press, London.

Mullette, K. J., Hannon, N. J., and Elliott, A. G. L. (1974) *Plant Soil*, 70, 107-124.

Otani, T. and Ae, N. (1996) *Agron. J.*, 88, 371-375.

Otani, T. and Ae, N. (1999) *Soil Sci. Plant Nut.*, 45, 151-161.

Otani, T. and Ae, N. (2001) "Plant nutrient acqusition -new perspectives-", Ae, N., et al. (eds.) pp.101-119. Springer-Verlag, Tokyo.

Wissuwa, M. and Ae, N. (2001) *J. Exp. Botany*, 52, 1703-1710.

Yarbrough, J. A. (1949) *Am. J. Bot.*, 36, 758-772.

Yoshihara, T., Ichihara, A., Nuibe, H. and Sakamura, S. (1974) *Agr. Biol. Chem.*, 38, 121-126.

【第3章】

阿江教治・松本真悟・山縣真人（2001）土肥誌，72，114-120．

阿江教治・吉光寺徳子（2004）土肥誌，75，715-721．

伊藤千春・阿江教治（2000）土肥誌，71，777～785．

荻内謙吾・中嶋直子・阿江教治・松本真悟（2000）土肥誌，71，385-387．

尾崎恵太（2008）「土壌中における可給態窒素の蓄積様式」神戸大学大学院農学研究科．

小田島ルミ子・阿江教治・吉光寺徳子・松本真悟（2005）土肥誌，76，833-841．

小田島ルミ子・阿江教治・松本真悟（2007）土肥誌，78，275-281．

佐野修司（2008）「土壌肥沃度の評価と管理―食糧生産と環境保全の両立に向けて―」日本土壌肥料学編，pp7-39．博会友社，東京．

杉澤絵利香（2009）「チンゲンサイにおける直接吸収されたPEONの量的把握」神戸大学農学部

髙本美幸（2010）「土壌中からリン酸系溶液で抽出される有機態窒素の生成および蓄積様式の考察」神戸大学農学部．

仲谷紀男・鬼鞍豊（1974）土肥誌，45，546-548．

樋口太重（1981）土肥誌，52，481-489．

松本真悟・春日純子（2010）「田畑輪換土壌の肥沃度と管理―変化の要因と考え方」日本土壌肥料学会編，pp.71-91，博友社，東京．

丸本卓哉（2008）季刊肥料，109号，16-30．

三浦伸之・阿江教治（2005）土肥誌，76，587-592．

三浦伸之・阿江教治（2005）土肥誌，76，843-848．

三浦伸之・阿江教治・内村浩二・松本真悟（2006）土肥誌，77，549-554．

三浦伸之（2010）「茶園土壌における有機態窒素の動態および茶樹への吸収」鹿児島大学・大学院学位論文．

森敏（1993）「作物の根圏環境制御機能」日本土壌肥料学会編，pp.45-83．博友社，東京．

山縣真人・阿江教治・大谷卓（1996）土肥誌，67，345-353．

吉田泰一郎（2009）「菌根菌非着生作物種によるPEON直接吸収の可否の検証」神戸大学大学院農学研究科．

Appel, T, and Mengel, K. (1998) *N.Z. J. Plant Nutr. Soil Sci.*, 161, 433-452.

Chapin, F. S., Moilanen, L. and Kieland, K. (1993) *Nature*, 361, 150-153.

Cooke, G. W. (1977)「集約農業下の土壌環境と肥沃性」日本土壌肥料学会編, pp.53-64, 養賢堂, 東京.

Kato, Y. (2001) "Plant nutrient acquisition - New perspectives", Ae, N. et al., (eds.)" pp.276-296. Springer-Verlag, Tokyo.

Matsumoto, S., Ae, N. and Yamagata, M. (2000) *Soil Biol. Biochem.*, 32, 1293-1299.

Matsumoto, S., Ae, N., Koyama, Y., Iijima, K., Kodashima, R., Hirata, M., Kasuga, K. and Koga, N. (2008) *Biology and Fertility of Soils*, 45, 107-111.

Matsumoto, S. and Ae, N. (2004) *Soil Sci. Plant Nutr.*, 50, 1-9.

Matsumoto, S., Ae, N. and Matsumoto, T. (2005) *Soil Sci. Plant Nutr.*, 51, 425-430.

Mattingly, G. E. G. (1973) Rothamsted experimental report for 1973, part 2, pp.98-153.

Mueller, T., Jensen, L. S., Nielsen, N. E. and Wagid, J. (1998) *Soil Biol. Biochem.*, 30, 561-571.

Nishizawa, N. K. and S. Mori (2001) "Plant nutrient acquisition-New perspectives", Ae, N. et al. (eds.) pp. 421-444. Springer-Verlag, Tokyo.

Paungfoo-Lonhienne, C,, Lonhienne, T. G., Rentsch, D., Robinson, N., Christie, M., Webb, R. I., Gamage, H. K., Carroll, B. J., Schenk, P. M. and Schmidt, S. (2008) *Proc. Natl. Acad. Sci. U.S.A.*, 105, 4524-4529.

Piccolo, A. (2001) *Soil Sci.*, 168, 810-832.

Sutton, R. and Sposito, G. (2005) *Environ. Sci. Technol.*, 39, 9009-9015.

Townsend, A. R. and Howarth, R. W. (2010)日経サイエンス, 5月号, 98-106.

【第4章】

河川水のカリウム濃度について, http://cerp.edu.mie-u.ac.jp/GAKUSHI/yamaguchi/K.html

越川昌美・高松武次郎（2004）地球環境, 9, 83-91.

小林純（1971）『水の健康診断』岩波書店, 東京.

塩田悠賀里・稲垣明・長谷川徹・沖村逸夫（1980）愛知県総試研報, 12, 52-60.

中西秋四郎・沖村逸夫・加藤虎治・有沢道雄・河合伸二（1970）愛知県農業試験場彙報，24，46-60．

シェファー・シャハトシャーベル（1979）「土壌学」佐々木清一・長谷川寿喜訳，博友社，東京．

杉山恵・阿江教治（2000）土肥誌，71，786-793．

杉山恵・阿江教治・古賀伸久・山縣真人（2002）土肥誌，73，109-116．

【第5章】

小河甲・桑名健夫・牛尾昭浩・清水克彦・牧浩之・吉倉淳一郎・渡辺和彦（2004）近畿中国四国農業研究，5，3-9．

加藤芳郎（1958）ペドロジスト，2，73-77．

工藤潤也・高野淑識・金子竹男・小林憲正（2003）分析化学，52，35-40．

久保田徹・箱石正・高橋茂（1986）土肥誌，57，155-160．

佐瀬隆・細野衛・宇津川徹・青木潔行（1988）第4紀研究，27，153-163．

佐瀬隆・細野衛・天野洋司（1993）ペドロジスト，37，138-145．

辻本涼太（2008）「植物の栄養特性が鉱物の風化に及ぼす影響について」神戸大学大学院農学研究科．

樋口太重（1982）土肥誌，53，1-5．

福永祥子（2011）「イネ科植物が鉱物の風化に及ぼす影響＝植物のケイ酸吸収能および植物根細胞壁のキレート能の検討」神戸大学大学院農学研究科．

丸本卓哉・古川康介・吉田堯・甲斐秀昭・山田芳雄・原田登五郎（1974）土肥誌，45，23-28．

三浦吉則・松本靖・笹川正樹（2006）平成16～17年度農業試験場試験成績概要，福島県農業試験場農芸化学部，分類コード　01-01-65000000．www.pref.fukushima.jp/keieishien/kenkyuukaihatu/seika/18fs-date/18f-seika/01-nousi/18f-02.html

水野直治・木村和彦（1996）「フィリピン・ピナツボ火山ラハール地帯の環境回復と農業生産力の向上に関する研究」平成7年度科学研究費補助金［国際学術研究］研究成果報告書，pp.127-148．

森泉美穂子・松永俊朗（2009）土肥誌，80，304-309．

山口智子・平舘俊太郎（2007）「第24回，土・水研究会資料，物質循環の基盤として

の土壌—炭素循環に於ける役割—」, pp.39-46, 農業環境技術研究所.

吉川省子（2004）第46回土壌物理学会シンポジウム，P-13. www.soc.nii.ac.jp/jssp3/46thSympo/46PDF_file/P13_Yoshikawa.pdf.

Dai, Q. X., Ae, N., Suzuki, T., Rajkumar, M., Fukunaga, S. and Fujitake, N. (2011) *Soil Sci. Plant Nutr.*, 57, 500-507.

Friedel, J.K. and Scheller, E. (2002) *Soil Biol. Biochem.*, 34, 315-325.

Hiradate, S., Nakadai, T., Shindo, H. and Yoneyama, T. (2004) *Geoderma*, 119, 133-141.

Jurgen, K. F. and Edwin, S. (2002) *Soil Biol. Biochem.*, 34, 315-325.

Yamaji, N. and Ma, J. F. (2007) *Plant Physiol.*, 143, 1306-1313.

【第6章】

阿江教治（2002）農林水産技術研究ジャーナル，25, 19-22.

松本眞一・伊藤正志・眞崎聡・小玉郁子・川本朋彦・中川進平・猪谷富雄（2005）日本作物学会紀事，72巻，別2.

村上政治・荒尾知人・阿江教治・中側文彦・本間利光・茨木俊行・伊藤正志・谷口章（2010）農林水産技術研究ジャーナル，33, 30-34.

Arao, T. and Ae, N. (2003) *Soil Sci. Plant Nutr.*, 49, 473-479.

Arao, T., Ishikawa, S., Murakami, M., Abe, K., Maejima, Y. and Makino, T. (2010) *Paddy Water Environ.*, 8, 247-25.

Baker, A. J. M., McGrath, S. P., Reeves, R. D., Smith, J. A. C. (2000) "Phytoremediation of Contaminated Soil and Water". Terry, N. and Banuelos, G. (eds.), pp.85-107. Lewis Publishers, Boca Raton, Florida,

Ishikawa, S., Ae, N., Murakami, M., and Wagatsuma, T. (2006) *Soil Sci. Plant Nutr.*, 52, 32-42.

Murakami, M., Nakagawa, F., Ae, N., Ito, M. and Arao, T. (2009) *Environ. Sci. Technol.*, 43, 5878-5883.

あとがき

　土壌の難溶性リン酸についての研究は私（阿江），有原丈二氏および岡田謙介氏らと，ICRISAT（半乾燥熱帯作物研究所）で始まった。帰国して農業環境技術研究所では大谷卓氏と共に，根細胞壁の溶解機構を練りあげた。

　有機態窒素の溶解と吸収については，山縣真人氏が研究の端緒を開き，著者の一人である松本真悟（当時，島根県職員）がこの研究を引き継ぎ，その後，秋田県（伊藤千春氏），岩手県（荻内謙吾氏・小田島ルミ子氏），鹿児島県（三浦伸之氏）をはじめとする多くの研究員の方々および吉光寺徳子さん（当時，筑波大学）によって，研究が深化できた。

　カリウムの研究は杉山恵氏が開始した。ダイズのカドミウム吸収については，杉山恵氏や荒尾知人氏（農業環境技術研究所）が研究を開始し，可食部のカドミウム濃度に品種が関わっていることを明らかにした。石川覚氏がその遺伝的特性の解析や品種の作出に携わり，カドミウムの高吸収イネ品種を利用した「ファイトレメディエーション」については村上政治氏が携わっている。

　リン酸，窒素，カリウムから土壌炭素への関連については，松本が島根大学へ赴任し，次いで阿江が神戸大学へ移ってから，具体的に着手した。その間，われわれ（阿江と松本）との間で行なった討論の結果が本書の基礎となっている。

　本書の執筆は第1, 2, 4, 5章を阿江が担当，3, 6章を松本が担当し，全体の調整を阿江が行なった。本書ができるまでに，多くの方々にご助言・ご議論いただき，多大な示唆を与えていただいたことに感謝いたします。

　最後に，阿江が昭和50（1975）年に農林省草地試験場に赴任してからICRISATまでの間，「研究のおもしろさと社会的意義」を教えてくれた故高橋達児さん（当時，熱帯農業研究センター第2部長），本書を出版するにあたり，辛抱強く接していただいた農文協の丸山良一氏に深謝の意を表したい。

阿江教治

著者略歴

阿江 教治（あえ のりはる）

1946年生まれ。1975年京都大学大学院農学研究科博士課程修了。1975年農林省草地試験場，1975年農林水産省中国農業試験場，1978年半乾燥熱帯作物研究所（ICRISAT，在インド），1985年農林水産省農業環境技術研究所を経て，1990年神戸大学大学院農学研究科教授（土壌学担当），2004年定年退職。現在，酪農学園大学大学院酪農学研究科特任教授，(株)ヤンマー，営農技術アドバイザー。

主な著書「塩集積土壌と農業」（共著）博友社（1991），「植物の根圏環境制御機能」（共著）博友社（1993），「Plant nutrient acquisition –New perspectives」（編集および共著）Springer-Verlag Tokyo（2001）

松本 真悟（まつもと しんご）

1964年生まれ。1990年島根大学大学院農学研究科修士課程修了。1990年三菱農機株式会社技術研究部，1993年島根県農業試験場，2000年博士（農学，東京大学），2002年島根大学生物資源科学部助教授を経て，2007年島根大学生物資源科学部准教授，現在に至る。

主な著書「土壌肥沃度の評価と管理」（共著）博友社（2008），「田畑輪換土壌の肥沃度と管理」（共著）博友社（2010）

作物はなぜ有機物・難溶解成分を吸収できるのか
―根の作用と腐植蓄積の仕組み―

2012年2月25日 第1刷発行

著者 阿江 教治
　　 松本 真悟

発行所 社団法人 農山漁村文化協会
郵便番号 107-8668 東京都港区赤坂7丁目6-1
電話 03(3585)1141(代表) 03(3585)1147(編集)
FAX 03(3585)3668　振替 00120-3-144478
URL http://www.ruralnet.or.jp/

ISBN978-4-540-11148-8　DTP製作／(株)農文協プロダクション
〈検印廃止〉　　　　　　印刷／(株)光陽メディア
©阿江教治 松本真悟 2012　製本／根本製本(株)
Printed in Japan　　　　　定価はカバーに表示
乱丁・落丁本はお取り替えいたします。